黃河國家治理文獻集成（清代卷）第四十六冊

《黃河國家治理文獻集成》編委會 編

總第六十二冊

河上語

河工策要

河幹問答 河工書牘 塞外紀程

黃河考

天下郡國利病書·河套

（清）蔣楷 撰
董杰 編

（清）佚名 撰
董杰 編

（清）陳法 撰
董杰 編

（清）汪武曹 撰
董杰 編

（清）顧炎武 撰
董杰 編

內蒙古出版集團
內蒙古人民出版社

圖書在版編目（CIP）數據

河上語 /（清）蔣楷撰 ; 董杰編. 河工策要 /（清）佚名撰 ; 董杰編. 河幹問答 /（清）陳法撰 ; 董杰編. 呼和浩特 : 內蒙古人民出版社, 2025. 8. --（黄河國家治理文獻集成）. -- ISBN 978-7-204-17340-2

Ⅰ. TV882.1

中國國家版本館 CIP 數據核字第 2025AJ1524 號

河上語　　**河工策要**

（清）蔣楷　撰　（清）佚名　撰

河幹問答　河工書牘　塞外紀程

（清）陳法　撰

黄河考　　**天下郡國利病書・河套**

（清）汪武曹　撰　（清）顧炎武　撰

編　　者	董　杰
策劃編輯	何可欣
責任編輯	董立群
助理編輯	何可欣
裝幀設計	劉那日蘇　吉　雅　安立新
責任監印	王麗燕
出版發行	內蒙古出版集團　內蒙古人民出版社
地　　址	呼和浩特市新城區中山東路 8 號波士名人國際 B 座 5 層
網　　址	http://www.impph.cn
印　　刷	內蒙古愛信達教育印務有限責任公司
開　　本	880mm×1230mm 1/16
印　　張	26.25
字　　數	310 千
版　　次	2025 年 8 月第 1 版
印　　次	2025 年 8 月第 1 次印刷
印　　數	1—1000 册
書　　號	ISBN 978-7-204-17340-2
定　　價	225.00 元

如出現印裝質量問題，請與我社聯繫。聯繫電話：（0471）3946120

編纂委員會

引言

千古河流成沃野，幾年沙勢自風湍。

得益于黄河冲積所帶來的疏松土質和有機物，中華先民利用石製工具開始了農業生産，并逐步發展出旱地粟作農業，『能够最大程度保障食物供給的穩定性，奠定了中華文明起源和形成的堅實基礎』〔一〕。而利用河水灌溉，提高區域可預測農業産量，『在産業史上起着最有决定性的作用』〔二〕。隨後，技術進步、經濟發展、人口增加，讓先民的文化生活大爲豐富。嚴文明先生評價道：『這是一場影響深遠的革命。』〔三〕在這場革命中，平衡水、沙、産、人四者之間的關係，始終是黄河治理的核心問題。四者關係一旦失衡，就容易引發諸多灾患。

歷史上，黄河下游因人口稠密、經濟發達，一直是學術界關注的重點。但自河源至今内蒙古托克托縣河口鎮的黄河上、中游區域，雖遠離王畿，人口稀疏，却也一直備受關注，人們逐步認識到黄河全流域治理是國家的重要任務。《漢書》載：『堤防之作，近起戰國，雍防百川，各以自利。』〔四〕没有全流域的協同治理，僅靠各地分段築堤，則黄河河患無法解决。秦建立了中國歷史上第一個中央集權大一統王朝，秦始皇東巡碣石，刻石銘記『决通川防，夷去險阻』〔五〕，開啓中央政府調動各要素治黄之先河，這『在中國，實質上是國家的一種職能』〔六〕。同時，國家通過對黄河的有效治理，爲沿黄流域人民群衆乃至其他地區人民群衆提供了重要的公共物品和産業支撑，成爲人民群衆眼中中央政府的功過評價指標之一。因此，治黄在增强沿黄各族群國家、政治、文化認同的基礎上，强化了中國大一統國家的合法性，成爲歷代國家治理能力的一個重要測度。

一、黄河治理維護了國家的社會穩定

從秦并六國到漢朝建立大一統國家，中國統一的多民族國家形成并得到初步發展。當時中央政府對所轄疆域有『北邊郡』和『内郡』之稱。内蒙古額濟納旗出土的居延漢簡有載，『貇（墾）田以鐵器爲本北邊郡毋鐵官印器内郡令郡以時博賣予細民毋令豪富吏民得多取販賣細民』，可以看出北邊郡是與内郡相對應的行政管轄區域。《史記》卷二十八『封禪書第六』載：『上乃遂去，並（并）海上，北至碣石，巡自遼西，歷北邊至九原。』〔七〕。《史記》卷三十『平準書第八』載：『天子北至朔方，東到太山，巡海上，並（并）北邊以歸。』〔八〕司馬遷多次提及北邊，足見統治者對北邊治理的重視。

漢武帝時，齊人延年提出從今内蒙古引黄河水經今北京一帶，向東注入渤海，以衛北部邊疆。『是時方事匈奴，興功利，言便宜者甚衆。齊人延年上書言：「河出昆侖，經中國，注勃海，是其地勢西北高而東南下也。可案圖書，觀地形，令水工準高下，開大河上領，出之胡中，東注之海。如此，關東長無水災（灾），北邊不憂匈奴，可以省隄（堤）防備塞，士卒轉輸，胡寇侵盜（盗），覆軍殺將，暴骨原野之患。天下常備匈奴而不憂百越者，以其水絶壤斷也。此功壹（一）成，萬世大利。」』〔九〕《史記》卷二十四『樂書第二』載：『天馬來兮從西極，經萬里兮歸有德。承靈威兮降外國，涉流沙兮四夷服。』〔十〕如今，包頭地區出土了『四夷盡服』瓦當，出土文物與傳世文獻的呼應，成爲黄河治理維護祖國北部邊疆穩定的見證。

《史記》卷三十『平準書第八』載：『嚴助、朱買臣等招來東甌，事兩越，江淮之閒（間）蕭然煩費矣。唐蒙、司馬相如開路西南夷，鑿山通道千餘里，以廣巴蜀，巴蜀之民罷焉。彭吳（吴）賈滅朝鮮，置滄海之郡，則燕齊之閒（間）靡然發動。及王恢設謀馬邑，匈奴絶和親，侵擾北邊，兵連而不解，天下苦其勞，而干戈日滋。』〔十一〕清代《汾陽縣志》卷十三『藝文』收録曹學閔《開修黄蘆嶺車路紀德政碑記》，上載：『永寧州，界連西陲，北達邊外歸綏諸路，商賈遠貿粟麥，泛皮船隨黄流南下，聚于州西磧口，一府之民仰利賴焉。而東至太原，南抵平陽，州縣凡二十餘，亦視汾爲橐籥，蓋所繫非特一方生計矣。』〔十二〕民國時期，東北淪陷後，開發西北刻不容緩，而『黄河中游之水利，自應加以擴充及整理，藉（借）收桑榆之效，以挽狂瀾於（于）萬一』〔十三〕。

因黄河流域自然條件優越，歷朝歷代都十分重視對此地的開發，通過强有力的國家干預方式推動各類産業的發展，爲中國北部疆域的形成和社會穩定奠定了基礎。

二、民族交往、物資交流、技術轉移促成黄河治理共同體

《史記》卷十五『六國年表第三』載：秦始皇三十三年（前214），『築長城河上，蒙恬將三十萬』[十四]。這數十萬人中，擁有一技之長的人員不在少數。由此，邊地人口不斷增多，而豐富的物産則促進了商品交流與統一市場的形成。西漢《鹽鐵論·力耕第二》記録了『异物内流』的情形：『是以贏（騾）驢馲駞（駝），銜尾入塞，驒騱騵馬，盡爲我畜，鼲鼦狐貉，采旃文罽，充於（于）内府，而璧玉珊瑚瑠（琉）璃，咸爲國之寶。』[十五]此後，黄河北岸的『贏（騾）驢馲駞（駝）』『驒騱騵馬』『鼲鼦狐貉』『采旃文罽』與西南織錦、中原麻織、農作物等物資相互交流，逐步形成統一的國内大市場，加强了邊疆與其他地區的經濟聯繫，促進了邊疆特色産業的發展。

隨着民族交往交流交融的增强，清代以降，黄河流域内蒙古段輸入到内地的也不僅僅是『异寶』了。《綏遠通志稿·水路》載：『自乾隆以還。口外墾殖日廣。民殷物阜。出境之油、糧、鹽、鹼（碱）、甘草各貨。入境之日用雜貨。山西與歸綏往來之商運。凡經河路者皆以托屬河口爲唯一之碼頭。』[十六]從清乾隆年間到民國時期，由内蒙古經黄河運到山西的貨物有糧、油、鹽、碱、藥材、皮毛等，其中以糧油爲最大宗。糧食品種主要有糜黍、穀子、高粱、豆類及玉米、大小麥

等，油料主要是胡麻。内蒙古供貨支綫有從阿拉善盟阿拉善左旗吉蘭泰鹽池到山西吕梁市磧口鎮的運鹽駝路，五原縣、臨河區一帶各大幹渠的運糧水道，杭錦旗、達拉特旗的甘草馱運綫，鄂托克旗的運碱駝路。内蒙古段各條支綫以供貨爲主，山西段若干支綫以運銷爲主。

《臨縣志》載：『清朝乾隆至民國年間，陝、甘、綏、蒙等地的物資，通過此航綫運達磧口，再用牲口馱運到離石、吴城，轉運至東路（汾、平、介、孝等縣）。據民國20年（1931）統計，每年從綏遠磴口航至磧口的貨船不下4000餘艘』，『是陝、甘、綏、寧與晋西北物資集散之重鎮』。〔十七〕可見，内蒙古在甘肅、寧夏與陝西、山西等沿黄上下游物資交易中起到了重要的聯結作用；同時也吸引了山西、陝北、河北、山東、甘肅等地的農民遷移至此，并將開渠打壩、引水澆地等農業生產技術、手工技術和商業貿易經營方式帶到這裏。他們在此扎根，除了從事農業生產外，還挖甘草、下窑背炭、在黄河上拉船、在沙漠中拉駱駝、打短工放冬羊、開碾磨油坊，等等。不同地域、不同民族的人們合力修築河渠、引水興業，逐漸形成休戚與共的共同體。其間積纍的產品交易、商業管理、社會治理等方面的經驗，在今天依然有借鑒意義。

清代『首重治河，探河源以窮水患』〔十八〕，但更深層次的考量是『宣揚大一統及增强國家認同』〔十九〕。黄河流域人口基數大、分布廣，而全流域治理理念將不同地區、不同民族的人們凝聚成命運共同體，而『大一統』理念正是這一治理實踐的核心主題。

三、黄河流域拓展了中國的發展空間

早期統治者因巡幸及邊防建設所需，統籌管理沿黄河運與秦直道等沿黄馬道，維持着中央政府對北邊的有效治理。河套平原引黄渠道的建設爲秦漢王朝屯田事業提供了基本的水利保證，并將這些區域變成防禦北部邊患的大後方與根據地。于是，沿黄馬道、沿黄河運與萬里茶道、草原絲路等陸路運輸聯通起來，促進了中華文明與其他文明的交流互鑒，拓展了新的發展空間。

新中國成立之後，沿黄各族兒女在中國共産黨的領導下團結合作、艱苦奮鬥，實現了大河安瀾。黄河流域建立起行之有效的防洪抗汛機制，支撑着沿岸的産業發展，改善了周邊生態環境。當代治黄史證明，正是由于中國共産黨的正確領導以及集中力量辦大事的制度優勢，纔從根本上减輕了河患的威脅。進入新時代，黄河流域在築牢安瀾根基的同時，以蓬勃活力拓展着中國的發展空間。沿黄九省區在協同發展中不斷釋放潛力，讓黄河流域成爲國家區域協調發展戰略中不可或缺的重要一極，爲中國的發展源源不斷地注入新動能。

綜上所述，黄河流域的治理不是單純的河道治理、生態環境治理或社會治理，而是一種關涉水、沙、産、人四者關係的系統性、協同性治理，是推動國家可持續發展的動力，也是厘清國家治理與邊疆治理兩者動態交互實際效果的絶佳視角。而黄河工程等『中國本土理論資源、學術積釁』〔二十〕，有助于研究國家治理的演進歷程。進入新時代，黄河治理與國家治理的關係研究不斷開闢新視角、持續涌現新成果，其中鑄牢中華民族共同體意識、邊疆治理與黄河流域生態保護和高質量發展成爲非常重要的研究視角。因此，基于這一角度搜集整理黄河國家治理文獻，意義重大。《黄河國家治理文獻集成》，應運而生。

本叢書系統梳理了黄河治理的歷史脉絡與經驗，既爲新時代黄河流域生態保護和高質量發展提供了歷史鏡鑒，更以文獻爲載體，傳承了治理智慧、凝聚了民族力量，是服務國家發展戰略、鑄牢中華民族共同體意識的重要學術實踐。

《黄河國家治理文獻集成》編委會

二〇二五年一月

〔一〕韓建業：《中華文明的起源和形成》，載《中華民族共同體研究》2022 年第 4 期，第 80－91+172 頁。

〔二〕中共中央馬克思恩格斯列寧斯大林著作編譯局：《馬克思恩格斯選集》第二卷，人民出版社，2014 年，第 240 頁。

〔三〕嚴文明：《黄河流域文明的發祥與發展》，載《華夏考古》1997 年第 1 期，第 49－54+113 頁。

〔四〕（漢）班固：《漢書》卷二十九『溝洫志第九』，中華書局，1964年，第1692頁。

〔五〕（漢）司馬遷：《史記》卷六『秦始皇本紀第六』，中華書局，1963年，第252頁。

〔六〕冀朝鼎：《中國歷史上的基本經濟區與水利事業的發展》，朱詩鰲譯，中國社會科學出版社，1981年，第7頁。

〔七〕（漢）司馬遷：《史記》卷二十八『封禪書第六』，中華書局，1963年，第1398–1399頁。

〔八〕（漢）司馬遷：《史記》卷三十『平準書第八』，中華書局，1963年，第1441頁。

〔九〕（漢）班固：《漢書》卷二十九『溝洫志第九』，中華書局，1964年，第1686頁。

〔十〕（漢）司馬遷：《史記》卷二十四『樂書第二』，中華書局，1963年，第1178頁。

〔十一〕（漢）司馬遷：《史記》卷三十『平準書第八』，中華書局，1963年，第1420–1421頁。

〔十二〕（清）方家駒修，（清）王文員纂：《汾陽縣志》卷十三『藝文』，清光緒十年刻本，第57–58頁。

〔十三〕王華棠、劉錫彤、吳樹德：《黃河中游調查報告》，華北水利委員會編印，1934年，第1頁。

〔十四〕（漢）司馬遷：《史記》卷十五『六國年表第三』，中華書局，1963年，第758頁。

〔十五〕王利器：《鹽鐵論校注》，中華書局，1992年，第28頁。

〔十六〕綏遠通志館：《綏遠通志稿》第十册，內蒙古人民出版社，2007年，第176頁。

〔十七〕臨縣志編纂委員會：《臨縣志》，海潮出版社，1994年，第273、321頁。

〔十八〕趙爾巽等：《清史稿》卷一二六『河渠一』，中華書局，1977年，第3715頁。

〔十九〕劉惠：《乾隆朝重構黃河河源的實踐與國家認同》，載《清華大學學報》（哲學社會科學版）2018年2期，第147–154+195頁。

〔二十〕許耀桐：《當代中國『治理』概念的演進探析》，載《國家現代化建設研究》2023年3期，第100–111頁。

出版前言

黄河，中華民族的母親河，她不僅孕育了中華文明，更見證了中華民族數千年的發展歷程。習近平總書記深刻指出：『從某種意義上講，中華民族治理黄河的歷史也是一部治國史。』這一重要論述，爲新時代黄河文化的保護傳承以及流域治理提供了根本遵循，也深刻揭示了黄河治理在國家發展和民族復興進程中的核心地位。在學習貫徹習近平新時代中國特色社會主義思想，積極響應國家黄河流域生態保護和高質量發展重大戰略，大力推進北疆文化建設的背景下，《黄河國家治理文獻集成》的編纂出版，具有重要的歷史意義、學術價值與現實指導意義。

黄河治理，自古以來就是國家的頭等大事。從遠古時期大禹治水，到當代運用科學技術進行系統治理，中華民族在數千年的時間裏，積纍了豐富的治河經驗，留下了浩如烟海的文獻遺産。《黄河國家治理文獻集成》收録了元代至民國時期古籍、朱批奏摺、期刊圖片等多模態文獻資源。這些文獻内容豐富、維度多元，既包含記載河工技術、治理方略等的專書，又有漢文朱批奏摺、工程檔案以及不同區域的調查研究報告等。民國時期的文獻則標志着現代水利科學開始融入黄河治理，展現了我國水利事業在時代變革中的創新與發展。近代照片的收録則以更加直觀的方式將黄河治理、黄河沿岸的風貌呈現給讀者。

該文獻的出版，不僅是對瀕危黄河文化遺産的及時搶救與保護，更是對我國水利史、國家治理史、邊疆治理研究學術鏈條的重要補充，具有較高的文獻價值和學術意義。尤爲重要的是，這一集成工作，深度契合鑄牢中華民族共同體意識這一全黨全國各族人民的共同任務。各民族在治理黄河的歷史進程中，緊密協作、共同探索，這些珍貴文獻便是各民族交往交流交融和中華文明認同的生動見證。對這些文獻進行整理出版，能够讓各族人民更加深刻地認識到，在歷史長河中，各民族共同爲黄河治理貢獻了力量，共同守護了家園，從而進一步增强對中華民族共同體的認同感與歸屬感，夯實鑄牢中華民族共同體意識的歷史根基。

《黄河國家治理文獻集成》以『國家治理』爲核心綫索，構建起一個全面、系統、多維的文獻體系：在時間跨度上，聚焦從元代至民國這一傳統治河向現代水利轉型的歷史時期，爲深入研究我國水利事業的發展脉絡提供了清晰的時間坐標；在内容分類上，細緻劃分爲技術專著、工程檔案、區域研究、朱批奏摺、科學報告、圖片等類别，涵蓋黄河治理的各個方面，從不同角度展現了我國在黄河治理上的探索與實踐；在版本選擇上，秉持嚴謹、科學的態度，確保文獻内容的準確性與代表性，爲學術研究奠定堅實基礎。

在編纂過程中，叢書特别注重『全流域治理』的理念，不僅收録了有關下游防洪治河的重要文獻，還涵蓋了中游地區水土保持以及上游地區灌溉開發等方面的珍貴記載。這種對黄河全流域治理的全方位關注，與當前『共同抓好大保護，協同推進大治理』的要求高度契合，充分體現了叢書在傳承歷史文化遺産的同時，緊密服務于當代國家發展戰略的時代價值。

在出版過程中，嚴格保持原書的版式與行款，最大程度地還原文獻原貌。對于部分出現黴變、殘缺的頁面，運用先進的數字化修復技術進行精心處理，在保留原始批注與印章痕迹的基礎上，兼顧了文物的真實性與文獻的可讀性。

此外，爲了更好地服務讀者，方便學術研究，本叢書新增了目録、提要等内容，這些新增部分由編委會精心撰寫。新增目録一般編製二級，個別圖書編製三級；原書有目録而内文無對應標題的，根據原書目録照録；原書目録爲關鍵詞或者其他情况的不編製目録；原書目録與内文不一致的，以原書内文爲準；原書無目録的，按卷端、版心或其他部分輯録；一册書中收録多種圖書的，以書名爲一級標題，編製二或三級。在文字使用上，統一使用現代漢語規範繁體字，對于原版文獻中的异體字、避諱字也使用現代規範繁體字，無對應規範繁體字的保留原字。

《黄河國家治理文獻集成》的出版，是對黄河文化遺産的一次系統性、搶救性保護，具有重大而深遠的現實意義：從學術價值層面來看，叢書成功構建起一座連接傳統與現代治黄文獻的橋梁，爲黄河流域生態保護、水利工程史、國家治理史、邊疆治理、中華民族共同體學等多個領域的學術研究提供了豐富、翔實的基礎文獻，有力推動了相關學科的發展與創新；從文化價值角度而言，生動展現了北疆文化與黄河文化在歷史長河中的交融共生，爲内蒙古『北疆文化』品牌建設提供了堅實的文獻支撑，進一步豐富了中華文化的内涵與外延；從實踐價值方面考量，書中所藴含的治河理念爲我們在新時代背景下實現人與自然和諧共生、推動黄河流域可持續發展提供了寶貴的歷史經驗與智慧啓示。

在此，我們要衷心感謝各藏書機構的大力支持，正是他們提供了珍貴底本資源，纔使得本叢書的編纂出版成爲可能。同時，我們也要向文化遺産智能應用服務中華民族共同體建設『英才與蒙』團隊致以崇高的敬意，他們歷經五年的辛勤耕耘，以嚴謹的治學態度和專業的學術素養，對文獻進行了系統的整理和輯録，爲叢書的内容質量提供了堅實保障。此外，我們還要特别感謝内蒙古自治區黨委宣傳部、内蒙古出版集團將本叢書納入『北疆文庫』重點項目，并在出版過程中給予全方位支持與幫助。

我們衷心期待，這套凝聚着無數心血與智慧的《黄河國家治理文獻集成》，能够在新時代的『黄河大合唱』中奏響歷史的强音，爲黄河流域生態保護和高質量發展注入强大的歷史動力，讓黄河文化在保護中傳承，在傳承中創新，在創新中不斷發展，綻放出更加絢爛的光彩。同時，希望這套叢書能够成爲促進各民族文化交流、鑄牢中華民族共同體意識的重要載體，助力各民族更加緊密地團結在一起，共同爲實現中華民族偉大復興的中國夢而努力奮鬥，讓中華民族共同體意識在黄河文化的滋養下，扎根于每一位中華兒女的心中，成爲推動中華民族不斷前進的强大精神力量。

提要

河上語

《河上語》，蔣楷撰，濟南文升堂刊行。蔣楷，字則先，湖北荆門人，清代河工官員，曾任山東河工候補知縣，歷任山東河工候補知縣、平原縣知縣等職。

《河上語》記録一綫河工經驗，詳述水利工程術語、施工技術及管理規範，强調技術標準化與操作規範。

河工策要

《河工策要》主要記載黄河河源、决口情况，各朝代治河舉措、器具及相關奏議。本次出版采用清嘉慶九年（1804）抄本。

河幹問答　河工書牘　塞外紀程

《河幹問答　河工書牘　塞外紀程》，陳法撰。陳法，字聖泉，號定齋，貴州安平人（今平垻），清乾隆初歷任山東運河道護理、東河總督等職。

《河幹問答 河工書牘 塞外紀程》記録治河策略及奏牘、行程見聞，并探討河患成因及其治理方法，所論大多切中時弊，很有現實指導意義。

黄河考

《黄河考》，汪武曹撰。汪武曹，清康熙三十六年（1697）進士，歷任工部主事、都水司員外郎。精研歷代河渠志，尤擅歷史地理考證。

《黄河考》主要記載黄河河道變遷，尤其是大禹治水以來的五次大變遷，還詳述各歷史時期河道流經區域、決口情况及其治理措施。

天下郡國利病書・河套

《天下郡國利病書・河套》，顧炎武（1613—1682）撰。顧炎武，明清時期思想家。初名絳，字寧人，學者稱『亭林先生』，江蘇昆山人。著作有《日知録》《顧亭林詩文集》等。

《天下郡國利病書・河套》介紹河套地區沿革、戰略地位、自然地理、河患情况以及水利工程情况。

目録

河上語

河工策要

河幹問答　河工書牘　塞外紀程

黄河考

天下郡國利病書·河套

河上語

清蔣楷録

河上語

趙工蕆役爰戾西韓歸落柳後來在雪前奔走敝履飛沫濺冠不賢識小匪言之艱丁酉莫春荆門蔣楷錄於西韓家工次

語壩第一

相斷隄立壩基進則迎溜不易進占退則兜溜形勢尤險就斷隄用料盤築曰裹頭裹頭以楷根向外如丁廂法占則根向兩頭與順廂略同盤裹頭宜分緩急分溜之處宜趲辦勿令續坍若溜已全奪遽行盤築必仍坍塌又宜俟其塌定從容爲之若溜勢太急裹頭不住即於本隄退後數丈挖槽下埽如裹頭之法汕刷至彼即住謂之截頭裹今山東所未講也裹頭謂之

壩頭凡未合龍前通謂之壩每進一占又以所進爲壩頭原壩頭爲壩基又曰壩尾上水曰西壩下水曰東壩黃河自西而東故有南岸北岸而壩以東西名運河自南而北故有東岸西岸而壩以南北名河勢即有迂折而併名不變進水曰上口出水曰下口邊壩在正壩前得正壩六之四正壩六丈則邊壩四丈廣狹以是消息之潘彬卿方伯駿文云西壩以邊壩挑溜東壩以邊壩迎溜皆使溜勢不直攻正壩也邊壩視正壩約退半占邊壩有在正壩後者亦有作兩邊壩曰上邊壩下邊壩者正壩邊壩之間實土二丈曰土櫃正邊壩皆料有土在其中則料之虛者皆實爲兩邊壩則有土櫃兩重不用邊壩曰單壩今山東工多用之取其省也但工小水淺亦能奏效口寬至百丈外水深至二丈外必以雙壩爲穩不用東西壩一面單進曰獨龍過江獨龍

過江固屬冒險然從前南河大工如迴瀾紀要所稱水深四五丈外正壩應寬十五六丈上邊壩五六丈下邊壩四五丈水深三丈內正壩九丈十丈上邊壩四五丈下邊壩三四丈又離大壩二百丈內外爲二壩寬五丈二壩之上邊壩寬三丈則五壩矣糜費太鉅似以一正壩一上邊壩爲得中 壩後爲後戧 土櫃與壩平後戧出水三四尺寬以二丈爲率單壩無土櫃後戧宜高宜寬

語進占第二

節節前進曰進占 每壩以占計曰第幾占 每進占自清晨起盡一日之力繼以夜工層料層土追壓到底次日加料加土趕澆後戧如前一人舉重物後一人力撐腰背以防傾跌者然又次日占蟄則廂穩則將占繩底鉤繩全數挽起重加大土提揤廂船移拕纜船釘樁安繩爲次占張本凡三日成一占此就一二丈淺水言之深至三丈則須五六坯深至四丈須七八坯方能抓底其上又加兩三坯隨蟄隨廂以穩實爲度不能刻期也水不及丈亦有兩日一占三日兩占者

占約五丈 防營積習每撐至四丈以外即報五丈若每占一量口門則不敢誑報矣大約起手數占非撐足五丈不可迨漸進漸逼實有爲溜勢所逼欲進不能者則三四丈亦可摟起若必求撐足則頭坯爲時已晚甚耽險也 估工時每占祇能以四丈計算如口門一百丈應算二十五占蓋作至中間必離占占如數且兩壩均向上迎形似弓背亦不能如繩量之直也 山東工壩寬六丈者居多郎單壩亦然再寬則八丈八丈以外無此捆廂船也工小則三四五丈不等

鋪料以數百千人齊力跳踴曰和哨 哨官站船頭爲倡眾人和之撐一次加料一次撐足五丈乃已 和哨謂之撐占亦謂之撐稽亦謂之壓埽河南謂之打張 和哨亦曰活埽 撐足丈數加料前眉以簾子繩綰之安明騎馬壓以花土 約五寸 加二坯料安暗騎

馬挽底鉤繩間數條挽一條灄緩少挽灄緊多挽緊灄則挽占繩每路一條皆隨挽隨接追壓大土用揪頭繩束之揪頭繩淺水七條或九條多則十三條十七條有至二十一條者　揪頭樁在退後一占後一占有病或後二占占未到底再加料再壓土一坯花土一坯大土安明暗騎馬挽底鉤占繩並如前再拉揪頭繩兩坯一揪頭到底乃已有用揪頭至四次以上者　到底與否必覗掴廂船與揪頭喫力與否船浮矣揪頭鬆矣而有凹凸處承之則仍未到底往往有誤認者前人以耳附樁繩聽之顫而聲大或不顫而有水聲皆未到底之證不如覗占後有無翻花漩較為直捷占如不穩則用分邊籠頭以縮其兩頭亦有一頭見蟄用單邊籠頭者籠頭亦謂之抱角占向前扒以束腰繩束之束腰亦曰箍腰自左之右自右

之左用大繩縮之謂之抄手抄手與籠頭略同在占前對面望之如斜十字工險用之平則否　抄手在揪頭外今山東遇險工輒用籠頭束腰以代揪頭以為籠頭可免上游下坐束腰可免前扒繩如揪頭之數不用揪頭為省繩計不知籠頭束腰祇縮占外揪頭自買脅卽用之有抱占向裏又有連環占向外以裹全占最為得力今山東不用連環占非法也其詳見語繩每壓大土去邊土寬二三尺截稭料為兩段以根向外包與下層料齊曰包眉子舊用黃草恐沙土太厚為水汕刷今山東用稭根取其整齊但黃草能與沙土聯為一氣稭料則否每加大土少則三尺多則五尺六尺既去兩邊之上此數尺高之眉子別無樁繩縮住一經蟄實入水眉子既墮沙土亦盪盡無餘最為全占之害不若於加壓大土時兩邊各加整料高尺許以根向外加花土一層再加料再加花土如此遞加則中間大土兩邊層料層土較為穩慎而營弁安習故常且憚其煩鮮肯為

之者桃汛舊占入水覩受其病稍知變易矣 **占向前曰扒向上曰游向下曰坐坐甚曰拜** 進占防下拜多向上迎其上游也以迴溜或搨廂船上遊之故上口深於下口亦然上游者十一下拜者十九上游之病小下拜之病大凡占之病多在將到底未到底時下坐一二尺尚可無疑若至五六尺以上則將下口多出者棄去加料收與原定下口齊趕緊加壓大土而於上口加料加花土以配之每坯上口料多下口土多恐上口退翩已虛或致翻轉俟下口追壓穩實然後一律加廂則所捨者不過下口業經多出之料尚於全占無損 **上口底空急於下口釘樁挂繩加料以配之曰挂雙** 占底爲大溜衝擊漸次逾下上口已無根腳將致掀翻急於下口挂雙用長繩兜住土料下窄上寬至占面已寬五六尺許然後於下口一律加料則下口受土較多再於上口多加料少加土逐漸鋪平隨蟄隨廂亦救急之一法 **平下曰蟄 前蟄曰低頭**

河上語　四

當由前面水深之故急加大坯土料鋪平 **前錯曰掉頭** 上口前扒則掉頭內向下口前扒則掉頭外向 **中蟄曰螳腰** 急釘基盤樁用繩纜橫拴緊以防分裂 **左右蟄曰掉膀** 上口水深則上口蟄急於上口加料以防入水下口加土以配之下口反是 **後裂曰崩襠** 占前扒則後崩襠如於崩處加土則前扒愈甚宜急用黃草鋪塞而將前眉加壓大土用束腰繩束之俟前面牛占業經壓實可以站住然後在後面加料加土逐漸鋪平　上口崩襠下口過水難治 **翻轉曰栽跟頭 漏曰塌眼有腰漏底漏之** 腰漏以黃草塞戧以膠泥爲善　底漏趕澆後腰漏病小底漏病大自腰至底則危矣　占到底則船浮占後無翻花浪則無塌眼　翻花浪大而遠者占未到底大而近者有塌眼 **平漏謂之簾子水** 從料縫漏出似塌眼而小料雖蟄實究不能不過水雙埽有中間土櫃以彌縫其隙故簾子水較少

語水第三

來處曰上水去處曰下水　流水曰溜有緊溜漫溜緊溜遇壩遇灘分為兩股必有一股力大謂之正溜　黃河雖寬狹不等而正溜祇一二十丈其旁為邊溜遠則為漫溜正溜既急高於邊溜則漫溜之中或成迴溜　大溜曰淦或曰南方曰淦北方曰溜或曰湖運曰淦黃河曰溜　直撞曰頂沖貼崖曰順溜　溜正傍崖而前有兜彎迴溜走邊刷卸謂之掃彎　大溜之下曰拖溜越過拖溜之下回旋逆流曰迴溜　支河水小溜入逆行謂之倒漾水　平漫謂之漫灘　兜溜謂之入袖　上曰提下曰坐　溜勢驟移謂之曳白言水性將徵望之明白　曳白謂之

明灘　邊下中高曰晾脊晾脊長水之徵邊高中下曰晾底晾底落水之徵　河性喜曲太曲則生險然亦藉曲以遂其湍悍之性太直力弱易淤有時逢彎取直以救極險而不可以為常昔人比之丹田以下若徑達膀胱則人無生理河自潼關以下數十里一曲遇掃彎廂埽可也作壩可也若處處取直溜緩沙停下流受其病矣　水柔而河水剛以剛制剛則用石以柔制剛則用料　三汛曰桃汛清明日起二十日止曰伏汛初伏日起立秋日止曰秋汛立秋日起霜降日止立秋以後在末伏中統名伏秋大汛　四汛兼凌汛言之清明以前霜降以後遇水長發統謂之淩汛　清明距初伏為日尚遠中間長水亦有菜華汛麥黃汛之稱　立春後水初至謂之信水省志謂河濱人候水初至凡一寸則

夏秋當至一尺清明日亦然　今河兵以清明卜伏汛與省志同惟山東隄埝無出水一丈者清明長水一尺則固有之果如所説不將處處漫溢乎而清明長水則伏汛必大固屢驗不爽也　二月三月謂之桃花水春末謂之菜華水四月末謂之麥黃水五月謂之瓜蔓水六月中旬後謂之礬山水七月謂之豆華水八月謂之荻苗水九月謂之登高水俗以九月十七日爲河伯生辰雖旱歲是日必漲故隄工過此方慶無虞十月謂之復槽水十一月十二月謂之蹙凌水非時暴長謂之客水　上展水逆漲也下展水順漲也　水落直流之中屈曲回射謂之徑窑水湍怒略停勢稍汨起舟行値之多溺曰薦浪水亦曰

篤浪水其他刮灘崩灘駁灘扒灘刷岸抹岸捲岸塌岸夾岸藏岸窗稼分脊爭龍透岸之類各以形勢命名多不勝記　伏汛最大秋汛最久秋汛盛漲不逾伏汛漲痕　伏汛力在上能坍隄頂秋汛力在下能塌隄跟　霜降謂之霜清霜降以後水勢漸殺河督東撫皆於此時上三汛安瀾摺然亦有立冬以後始見消落者　急則深緩則淺分則力弱　緊沙漫淤　夏多淤秋多沙　上流較下流每十丈高三分每一里高五寸四分包慎伯中衢一勺云然未經測驗不知信否　俗云河水日行七八十里不及人行之速蓋指初決口時水無故道可循其勢蜿蜒必盡塡溝坑乃進人望見水頭猶及走避言之河中之溜似不爾也　古又云一石水六斗泥吾友劉雲摶太守以爲一石水中無含六斗泥之理而迴溜一轉留淤一層一日之間千迴百折又實有不止六斗

泥之事其說極通

凡決口下無所洩曰隘決有所洩曰通決通決宜急治隘決水落自淤　有決口有豁口即隘決水退而口微者　有龍口將合未合　凡堵口先小口後大口先上後下此爲決口多處言之靳文襄治河工程云然

語土第四

挑河宜沙築隄宜淤　淤之澄者曰膠泥塡墻壓埽以膠泥爲貴以能與料聯爲一氣也而營弁以膠泥濡滑難以立足往往故以沙土入水後沙隨水去料自料土自土矣占之下半宜令先上淤土後上沙土淤沙相間乃愈堅結後儀用淤土易致撐開然不過根腳稍遠而絕不走去亦以淤土爲宜　泥陷人謂之澥　沙土隄以膠泥包之曰包淤包淤以尺許爲率　築隄算上方挑河算下方安瀾紀要謂築隄宜收下方蓋爲土塘計也實則土方則例謂以所築之隄爲準宜算上方隄工亦自有上下如一丈之隄以平地至五尺爲下方五尺以上爲上方挑河亦然築隄則上方難於下方挑河則下方難於上方　近土曰主土遠土曰客土土方則例所謂運遠挑運之土以所起之土爲準者也　凡取土乾一曰旱土溼一曰水土以土分也水底取土則工價倍加　近十五丈至五十丈遠五十丈以外以地分也　開十月至次年三月忙四月至九月以月分也　緩急開忙月開工與開月急工同常辦忙月常辦工與開月緩工同另案忙月另案急工與開月急工同以工分也今山東土方無例定價值從前每方運硪工京錢四百六十文除硪工八十文計三百八十文今核減自二百八十文至三百餘文不等挑河亦然硪則另僱別詳語隄篇　篇中言錢數

（皆京錢曰一百祇有五十也十文以下則就大錢言之）挑河土分七等曰乾曰淤（用鍬）曰稀淤（鍬不能挖用杓用布兜）曰瓦礫（用鈀）曰小砂礓（用鐵）曰大砂礓（用梨）曰罱撈（多在湖蕩中礙難築壩戽水須僱船用罱撈泥運送崖岸　今山東無此種撈名目）（大約三尺以上一價三尺以下至五尺五尺以下至八尺八尺以下至一丈遞加有難工則剔出別加津貼）

臨河之地曰灘溜緩則灘進下溜急則灘縮有灘則無工無灘則有工（河防芻議有守隄不如守灘之說但嫩灘見水即化防守殊無把握向在濮州北岡見四百餘丈之灘三兩日沖刷淨盡老灘根深帶固又無須守也）灘長於北則南隄險灘長於南則北隄險　灘觜撐入河心曰雞心灘（此岸長雞心灘則彼岸生險為彼岸計者或挑灘以引溜或作壩以刷灘）雞心灘一曰雞觜一曰龍舌　挑灘謂之切灘　兩人扛土曰擡擡以筐一人曰挑挑以籃（筐籃以荊條為之亦有柳編者）以小車運土曰號土每車一籤（土多則雙籤少則不拔籤曰弔號每籤相取土遠近為給錢之數自大錢三五文至十數文定價長價皆出示通知　大率十數丈取土每籤大錢三四文每遠十丈加一文有灘至數十丈并加二三文者亦有始終一價不議加者大頭每百抽十每拔五百籤一回籤至晚取委員條赴收支局領錢間亦句通作弊胡工韓工皆令委員親給現錢與筐籃現錢土一律築隄取土亦筐籃小車並用隄不甚高以小車為便擡筐盛土亦多若隄勢高陡惟籃子夫為捷）夯以二人或三人硪以八人　硪夫以汶上為最挑河夫以鹽山為最

築隄無土當用水中取土之法（治河工程言其法曰先定隄基隨用船載土築）

河上語　八

成圍埂出水二尺用草料防護隨將埂內水車乾然後起土靳文襄謂較遠處取土省費過半取土宜臨河臨河取土一經漫灘便可淤為平地乃取之不盡者否則取一筐少一筐矣隄外取土去隄宜遠臨河無土不得不取之隄外近日工程急時有僅限十丈外者非法也取土宜留格每十丈留寬一丈為小格一道每三十丈留寬二丈為大格一道以通人行稍不留心必致臨河挖成順隄河或生新險隄外則普面坑窪雨後一片汪洋搶險時無負土可取

語隄第五

臨河曰隄內背河曰隄外乾隆五十五年上諭向來河臣以河身隄內灘地為隄外以隄外民田廬舍為隄內內外倒置嗣後總以河身為主毋得牽混風防四防之中風為最有船以多船連綴上也次則多捆小杭繩拴樹閒以柔其勢勢定收曬仍可作料用雨防宜備簑笠

晝防自五月至八月處處梭巡不留寸隙夜防定汛地立燈竿四防也官守民守二守也大曰隄小曰埝官修官守曰隄民修民守曰埝山東民埝向係民修民守自盡改為官堤於是棄大隄不守而河患益多縷隄小隄也亦曰臨黃隄子埝隄上隄也猶城上之有女牆遙隄重隄也格隄橫隄也外接大隄內接民埝格隄一曰隔隄月隄圈隄也隄外為半月形以避險工亦曰圈隄月隄亦曰越隄河工簡要以背河為月隄臨河為越隄隄後曰戧隄亦有裏戧外戧之別放濁水出清水曰放淤放淤之法陳文恭言之甚詳如果隄埝足恃每十數里二三十里為格隄一道上下各為涵洞每逢盛漲納渾吐清數入數出寖與隄平此借水築隄化險為平之善法一勞永逸計無逾此特隄埝稍不堅

實則弄巧反拙耳

堤邊有陡有坦今概曰坦坡坦坡以二五爲率堤高一尺兩坦各收二尺五寸如堤高一丈兩坦各二丈五尺共五丈連頂二丈底寬七丈坦則三收陡則二收臨河堤或背河三收臨河二收以便廂埽靳文襄以三收爲常臨河則裏四外二　平曰走馬坦陡曰臥羊坡中間鼓起曰腰鼓坦裏外三收謂之馬鞍式

堤面中高兩頭下曰鯽魚背

堤腳謂之堤爪

堤病曰戴帽但加堤頂曰穿鞾但加堤腳　低窪處曰螳腰

試堤以錐以注水不漏爲度錐須直下若從容鑽入則錐與土磨能彌其隙灌水有泡起乃是半實半虛若灌水隨手而進名曰漏錐則當翻工矣

陰雨沖刷狹長者曰水溝或方或圓曰浪窩

鼠穿曰鼠穴獾藏曰獾洞

塞漏以鍋以絮平日不搜洞穴漲水則成漏眼小以盆大以鍋鍋盆塞之不止則以破襖敗絮又不止則內堵外堵

築圈堤曰內堵堤外趕築圈堤不拘大小丈尺但高外水一二尺使之閉氣水灌圈內既滿外水不動然後用土將圈堤填滿水退再將大堤刨開層層緊築　廂埽曰外堵用轅草廂做防風

堤不如法責令刨起重硪曰翻工

築新堤有五要勘估要審勢必擇地勢較高處不與水爭又不宜太直使他日河溜埽彎而來處處生險　取土要遠現定十五丈宜從新定堤跟量出十五丈立一標竿先遠後近至標竿爲止　坯要薄以上土一尺築成六七寸爲最善近來各工俱做不到似以限定一尺三寸打成一尺每尺一坯較易查核　硪要密連環套打方可保錐包硪向係每方八十文若僱日工每架工忙時夫頭一人日四百文夫八人每夫日三百文工閒各減一百文每架每日可打四十方監工得人可期

結實較包硪爲省近有包五六十文一方者但圖節省偷減草率所不免矣承修監修要認真承修勤監修不得惰監修終日在工事事目擊則諸弊自少有三堅一底堅老土只用重硪套打如係新淤必須刨開一二尺套打數遍再上新土二坦堅坯坯包坦套打完工後普面套打一遍臨河尤要三頂堅隄頂堅實卽遇大雨水溝浪窩自少有兩不宜不宜隆冬凍土凝結凌塊難融不宜盛夏水至漫灘無土可取

語埽第六

直曰進占橫曰廂埽堵口曰占搶險曰埽　占亦謂之埽進占卽軼廂治河書未有言之者前人用之於搶險乾隆四十三年馬工始行此法然猶一墒下埽一墒軼廂嗣因軼廂穩便兩墒皆用之然將合龍時猶各下一埽名爲關門埽今山東不下一埽防營未習其法閉

河上語　十一

過水深溜急往往束手似捲下大埽亦不可以不講埽有順廂有丁廂順廂卽軼廂今謂之捆廂捆廂必以船占繩底鉤繩滚肚繩皆在船上與進占同丁廂用枕枕以料爲之徑二三尺長五六丈繩係枕上順鋪與枕平枕上直鋪稭根向外　丁廂不如順廂河防芻議言之埽名有六等埽廂埽以等水也摟崖埽挑槽以下埽也肚埽親隄面埽親水不滿五尺曰埽由套埽一埽套一埽也　層排者曰魚鱗埽寬二丈長六丈爲一段有連至十數段數十段者　向例每段迎下水者恆大次埽之頭藏於頭埽之尾故形如魚鱗今山東一例平鋪使溜勢順埽而下不能挑使開去非法也　半圓曰磨盤埽似磨盤而小曰月牙埽　頭埽曰藏頭下埽時於半水半旱處挑槽藏頭以免溜勢沖擊　尾埽曰護尾捲下斜橫埽个不使迴溜迎沖

門埽相對如門也即將合龍之關門埽挑水壩前逼溜者亦曰門埽　邊曰邊埽　挂柳曰龍尾埽柳樹連根帶葉伐之倒挂水中十數株爲一排可以抵溜可以停淤工程奇險時埽已陡蟄惟挂柳可以救急一說謂防水暴漲用一尺埽由聯絡葦套或三五層或十數層其形如龍尾編排謂之龍尾埽楷案至正河防記龍尾大埽言龍尾者伐大樹連梢係之隄旁以破齧岸浪者則以挂柳之說爲長　大頭小尾曰蘿蔔埽合龍處必上口寬而下口窄捲下埽个形如蘿蔔故名　上水預作大埽與口門等作就放入口門層料層土追壓到底謂之神仙埽一曰兜纜埽光緒十一年梢溝工用之一時詫爲神奇不知古人已用之成法也　傍隄釘五尺樁薄鋪料束曰護埧埽護埧以禦漫溜護埧亦曰護崖　下埽無法全憑土

壓張文端以此諺專言清水之埽黃水一入埽中泥沙停滯壓土太重反恐欹卸而嵇文敏則謂壓土愈重埽个愈穩與諺合似嵇說爲有據

語挑壩第七

壩斷隄也其能挑溜勝於隄包慎伯云今之壩非盡斷隄以挑溜故倣之　有土壩擋平溜　有灰壩濟陽護城隄用之　灰壩亦曰三合土壩石灰一分沙一分黃土一分篩細和勻澆水築實一說有烏樟葉一說有蘆柴灰　有石壩條石太費山東惟歷城之灤口濱州之北鎮用之　有料壩捆廂爲之與進占同長樁爲之與硬廂同　料壩一曰草壩　有碎石壩碎石壩黎襄勤所擅長今山東多用之中游爲產石地東阿以東歷城以西皆泰山之麓也每運石一方連運價不過六七千運至下游運價較貴以今垛丈尺與料價計之每料一方約值

二千稭料入水尺得四寸每方已需五千料埽不實則尚不止此數是與碎石方價相去無幾也況稭料出水必數尺縱必二丈橫必六丈碎石但出水卽可抵溜稭料入水二三年卽腐碎石可終古不變然則匪直挑壩卽沿隄險工緊可以拋石代廂埽也安栗恭勤得沿河八九百里盡爲碎石坦坡也乎 有甎壩以甎壩著名今山東未見倣效查下游去產石之山較遠上游逆水又須自河南採運若多設甎窰並收買廢甎似可濟碎石之窮 其用則爲挑水搶險工多用之在口門之上遏溜使入正河尤宜得勢奪溜口門必開引河以正河將淤也若分溜則水勢尚在游移祗須建挑水大壩以殺斜射之勢則水之勁者可柔急者可緩亦未嘗不可奏功至變成頂沖則又非引河不可 康熙四十二年 上諭開挑引河又須對岸築挑水壩方爲有益又六十年 上諭堵築時宜先於上流建挑水壩張鵬翮河防志略陶家莊引河數挑不成仰遵 聖謨指示築挑水壩一座得以成功 攔河挨大隄直抵水際形如牛馬之飲河 迎水迎溜之處 領水支河之壩領溜直歸大河 搶水上水對面建壩以搶水勢 束水運河建壩使水不旁洩 減水亦運河用之若內有湖蕩或舊河則黃河亦可設靳文襄以多建滾水閘壩爲平水之法 挑水壩亦曰雞觜亦曰馬頭 稍順曰順水壩 一壩挑溜不開則作兩道三道總以挑溜外行爲度第二壩必長於第一壩第三壩又長於第二壩 大壩之下作一小壩曰托壩後俄有迴溜宜作小挑壩禦之 雞觜卽挑水之別名或以面狹肚廣爲雞觜面肚齊一專名挑水亦通 象形也其旁爲兩雁翅上雁翅以迎溜下雁翅以禦迴溜 扇面亦象形也溜勢直沖建壩挺出上下鑲料貼隄形如扇面 挖河先建草壩截水歸越河挖成放水曰越壩 毛竹箴編絡中盛碎石排砌

如壩謂之竹絡（山東竹少此於河北衛輝爲宜）兩岸對頭斜建曰對壩（包慎伯主之逼水使歸中泓所謂以壩激溜以溜拓槽也然河南河面寬建對壩爲宜山東兩岸狹處不及一里無此辦法）用條石空砌以洩水曰玲瓏壩（如花牆式）量定尺寸使水從壩上過曰滚水壩（滚水與減水不同減水齊地過水多滚水出地過水少）碎石壩亦曰亂石壩（東平戴村壩本備此三式今槪用條石平砌僅存其名矣惟滚水壩尙較低）

語引河第八

欲堵口先挑引河（若分溜則不挑引河但建挑水壩亦可詳上篇）欲挑引河先看河頭（口門對岸必露灘嘴相度其上尋水勢初轉彎處大溜所注其水必深灘經沖刷其崖必陡當於此籌一消路以殺口門之勢謂之河頭）次看河尾（再於其下尋深水陡崖使入正河謂之河尾兩地測量必河頭水面較河尾水面高二尺以外方可得力）河頭引溜處曰上脣兜溜處曰下脣（下脣以有灘嘴能兜住溜勢者爲佳否則必須預作埽段並作裹頭埽以待之否則過門不入謂之過門溜）上脣宜切下脣宜培　頭宜寬尾宜狹（如喇叭形則水入有力、俗云引河十挑九不成蓋以無河頭不成無下脣不成無河尾不成頭尾水勢平亦不成也）深淺視正河大溜以得半爲度（正河大溜深一丈則引河宜挑深五尺深淺以是消息之河兵云）挑工每百丈必留埂（恐大雨時行或致淹没）開放不擇日（好時日小數者開工猶可至開放則相水勢因風力斷不宜選擇誤事）先開河頭後開河尾（此指引河內言之倘未使之過水至挑掘將通則頭尾一齊著力）

築隄宜春挑河宜冬春無凍塊夯硪見功冬成整片出土較易 立昭泥以板板長八尺寬尺許兩頭各立一人 戽水以水斗以柳條或荆條編成以繩拴之兩人對戽水車更捷非現作不易得也 出泥以泥兜以布或麻爲之 起土以鍬掘堅土以钁刨沙石以犂犂以牛挽之運河有用者 濬底以鐵杷昔人所製濬川杷鐵篦子混江龍等器固以愚王荆公靳文襄公然五齒之杷接以竹竿兩人力挽順流而下用以掏鬆泥沙隨水淌去未嘗不有小效若藉此爲疏河之具未免爲昔人所笑耳 口門之下曰龍鬚河引河在口門對岸分溜於未合龍之前龍鬚河與口門同岸引溜於將合龍之際 龍鬚河亦曰小引河 引河中間曰龍溝挑成未放須於中間開溝以防大雨 隄上開溝洩水亦曰龍溝 龍溝亦曰子河 引河之用有三一分流以緩沖爲決口計 二預浚以迎溜正河既淤引水歸渠 三挽險以保隄酌左右之中挽所沖之溜頭引入中流以殺其勢靳文襄云 引河有四不可不可太窄受水無多 不可太淺水不全趨勢緩仍墊 不可太短水流不舒 不可太直直則平緩張文端云

語船第九

單壩兩壩各用捆廂船一雙壩倍之捆廂以汴梁西河牛爲適用山東鹽船不勝厥任 用堅木長六七丈者貫船之兩頭曰龍骨龍骨以繫各繩 旁用攔水板以新伐大柳木鋸片爲佳乾則質輕 冬用擋淩篺排五尺樁六根以六尺樁兩根橫貫之 捆廂船前用挖纜船相其遠近用船多少

以提腦纜不落水為度 挖纜船前用提腦船鎮以鐵錨如作提腦壩則不用此船水淺則釘提腦樁有隔河釘樁者錨上以樁識之曰錨浮 捆廂船旁用幫廂船幫廂較小工小水淺亦可不用 兩壩渡船各一小渡船各二三均自近處僱用每船水手每名每日給火食三百文捆廂人多或至二十人幫廂挖纜祇准六八人多至十人而止小船則兩三人 韓工買圓船挖纜每船價二十四五千工竣尚可別用較僱船為省然須營勇在船照料營弁多不願也

語正料第十

薪之屬曰正料 稭曰稭料葦曰葦料高粱梗為稭或帶根或無根以帶根者為佳 葦產海濱惟利津為易辦價較稭料為廉 大工舊用葦柳自乾隆二十二年始改用稭見河防芻議 葦入水尺得七寸稭入水尺得四寸河兵云稭不如葦之堅實耐久而營弁以稭料較長多喜用之 稭以方一丈三尺為一垜向以廣闊各一丈二尺高一丈三尺為一垜後改今式河南以長六丈寬一丈五尺檐高一尺脊高一丈五尺為一垜重五萬斤與山東異 趙工呂工每垜銀十五兩韓工加一兩又加二兩共十八兩又加船價四千文防汛料價銀十七兩 葦以方一丈二尺為一垜向以廣闊各一丈二尺為一垜後改今式 趙工呂工價與稭同韓工加一兩共十六兩 河南草葦均以兩垜抵稭料一垜山東不然 河南用料以廣闊各一丈高一尺為一單長今山東工次亦無此名目也 大工平頂防汛尖頂平頂高一丈三尺尖頂則脊高一丈五尺檐高一丈一尺 尖頂使秋冬雨雪由兩邊溜下以防霉變大工用料較急不須如此 料垜以萬斤為率孫樓以上買料歸委員堆垜歸營弁營弁恐不足於用擠排極密堆壓極緊每

埽足萬斤中下游則委員自買自埽埽夫與料販鉤通作弊能及八千斤者即爲好埽否則只六成七成矣若照上游辦法概以責之營弁而隨時折稽或亦防弊之一法乎 其弊實曰虛空架井

今山東多一弊曰捆枕合數束爲一日單枕且有雙枕者以枕置四隅則中間皆虛甚有對面見天者 虛空架井之弊在埽內履而後知捆枕之弊在埽外望而可見 粟草曰黃料

語樁第十一

五尺以上曰樁四尺以下曰籤子籤子以絆簾子繩若包眉子則用以約料 樁自五尺以上舊以長者爲樁短者爲橛今山東惟有長樁短樁籤子之分無橛名 曰六尺曰八尺曰丈樁山東定價丈樁銀一錢八分八尺一錢三分六尺九分五尺七分五釐中五尺五分 丈樁以下多用柳較長樁易辨定價亦寬 丈以上曰長樁長樁者硬廂用之硬廂不進占上口釘樁兩排排開六尺或八尺中實以料每樁相去約二尺下口亦然其中二丈或丈許爲土櫃如雙埽者然山東工小水淺處用之有效者口寬至數十丈水深逾丈則必以進占爲穩著進占過淘深時可以隨埝隨廂硬廂一經塌動則全功皆廢 硬廂用之挑水埽較進占爲省

長樁以柏木榆木白楊木爲佳柳木多曲不適用

長樁之頭宜有三寸徑則入土有力 長樁定價一丈五尺銀四錢八分一丈六尺五錢四分一丈八尺六錢六分二丈八錢二丈二尺九錢六分二丈四尺一兩一錢五分二丈六尺一兩四錢二丈八尺一兩六錢三丈一兩八錢 產樁處所以上游葑濮爲最多中游次之下游船脚較貴然一無折扣樁販亦源源而來也 長樁向用以杙大埽深入土中使各埽聯爲一體自乾隆三十六年堵口工概廢不用然跟脚不穩外扒下縛坐之病均由此起山東不習大埽則又無待言矣

河上語　七

兩樁爲十字曰騎馬騎馬以四五尺樁爲之每上料兩坯上下口各用四五具每具相去約一丈外面歷歷可數上口拴樁於下口下口拴撘於上口每用一二十人齊號拉緊水淺用核桃繩水深溜急用加重核桃繩或六丈八丈繩以兩樁斜插料閉曰暗騎馬暗騎馬外面不見用之多少以占之廣狹溜之緩急爲定水深溜急則爲棊盤套棊盤滿天星等式暗騎馬一曰抓子　下口安騎馬用長繩拴上口前十數丈以防後坐曰倒騎馬上口前一二十丈有淺處則釘樁爲拴倒騎馬之用深則用錨倒騎馬一曰玉帶騎馬　攢釘五樁曰梅花樁七曰七星七星謂之鷹爪亦曰獨腳龍九曰九宮十三曰十三太保成排曰排樁縱橫曰棊盤縱橫之中界以斜道曰套棊盤滿釘曰滿天星七星用以釘前角拴大繩以防前扒棊盤以下皆占已見病用之以防崩裂樁以拴繩愈深愈得力管弁㨶釘樁喫力每遇五尺樁猶斧之使短樁短則易敧樁敧則易裂走占之病往往因此

語繩第十二

繩料有四一曰竹纜山東無之用則赴汴梁採買竹纜經久不伸提腦纜宜之搖腰亦有用者竹纜亦曰篾纜二曰麻纜麻產泰安合龍麻纜長二十丈重一百三十斤精繩工價舊定每條京錢一千二百文今定九百文引龍麻繩長二十丈重十五斤工價舊三百文今二百四十文三曰縈縈以濟甯爲聚處省西濮范省東博樂皆有之直隸以天津爲聚處河南如歸德之平臺集鄭州之揚橋皆產縈而以西華扶溝爲最旺惟行儈居奇攙和泥土居多必須逐捆打淨以省運腳

四曰葦各處皆有海口爲多　葦纜價廉而質脆防汛用之大工則否麻纜較貴力勝於檾而不如檾之耐伸故大工用檾爲多　檾繩最細者曰經子工價每斤十六文今定十四文次核桃繩長五丈重十斤工價舊六十文今定五十文有加重者次六丈繩重十五斤工價舊九十文今定七十文有加重者次八丈繩重二十斤工價舊一百二十文今定九十文有加重者次行十丈繩重二十五斤工價舊一百五十文今定一百二十文次次重十丈繩重四十斤工價舊二百十文今定一百六十文次加重十丈繩重五十斤工價舊三百文今定二百四十文次合龍檾繩長二十丈工價舊八百文今定六百文合龍檾繩一曰盤繩盤繩舊惟合龍用之今楸頭亦有用者蓋省兩接頭以省檾也鄙意用盤繩惟中開一接頭若用加

重十丈繩則中開與上下口接頭凡三過二三丈水盤繩猶可伸出若至三丈以上固不如加重十丈繩多兩接頭可多伸出數尺也舊法自有深意未可輕更　其用爲提腦由捆廂船頭以達於提腦壩竹纜最佳麻次之檾鬆不適用　爲滾肚舊分明滾肚暗滾肚上水均九條下水均七條今山東不均分分四路每路一淺水七條深水九條均用盤繩或加重十丈繩中兩路一頭從船底兜轉活扣於龍骨上一頭拴樁上下口各一路一頭將船頭船尾連身捆住一頭拴樁繩如不敷隨時接用直至將合龍出船時始行句回此繩只捆船身與占無涉撑占時一開其餘不可輕動　惟滾肚亦曰裏肚亦曰過渡爲底鉤離壩頭四丈釘樁每樁離空檔一尺水淺或離一尺五寸釘樁後用加重十丈繩或盤繩一頭拴樁一頭活扣於龍骨上此即兜纜最爲喫重每廂一頭坯開數條拉起一條所拴之樁釘底鉤樁前三丈許每拉一條隨接一條必占已到底廂壓穩實然後將底鉤全數鉤回每釘底鉤樁退後一丈釘如其數俟鉤

回時拴上所拴之椿舊謂之面鉤椿其實同此一繩不必多立名目也爲占繩舊分大占腰占大占在兩頭上水九條下水七條腰占在中間五條今不分分三路每路淺水五條深水七條或九條均用加重十丈繩或盤繩此繩與底鉤同力蓋恐底鉤力弱故密加此纜以昭慎重爲揪頭用加重十丈繩爲之水深上下口各接兩條其中間接頭拴占頭正中梅花椿上每上料兩坯一拉揪頭少則七條多則九條至二十一條以抱占繩從梅花椿上兩路拴住用黃料包裹以土墊之貼上口剪夫即齊號拉繩下口如之拉畢拴離斷頭六丈所釘揪頭椿上椿斜排兩行七條則前三後四九條則前四後五餘做此拴好用黃料包裹以土墊之其前用小繩將各條拚齊接連如一字以免糾結爲抱占抱占以加重十丈繩爲之左右各一排每排五條一頭將揪頭繩捆住一頭拴於椿上河南舊用連環占於抱占之外各再加繩五條一頭捆住揪頭一頭扣於龍骨上加廂兩坯再行鉤回今山東無之若遇水深溜急此繩似不可少

椿上之繩除揪頭不動占繩非撐占不動外埽未到底繩皆活扣椿上必專令一人隨時查看遇太喫力者用尖木棍挑撥鬆勁免致斷裂卻不宜輕放放鬆一尺下墜一丈恐或生他病也抱占謂之肚占務使繩勝埽勿使埽勝繩河防志略云

語雜料第十三

正料之外皆歸雜料廄雜料椿繩爲多上篇言之究矣今埽除積習一切辦差什物並水陸筵席無所用之應用者搭棚祀神有神棚埽頭有擡棚向以工次無屋工員亦各搭一棚今用丈椿爲梁柱用正料爲瓦爲壁每間工價約三千文工竣椿料仍可作用襯搭棚爲省矣則用蘆蓆上游購自濟甯中游則章邱下游則博與竹披卽南方之大篾神棚則立神牌中爲金龍四大王左爲黃大王

右爲朱大王又左爲白大王又右爲栗大王又左爲諸位將軍又右爲風伯雨師又左爲河神又右爲火神

鐵器則有錨用以釘提腦纜拴倒騎馬以三四百斤爲合用或賃或買賃在灤口每具用一次十千文買則每斤一百六十文油錘圓如鼓有柄用以釘樁亦有方者防營多自有之月牙斧大小兩種大以截纜小以斷料束防營亦多自有鍘用以截料

木器則有杉篙灤口買　立於占前長二丈許開二尺用一根每根用一人站捆廂船扶直用以攔料杉篙一曰紮杆雲梯以便捆廂船上下椰頭用以椎料敲冰有大有小齊板用以齊料齊板一曰打板夯用以築後戧壩跟爲戧所不到者用堅木爲之挖成四柱者宜兩人三柱宜三人燈籠架以籤子爲之或劈五尺樁爲之水誌相水之深淺爲長短率出水二三尺上畀尺寸釘於上下口以驗長落籤號籤起物籤上記數目字牌料牌上計月日垛數高腳牌以黏告示合龍牌有當有蓋

河上語

以蔽風雨五尺杆照河防局尺寸做水桶太平桶均以備不虞

石則有硪腰子硪燈臺硪片子硪皆可用用以築後戧壩上不宜用硪恐樁繩震開爲患手硪用以釘樁有鐵鏽者

包土則用蒲包大包盛土五六十斤價三四十文中包盛三四十斤價二三十文小包盛二三十斤價一二十文歷城以下在博興採買歷城以上在魚臺采買麻包即盛米口袋東昌濟甯德州皆有售者

夜工則需燈籠每具價百文以內上用洋鐵帽每具二三十文以防風雨燭宜訂做以風前不淌爲佳捆廂船上桅燈用紅黃兩色分索土料壩頭亦用紅燈

雜件則有旗紅旗以招料黃旗以招土簣繩用以量口門寬窄每進一占宜量一次鉛錘用以量深淺以簣繩墜下筐槓用以挑擡箕帚用以打埽碎料

其捆廂樁板別詳語船引河器具別詳語引河不復載大埽器具若犂若犂等項今山

東未習其法似可不備營哨上工吹號擊鼓下工鳴鑼均自備

語金門第十四

口門將合曰金門金門謂之龍口　金門東西兩占曰金門占闞防營將弁云金門占視口門深淺深一丈高一丈前人未言及楷謂一二丈深之口門或可照此辦理至水深五六丈到底時隨埽隨廂已用土料不少若再出水五六丈高不惟料物虛糜且形勢陡聳恐生他病　似深至二丈以上者高以二丈爲率至多不得逾三丈　營弁好勝此埽必高於彼埽彼此交加不已恐總辦以爲非法故創爲此説以欺不習工程之總辦耳其實高則壓人低則見壓於人亦無稽之邪説營弁無識深信不疑總辦果有定見限定丈尺將何所逞其技邪金門占亦曰關門占亦曰關門埽關門埽之云仍舊名耳實亦捆廂也　龍口上口不過五丈下口不過三四丈勢難容兩埽捆廂船未撐占即去幫廂撐占時視將擠攏何埽先成即先出何埽之船抑或視溜勢所注溜注東埽即先作東埽金門占先出東埽船溜注西埽亦然然至此無肯相讓者賈莊合龍因兩埽擠緊捆廂船壞丁文誠命鋸去船桅龍口始合此可借爲前鑒始知古法周密捲下大埽亦未可廢也　金門占上捆一大枕曰龍枕枕寬與金門同　枕上釘籤以挂龍衣曰龍牙

合龍纜以麻爲之有用絲者　上挂合龍網曰龍衣挂纜已了先將合龍網在此埽拴住其餘捲好以一人橫臥其上在合龍纜上由此岸滚至彼岸在彼拴住　騎馬爲十字以小木四橫安樁頭曰五花騎馬騎馬四五尺合龍騎馬七尺

挂纜挂網畢鋪料一層鋪花土一層以一哨官立金門中間鳴金以申令曰放一尺則各放纜一尺加料

一層安五花騎馬加土一層又鳴金以申令曰放三尺則各放纜三尺放纜一尺墜下一丈兩壩各顧其私往往有取巧多放者東壩先到底則埽眼在西西壩先到底則埽眼在東此宜懸爲厲禁者也運料宜現錢從前口門運料概用現錢至合龍時則用錢櫃任人自取運土亦然今包夫運料爲價較廉沿途拋撒亦少工急仍給現錢較見踴躍合龍時搶工尤宜放手土料路宜分晰以多爲妙此刻諸事搶辦往往擁擠不開求速反遲管理土路料路本有專司至此尤應認眞一日之勞遂全功之成否係之雙壩較易閉氣單壩易出埽眼小則摔蒲包包非膠泥不可擇定處所令營勇監包每包連運至壩頭觀路之遠近給價大約一二十文先合龍一日包運斷頭價後餘空閒處勿礙土料路視有埽眼指定摔下處包蠶布包尤佳大則趕廂圈埝如內堵之法內堵見語隄篇如

係雙壩則趕閉上邊壩急填土櫃是外堵也單壩若於將合龍時接寬後戧用硬廂法如下邊壩式合龍後趕緊堵合中間填土似比臨時築圈埝較有把握工竣樹一牌於金門上曰合龍處冬閘合龍者次年必順春閘合龍者每致他虞吳徼河復故道須在冬令疏冬閘合龍次春辦善後已了故伏秋無礙春閘合龍未及蟄實伏汛大至不可勝防

語工員第十五

總辦一員以道員爲之亦曰督辦潘彬卿方伯前爲山東按察使亦屢出當此任總辦以知水性明涵勢爲上綜核款項熟語工程次之聽營弁簸弄任工員鋪張斯爲下矣會辦一員以道員或知府爲之或曰幫辦近時不派總辦辦工即在本

段內不別支津貼　提調一員以知府或同知通判爲之提調總兩壩事與總辦同尤以能任勞怨爲要近時亦有不派者若派本段提調亦不別支津貼　收支一員以同通州縣爲之或以佐雜爲之佐同通每月薪水三十六兩州縣三十四兩府經縣丞二十兩從九未入十六兩向例每日各支津貼一千今定無論官階院委每月津貼三十兩局委二十兩與薪水均自到工起截日核算至合龍日止　收支每日呈四柱清單　司事一人每月薪水八兩每日伙食四百文武弁一員每日津貼四百文營勇四名每名每日津貼六十文　掌壩兩壩各一員以同通州縣爲之掌土料並一切工程有邊壩亦掌壩兼管　掌壩每日呈土料單量水單　隨壩各六八員以佐雜爲之管買現錢土號車土並現錢運料從前均以僕從給錢或以營勇代以夫頭拔籤均易滋弊今錢由委員手給分三路則派六員以三員更代兩路則四員號籤亦委員手拔派兩員更代　需料則買料或土料並用則或兩路買土或兩路買料均聽掌壩爲政　正料廠兩壩各一員雜料廠兩壩各一員皆以州縣爲之正料廠用營勇四名照料津貼與收支同若僱夫則每名三百文雜料事繁用武弁一員每日津貼四百文營勇八名津貼與正料廠同僱夫亦然司事一人薪水與收支同或稟請佐雜一員爲之佐　正料廠每日呈正料收支單雜料廠每日呈椿繩收支單　近時不拘資格有派佐雜爲正辦者　武掌壩兩壩各一員以營官爲之有邊壩則兩壩邊壩各派一員或以幫帶充壩以一哨官站上口以一哨官站下口掌上土上一料釘樁拉繩諸事　一哨官站捆廂船掌船上繩纜燈旗並扶菸杆諸事　每成一占由武掌壩呈進占丈尺並動用樁料各數單　占未到底捆廂船喫重往往偷放占繩滚肚繩纜既鬆開則占向外出因而致病者多矣

此站捆廂船哨官之專責蓋各繩太緊不得太鬆不得隨時撥動勿令艄公插手 其餘管後戧照土路料路守正雜料廠均由總辦分派

賈魯有言水工視土工爲難中流視河濱爲難決口視中流又難楷謂塞決非難相地形爲難故始之以語壩壩所以進也故次之以進占進占以與水爭故次之以語水克水莫如土故次之以語土用土止水厥名曰隄故次之以語隄隄不能禦者制之以埽故次之以語埽埽不能制者挑之以壩故次之以挑壩挑壩不能平者分之以引河故次之以引河河以載船故次之以語船

河上語　廿五

船以載料故次之以正料土料肉也椿爲之骨故次之以語椿有骨必有筋繩爲之筋故次之以語繩椿繩皆雜料也故次之以雜料土料不乏大工將合故次之以金門金門閉矣畢乃事矣誰司厥事而可無紀故以語工員終焉

河上語終

河工策要

河工策要

光緒戊子年孟秋
上海蜚英館石印

河工策要序

稽古治河之道首稱大禹而禹疏九河漢元以來故道不可復考逮漢末河流皆出東昌東濟南西順軌千年幾無議及治河者及唐宋薛平蕭倣張昌朝李仲昌歐陽修蘇軾蘇轍任伯雨等或議徙武定或主復故道或請開六塔或以順水治隄或請罷回河之役獨明潘季馴云以隄束水以沙刷水古今議論紛如豈無一二的見可為千百年法則而決溢時書亦足見河之難治迄於我

朝黃淮交敵海口漸淤河道大壞康熙閒靳輔力排衆議興建隄壩廣疏引河雖黃淮故道次第收復而歲修動費庫

帑千萬金猶未足以奠安如去歲鄭州決口黃淮南潰波及三省

朝廷軫念民生不惜鉅帑以祈早日合龍又　命在廷諸臣延訪賢士採以輿論故邇來典試使者命題率以時事為先是書博採三代以來河道歷載各朝名臣奏議及黃河源流圖攷鄭州決口圖攷靡不考覈精詳徵引典雅俾舉業家得以對策大廷不無少補云爾若擬諸文章政事此又豈予敢當也哉是為序

河工策要

黃河源流

□□□出星宿海西巴顏喀喇山之東麓二泉流數里合而東南名阿爾坦河南流折而東北有水自西南來會又東折而北而東南流有哈喀河水自西南來會又東有拉母他母山水北向作西拉薩山水自北流來會又東有七根池水自北來會又東流數十里折東北流百里至鄂敦他拉即古星宿海元史所謂火敦腦兒也自河源至此已三百里星宿海於群山圍繞中平地有泉千百泓望若列宿是阿爾坦河自西南來會阿爾坦河東北會諸泉水北有巴爾哈布山西南流出之一水南有哈喇答爾罕山北流出之水來會為一道流注於查靈海自海東西流出五十里有一水合三河自南來會又東南折而東北與東南來之喀拉河並東北為鄂靈海由海東北流出轉東北流五十餘里又折東南流百餘里會諸泉小水至巴顏圖渾嶺下東西有水來會復正南流百五十里水色始變綠而黃又東南流出然曲七百餘里東逕阿木你麻雅母孫大雪山之南受小水數十大雪山即古積石山元史所謂亦耳麻不莫剌譯言騰乞里塔而誤指為崑崙者黃河依山南麓東南折而東北有三危耶崙河前後自東南來注之水勢益盛至烏藍莽乃山下始折而西北流古言河逕崑崙之三面如玦然實為貢導河積石之山非崑崙也自烏藍莽乃山之北西流前後大小齊注不可勝數經納林通布諸山四百餘里折西北流逕大雪山之東北又百餘里有齊普河自西南合諸水來注之又北有呼呼烏蘇河自西南合諸水來注之又折而東北流百三十里有踏克圖河自東南來注之又正北流百餘里有滾鐵羅濟河製屯西里克諸泉水自西北來會又東北流有碩爾渾河自東南來注之又東北六十里東流有小水合二澗自南來注之又東有烏藍河合諸水自東南來注之又東北經古城址北入河州歸德堡邊界四十里有枯枯塞河自南來注之又東五十里有大滌藍河自南來注之又東北有烏藍布拉克河西北自青海南境來注之又東北有也巧在匣河自南來注之又東北百里至蘇魯古山南折而東流八十里有姑楚河自南來注之又東南流五十餘里折東北經百餘里又東南流有小水西南來注之又折而東北經積石山南河本河遶拉加山積石關之北北岸入西寧東南邊外界南岸入河州內西北界此唐宋以來所名之積石也亦曰小積石自入歸德堡邊始名黃河小積石即古唐述山黃河東北經積石山南長甯驛北人東北六十餘里有小水自西北山來注之又東北五十餘里至蘭州西境有大夏河會三水西南自河州城南

會又東流二十餘里有洮河南自臨洮府來會曰洮口稍東有湟水合大通河西北自西寧府來會又東有莊浪河北自苦水堡來注之又東百餘里至州西北有阿干河自南來注之折東北流經州城之北長城之南又稍東循長城下東北流百里經金縣北境有水自南來注之即浩尾河也又北流循長城而北至靖遠衛南之虎豹口西北有十字河自東合會寧安定二縣水及清河西北流注之又自長城下經衛城西而北二百餘里至永安堡之西北閻門折而東北流出循長城外其西有大山相接東北二百里有長流水自西北來注之黃河折而北而東數里復東南流入長城又折而東北流經中衛城南又東稍二百餘里至鳴沙堡西折而北流有清水河南自固原州北流合諸水來注之又北六十里經廣武營東折東北流七十餘里出山又東北六十里經靈州所北又東北至寧夏府東南境之橫城堡西當長城斷處有托蘇河入邊復出西北流注之又東北分為三十餘里分為二派俱東北流百餘里復合西當長城斷處又東北出邊為河套鄂爾多斯南其六旗地黃河東北流有大小托絲圖河合注博木池自東南來注之又北北經阿布山色爾騰喀喇山西麓至白塔之東東北稍曲折北流歧為二派一東北流經後旗西北境一北流注騰格里鄂模即古屠申澤也又從池東北出會北來之阿爾坦河又東北為庫庫鄂模始折而東流其東流之正派亦自南來會正派東北流六十里又分二支一南支東流一北支北流八十里又分為二一北與庫庫池東北流會一東南流南北地百餘里間三渠並東流二百六十里經[illegible]北又分而合復分而東南共百三十里至吳喇忒旗西之黑爾焚克貿鄂山北始折而西南流北派自西來會又西南至几爾哈即圖南南派亦自西來會三派復合東南流五十里折而東流經左翼後旗北吳喇旗南直行五百里南北受小水無數至大土爾根即黑河自東北合諸水來注之過古東勝州境稍折而東而南至胡雄河胡渡口即古君子津有烏藍木倫河東南自邊內北流西折而西南流注之迄南流百里入山西平魯縣境界當東岸邊城起處入經老牛灣西又西南經偏頭所西有關河自東北來注之又南折而西五十里循東岸古邊城下折而南流經西岸陝西邊城起處府谷縣東北界之娘娘灘侯家口稍南東岸河曲縣北境有白龍泉石自東來經河會營南而西注之又南西岸有清水河自西北邊東經黃甫營而東南注之又南經東岸河曲城西有六闌河自東來注之西岸即五虎山也東岸稍西南經平塢西又西南有共山水自東來注之西岸經府谷縣城東南有府谷河西北自邊外東南流合數小水經城

西向東南流之東岸即保德城也又又西南有水自東來注之又西南有鎮風渚自東注之又南自裴家川口有蔚汾水東北自岢嵐州來西南注之西岸即神木縣東南界屯門坊山也東岸即興縣西之黑谷口又南有湫水東北自興縣合諸水來注之適西東為紅石灘當中流西岸有禿尾河西北自神木邊外來合屈野河來南流注之乃折而南有大會川自西來注之又南經葭州城東南有沙河自州西北來至城南東注之又南東岸臨縣西境有紫金山水自東北來注之又東南有小水自東北來注之至黃羅谷西有小水自東北來注之至孟門鎮西北有河東北自臨縣城合諸水西南流注之當永寧州西北境西岸吳堡縣北境也又南偏東經吳堡縣城東又南經楊家村東綏德州東南境東岸永寧州白葉河自東北來合寧鄉縣諸水西注之當上平關北折西南流魏河西岸華神堡西又西南衢林水自西北入邊南分來臨綏德延諸水東南流注之即青澗縣東北境也東岸石樓縣有屈產水西北流注之又又南流經西岸青澗縣東南境老鴉關東折稍西南經延川縣東境延水關東又正南流為老牛灘當河中又南有青澗河合吐延川自西北來注之東岸即永和縣西境之烈風山烏龍山也又南經延長縣東北境清水關東河中有洲曰關灘其東岸有永和仙芝河自東北來注之又南西岸有一水自西北來注之又南有延水西北自延安府合諸水東南來注之又南為東岸大寧縣西之馬鬬關南有昕川自東合隰州蒲縣諸水東西注之又南西岸山麓有小水自西北來注之又南為宜州縣東境東岸吉州西境之孟門山南為壺口山河中有灘又南經西岸老吉堡東又南有汾川水自西北來合銀川丹陽諸水東注之又南東岸有清水河自東北來注之又東南流東岸鄉寧縣西南境有羅洛水自東北來注之又東南西岸有小水自西北來注之東岸有小水自東北來注之南為西岸韓城縣東北境東岸河津縣西北境之龍門山兩山對峙河貫其中南流其下曰禹門渡稍折西南流至東岸鎮蘆灘西南有汾水東北自河津縣城南西南流注之曰汾口即西岸即韓城東之周原堡也又西南經縣南境有盤水河自北來注之對岸即榮河縣城也又西南經西岸郃陽縣東境有小水二西北自梁山東南流注之對岸即臨晉縣西境也又南西岸有洽水西北自郃陽城西南來注之又西南經朝邑縣折市鎮東其東岸蒲州城也又西南有涑水自東北來注之又南西岸有洛河西北自同州府至朝邑南東注之又南至華陰縣東北有渭水合涇水諸河自西南來東注之曰渭口在西岳太華山之北五十餘里大河至此始折而東流南岸自華陰東至潼關入河南閿鄉縣界北岸即山西蒲州南境中條山麓也東流經潼關北入河南閿鄉縣西界有

河工策要　卷一　黃河源流　二

小水三皆自南來注之稍東其北岸有小水二合而南注之又東南岸有小水合而北注之河稍東北流經北岸芮城縣南南岸閿鄉縣城北又東北有稠桑河自南來注之又東經靈寶縣西有宏農河自西南來合斷密河北流經城西北注之又東經縣城北有好陽河自南來經城東北注之又東北至陝州西有乾頭河自南來青龍河自東南來注之有兩水口東經州城北北岸平陸縣城南有水自北合二澗經城東來注之又東為太陽關之茅津口又東出三門過砥柱山又東北經澠池縣北境白石山北北岸為垣曲縣城有清水及沇水俱自北來夾城西東而南注之又東數十里北岸亦入河東界河南府治洛陽縣北又東南流經孟津縣北北岸即孟縣西境也至孟縣城南折而東北經南岸鞏縣西北北岸有溴河自縣西北東南流注之又東北有濟水西北自濟源縣東支分經柏香鎮東南流注之又東經溫縣城南其南岸鞏縣北有舊洛口又東至汜水縣西北界有洛水合伊澗瀍諸水西南自河南府東經孟津偃師鞏縣之南而東北流注之又東經汜水縣北有汜水自西南來注之北岸溫縣東之司馬台也又東北流經武陟縣南境有豬龍山即濟水支津西北自濟源經河內之南溫縣之北而東南流注之又東南流有沁水西北自澤州至懷慶府合大丹河東南經武陟北而東南注之南岸即滎陽縣北岸及河陰縣北境也大河以武陟河陰以東南岸並無山阜亦無小水流入者又東經滎澤縣北又東南經武原縣南鄭州北又東南經陽武縣南中牟縣北又東流經延津縣南開封府治祥符縣北封邱縣南陳留縣北境又東南流經蘭陽縣北考城縣北又東入山東界經曹南又東經單縣南又東南流入江南界經碭山縣北豐縣南沛縣南蕭縣北又東南經徐州府城北又東南經邳州南境睢寧縣北境又東南至十字河口東至宿遷縣城西南逆折而南而東流至白洋鎮古城鎮西又折而東而東南經桃源縣城北又東南至清河縣城南即古清口亦曰泗口淮瀆洪澤湖水自西南來會既會淮水折東北流經淮安府治山陽縣西北之清江浦北又東北經阜寧縣北境至安東縣城南又東北流過白沙鎮北過雲梯關後折入於海

附水道攷

禹貢舊河道自今滎澤縣北東逕原武縣北陽武延津胙城三縣北又東北至濬縣西南古曰宿胥口大伾山在其口東北大河自今濬縣折而北行逕內黃湯陰安陽及臨漳縣成安肥鄉曲周平鄉廣宗至鉅鹿古大陸澤在焉自此分為九北逕南宮新河冀州束鹿深州衡水武邑武強阜城獻縣交河青縣靜海大城滄州至天津直沽口入渤海

河源以北重山回互即青海地多川澤在湟水之西浩亹水之南其北甘肅其西北沙州也川澤皆不入黃河以地勢相連因附錄於後

青海在西寧府邊西五百餘里古名西海亦曰卑禾羌海即鮮水今爲厄魯特等二十三旗地番名呼呼腦兒周迴七百五十餘里中有二山一曰魁孫拖羅海一曰察漢峯東西對峙水色青綠中流高起冬夏不枯不溢爲諸水之匯其可名有哈爾濟河自東北山來八十餘里有伊克烏藍和邵山北自巴顏山南流六十里有巴哈烏藍河邵河南流五十里有和爾和東南自納拉薩拉嶺西北流百餘里合注之最大者自西來之布哈河

布哈河即古大非川源出西海西北三百餘里阿母尼顏枯山南河名喀喇細納河有殷格池水自西北來會又東南流至天青察漢峯前有春池水自東來會又東流有羅子河西爾哈河自北來會又東有濟拉馬爾台流至此來會又東注河青海此河受大水岸闊流深爲諸水之冠無西南之叙打丁河會諸水東西分注爲拖孫池阿勒克池次之

青海東北有巴顏池南有功額池細納池奇爾多克池有殷得爾圖池其最大者西南三百五十餘里之拖孫池阿勒克池東北之巴哈池近西寧邊外西北百八十里東南近洮州衛之湫池即古天池大澤白水之源也其最利者西南之鹽池周百餘里產青鹽其水自西拉庫特克山之莫和爾河與布拉克地之察漢烏蘇河合匯爲此池又東南流出會數水名曰鹽河又東南伏於功爾池邊地蒙古食鹽皆取於此

青海東即湟水古所謂湟中地北即大通河古所謂浩亹水東南會湟水入黃河也自大通河以北諸山之水隔于重嶺涼州永昌甘肅西至河西肅沙州衛古武威張液泉敦煌四郡地水或東北流或西北流或西南流皆至沙漠中匯爲一池而止考古者指爲野豬爲稱水爲黑水難以盡合今擬經流共見者編次於後

安遠堡水出鎮羌營邊城北其南即莊浪河源南流入黃河者也水北流循長城外經堡東又北經黑松驛至古浪所東有小水東南來穿城注之又北至雙塔堡折東北流經長城斷處八十里至上門堡東北出長城閘門又東北百餘里折東流五十餘里沙磧匯爲一小道而止

鎮番衛水源出涼州南境重山中兩源東北流而合經張義堡南又東北至長城下新平驛東循城而北經州東境之高溝堡東又北循西經三岔堡東折東北流當城斷處蔡旗堡東又東北經重興黑山青松三堡南其東即大磧也又東北至鎮番衛東南又東北當西長城斷處又東北曲曲三百餘里匯爲一大池池周六十餘里

永昌衛水源出衛西南境重山中東北百餘里有小水自西來會東經新城堡北又東循北山麓經水磨關北又東經衛城北又東北出長城閘門經西山麓寧遠堡西又東北曲曲流四百里於沙漠中匯爲一池池周三十餘里

山丹水即古弱水源出山丹衛西南窮石山東北流百餘里經馬營墩西又北流五十里經永固城西又北二十里經洪水營東折西北流二百十里至甘州東南境有水東至長城外山西南流入城經山丹營及逍遙堡南而西注之又西北經州北境又西北有張掖河自西南來會即古羌谷水也又西北百里至平川堡南撫夷堡北循長城下而北至高台堡西北有一水西南自紅崖堡從仁堡南山二源合而北來注之又循長城下而西北經安定黑泉花牆深溝四堡之東又北至鎮夷堡西北當城斷處出邊又北三百里至衛公營東北地有肅州二水自西南東北流經金塔寺營而北來注之　肅州二水一曰卯來河源出肅州西南邊外青海西北境有三源東源曰厄几錄必拉出數什西山之南西北流中源曰巴東必拉出朱喀達山北麓二澗北流而合西源最大而遠曰滔來必拉曰哈上巴爾呼必拉東北流而合流數百里始與二源水會東北流又東合一水又東北經重山入肅州南邊經卯來堡曰卯來河又東北經州城南境又東北有河西南自嘉峪關外東北流經州西北境來注之又東北至古城堡南臨水堡北當西長城斷處出邊東北流經金塔寺營西北又東北折正流土人總呼滔來必拉經衛營西大坑屯東又北折東北流至衛公營北又東北會山丹水　二流既合又東北經花牆鎮驛北土人曰厄金錄必拉又東北至毛母西折東北流東北經雙城西又折東北流經平所驛沙馬營西又西北折東北而北流經什庄西又西北有昆都倫水自東北來注之人北爲二巨澤西北曰索廓克鄂模其東北曰索傳鄂模即古居延海也嘉峪關外赤金關外赤金衛有二水俱出南山中數源合而西北流一經衛東一經衛西北靖逆驛之東俱折東北匯爲一池曰阿拉克池

布隆几勒河疑古黑水自靖逆驛西南境平地兩源合而北流七十里有小水二自東來會折而西流有小水八俱南自柳溝衛北流注之又西數十里至雙塔南有小水南自真拖來地北注之又西三百餘里經安西府北又西百里至古沙州北境有西拉喈全河自南經州東而北來注之又西北流曲曲而西三

百里瀦為巨澤曰哈勒池周六十餘里接布隆凡勒即漢時南稽瑪水西拉噶金亦曰黨河即漢時氐置水也

色爾騰海在哈勒池西南三百餘里其水南出雪山之陰西北流瀦為澤　自此而西即古流沙西北沙中有蒲昌海

淮水源流攷

淮水發源於桐柏釋名曰淮韋也韋繞揚州北界東至於海水經注曰淮水逕義陽東過鍾離縣北夏邱縣南又東至徐縣又東盱眙縣東至廣陵淮浦縣會黃河而入海此其故道也前明廢海運復會通河以漕東南之粟乃修歸仁隄大築高堰障全淮使出清口與河流會借淮刷黃從雲梯關入海以故運道不梗而淮水亦不至為害鼎革以來隄防廢會不修順治十六年己亥歸仁隄決康熙元年壬寅又決泊自周橋閘而淮水盡東注矣淮水既東清口之力遂弱不足汰黃流之淤久之雲梯關故道為積沙壅阻於是黃水逆入清口並注洪澤湖淮復挾黃為害合二水悉停蓄瀰漫於高寶諸湖而下流范公隄諸閘久廢其入海諸港口又皆湮塞其受無涯其歸無所四十年來七邑乃為之壑矣夫治其源宜修歸仁周高堰殺其流宜開支河濬海口若第沾沾焉循例而治之於沿堤一帶設立減水諸壩又令每歲增堤土三尺噫於保堤則得矣如水患何留心民瘼者宜思所變計焉

黃河決口變遷總考

從古治水稱神禹為治水首黃河黃河自崑崙發源萬里而來禹導之自積石龍門蓋特興其流入中國之始以為肇端後人必追溯河源於博而不適於用故論禹治水導河斷自龍門積石始河從積石東北而南計三千里至龍門為西河龍門在冀州呂梁山石峽崇峻其勢故禹治其北鑿龍門分殺其勢西因其迴流之注而導之又南至華陰在陝之華陰縣自南而東至底柱在河南陝州之三門山又東經孟津河南府孟津縣過洛汭鞏縣至於大伾為大名府濬縣臨河之山北過降水為真定冀州北枯縣至於大陸屬中山郡今真定邢趙深三州之地北分其勢播為九河其一則河之經流也徒駭等八河皆在河間滄州南皮東光慶雲縣山東平原海豐由霑津吳橋南皮諸處直達東海是為禹之故道為之載河為地以入海自河徙以西之故道終古不失河徙以東自周定王五年河徙砱礫始失禹故道漢文帝時決酸棗東潰金隄在河南延津縣滑諸縣至大名清豐一帶延亘千里武帝時溢平陽屬德州從頓邱今清豐縣又決濮陽縣瓠子口開河東注鉅野屬曹州即大野通淮泗河始與淮通尚未入淮也元帝時決館陶為屬大名今屬臨清又決清河靈鳴犢口今高唐州舊屬清河郡成帝時決東郡金隄決平原溢渤海清河為屬唐一帶信都今冀州界唐元宗時決博州今東昌溢魏州今大名冀州五代時決鄆州今鄆城縣楊劉今東平之東阿縣楊劉鎮滑之魚池宋太祖時決東平之竹村開封之武陽大宮之靈河澶淵大宗時決溫縣滎澤頓邱泛於澶濮曹濟諸州東南流至彭城界即今徐州入於淮自此為河入淮之始真宗時決鄆及武定州乘溢滑澶濮曹鄆諸邑州浮於徐濟而東入淮仁宗時決開州館陶中宗時決冀州棗彊大名州邑一合南清河以入淮一合北清河以入海南渡後河上流諸郡為金所據獨史河患其亡也始自開封北衛州決而入渦河南直壽亳蒙城懷遠之間元初決衛輝之新鄉開封之陽武杞縣之蒲口滎澤之塔海莊歸德封邱諸界其時專議疏塞而已至元二十六年開會通河以通運道而河道與運道相終始矣蓋自元以前河自為河治之猶易至元以後河即兼運治河必先保運故治之較難至正初河決白茅金隄等處額河郡邑皆罹水患水勢北侵安山沿入會通河延袤濟南河間將壞兩漕司鹽場用都漕運使賈魯言挽河使東行以復故道五月功成命翰林學士歐陽元作平河碑文並命作河防記著其法制工用為世取法明武九年河決曹州雙河口二十五年河決原武會通河淤河自決武中決陽武東經開封城北五里又南行至項城經潁上東至壽州正陽鎮全入於淮故道淤至永樂時

嵩為決淤壽張防民困國辭至九年決益甚議濬黃河故道尚書宋禮加濬會通河用老人白英計於汶南旺分水濟之北合漳衛通泗南入沂淮其北道魏家灣與土河相連開二小河以洩之有濠渠於衛東北岸通黃河可直至海豐者如論其南道在南旺之北者開新河自汶上袁家口左徙二十里至壽張之沙灣接舊河以免陸運之艱侍郎金純導河支流從汴城金龍口至塌場仍合會通以入淮漕事定於是運必借黃欲通運不得不先治黃也正統十三年河決新鄉八柳樹漫流山東經曹濮衛張秋潰沙灣東隄舍濟汶入海路以去諸水俱淺[illegible]景泰三年又大決沙灣近河地皆沒翰林侍讀徐有貞承命以都御史往治之作制水之牐疏水之渠而河流專出不順者則堰之水遂不東衝於沙灣更北出而濟曹鄆之間宏治三年決陽武河自原武中牟分流為三其大者切近汴堤西北陽會沁河泛陽武封邱祥符陳留杞縣蘭陽儀封考城曹縣雎寧歸德亳永夏碭蕭而下徐淮其次者橫流封邱之於家集決孫家口漫長垣曹濮鄆城陽穀壽張東昌至臨清下衛河延患於德滄與青縣靜海天津始入於海又其次者自中牟南下尉氏鄢陵扶溝舟行至其故道自汴城西南寄花營入渦河者則淤淺矣侍郎白昂治之河於北岸去汴城三十里金龍決口自滎澤乃築北隄以防張秋之衝激衛諸郡之泛濫導南河自原武中牟下尉氏至潁州由塗山達於鳳陽故道合淮以入海又於東平州戴家廟及德州之南一帶多鑿長河每河口各建減水牐以節運河之水盈則洩之海而東兗德滄之患紓牐則蓄之河而漕舟船之行利隨河修隄二十餘里隨隄植柳百萬餘株又濬築蘇諸泉二百八十餘以濟漕河南塞決口三十六欲月河十餘使由河入汴汴入睢睢入泗泗入淮以達於海又以河南入淮非正道恐不能容復自南臺歷德州至吳橋修古河隄自東平北至興濟鑿小河十二道引水入大清河及古黃河以入海宣當五年決張秋入漕河與汶水合會都御史劉大夏治之謂宜疏治上流黃陵岡孫家渡工方興而復決張秋東隄百丈曹舟一經決口使力皆輸失手飄覆漂沒時議應復元海運大夏於西岸稍南鑿月河長三里許欲運不失至冬水落始為塞決計履視潰原於孫家渡口開七十餘里濬祥符四府營淤河二十餘里以達淮疏賈魯河四十餘里由曹縣梁進口出徐州運河支流既分水勢漸殺為築兩長堤截水南下一由徐淮故道長三百六十里曰太行隄一自金龍口起長百六十里曰新堤又於舊決之南一里許為減水塘旅以之決墨碣石平安鎮止德四年河決曹單八年復決黃陵岡嘉靖六年決曹單城武陽家口衝雞鳴臺七年復決徐沛漕渠不通都御史盛應期[illegible]視指相度請疏趙皮寨以殺河勢導之[illegible]回歸[illegible]以

入淮別開招陽湖左新渠一百四十餘里功成讒興參罷嘉靖十二年河決亳泗歸宿等處運道淤塞劉天和用濬河扒濬南旺淤淺以免盤剝築曹單長堤以防衝決植柳以護堤岸浚月河以備啓塞建減水牐以司蓄洩夏順水牆以東漫流運道暫復十九年河決睢州野雞岡入淮二洪大涸侍郎王以旂既南徙第疏山東諸泉引入洪沛濟運八月而成四十四年河決潘季馴迄開新渠隆慶三年河水溢自清河抵淮安城西寶應湖隄崩壞四年河決邳州自睢寧白浪至宿遷小河口淤百八十里自是黃河之患不在河南而在徐邳六年河決邳州運道阻朱衡於茶城南北築兩隄以防河水之出入北隄自馬旂瀆迄邳州之直河南隄自離林鋪迄宿遷之小河口各延袤三百七十里河流乃安萬曆三年河從崔鎮等口北決淮從高堰東決徐邳以下至淮漂沒千里六年復起潘季馴議者皆謂宜濬海口季馴則謂海潮汐往來隨濬隨淤惟導河以歸海則治河即以治海導河亦未易以人力爭惟慎固隄防使無旁決水入地益深則治防即以導河也於是築隄堰自徐淮六百里南北兩堤淮水畢趨清口會大河入海二口不濬得通十五年河漫開封封邱縣及東明等處十六年復起潘季馴督理河道十九年泗州大水淮水高於城濔人無算季馴言霖雨水漲久當自消季馴三仕三已一以求故道築隄東水借水衝沙為主二十三年泗水為患楊一魁疏言分黃導淮明年開桃源黃壩新河自黃家嘴起至五港灌口止分瀉黃水以抑黃强闢清口沙七里建武家墩涇牐洩淮水由永濟河達涇河下射陽湖入海又建高良澗減水石牐子嬰溝周家橋減水石牐洩淮水一由宜河下涇一由草子湖寶應湖下子嬰溝俱通廣洋湖入海二十五年河大決單縣之黃堌口嗣又決義安東壩一魁議濬黃堌以殺黃水救小浮橋泗上之涸三十一年李化龍遍行淮徐泗鳳間得前所開泇河遺跡專力濬成之於是運艘昔稱過洪今稱過淮為出險矣然東南之漕自清江浦出口由清河湖桃源經宿遷從董溝口入駱馬湖而抵泇河尚有一百八十里假道於黃河則治黃者固先保運而利運者尤急於治黃也天啟六年總河李從心以運舟過宿遷之劉口磨兒莊等處一船挽夫以百計費繁勢險重灘中斷前船擱下後船直抵相撞官帑民命須臾歸之於逝真乃自馬頰口起至陳瑤溝止另挑一河運道得以安行崇正八年駱馬湖淤泇河運道中阻總河劉榮嗣自宿遷至徐州別鑿新河分黃水注之通運計二百餘里費五十萬其鑿處皆河故道尺許下皆沙挑掘成河沙落河坎數四引黃注之沙隨水下為淺為灘明年漕至駱馬湖之淤道平仍專行泇河是故古之治河也易今之治河也難古之治河止以除水之害今之治河兼以資水之利惟其止以除水之害故禹

河工策要　卷一　黃河決口變遷編考　六

之治水使水以四瀆為壑而已無餘事惟其兼資水之利故不得聽其以海為壑必使之迴旋曲折數其水為有用之水而其餘乃歸之於海此善治水也若竟聽其以瀆為壑則不得資之利若使之迴旋曲折數其水為有用之水而其餘不使之歸海焉則資水之利而究不免於受水之害焉觀所謂善治水者哉三代時河未南行自漢以後入淮旋百行入海宋紹熙五年河從陽武分二派一由北清河入海一由南南清河入淮黃河南行自此始明宏治六年河盡南正德四年河決曹縣注豐沛經邳宿自桃源縣三義鎮入口繞清河縣舊治後會淮係在陶莊迤北嘉靖初三義鎮口塞河流徙出清河縣舊治前與淮會小清口即今清口係在陶莊迤南

三代河決

殷時河數圯決至五遷都以避之不聞其有所隄塞猶近禹之跡故也至周定王五年渠山壅河南徙於礫失禹之故道漸移而東復折而東北自是兗豫有水患矣

兩漢河決

漢文帝時河決酸棗東潰金隄於是大興卒塞之至武帝元光中河決瓠子東南注鉅野通於淮泗上使汲黯鄭當時興卒徒塞之輒復壞未幾河復北決於館陶分為屯氏河東北經魏郡清河信都勃海入海屢溢深與大河等故因其自然不隄塞也元帝永光五年河決清河靈鳴犢口而屯氏河絕成帝時河東決於館陶及東郡金隄泛溢兗豫入平原千乘濟南凡灌四郡三十二縣水居地十五萬餘頃深者三丈敗壞官亭廬室且四萬所河隄使者王延世治三十六日河隄成復二歲河復決平原流入濟南千乘所壞敗者半復遣延世治之鴻嘉四年清河勃海信都河水盛溢賈讓請徙瞻地放勃海迫王莽時多宗其說東漢光武時汴渠東侵日月彌廣而水門故處皆在河中兗豫百姓怨歎明帝永平十二年上遣樂浪王景治之疏鑿隄防合於禹功嗣是河入千乘自漢迄唐無橫決

後五代河決

晉開運元年五月丙辰滑州河決浸汴曹濮單鄆五州之境環梁山合於汶水與南旺蜀山連瀰漫數百里河乃自北而東周顯德初河決東平之楊劉宰相李穀監治隄自楊敲抵張秋以遏之水患少息然決河不復故道離而為赤河

宋代河決

太祖乾德初赤河決東平之竹村七州之地復罹水災三年秋大霖雨開封河決陽武又孟州水漲壞中潬橋梁澶鄆亦言河決上發丁夫繕治歲以為常開寶中河決濮陽又決陽武遣曹翰治之未幾決河皆塞太宗八年河決滑州韓村泛澶濮曹濟諸州壞民田居人廬舍東南流至彭城界入於淮詔發丁夫塞之真宗大中祥符四年棣州河決聶家口及李民灣環城數十里民舍多壞乃徙城於商河仁宗時河決大名館陶依李仲昌請自澶州商胡河穿六塔河入橫隴故道以殺其勢卒以商胡塞而河力壯六塔不能容是歲大決神宗熙寧初依張鞏議塞北流河乃自其南四十里東決溢大名恩德滄永靜五州之境明年決館陶永濟清陽已又溢漕村衛州時新隄凡六埽而決者二下屬恩濟貫御河為一塞之而河溢大名遣范子淵等治之而是秋河溢壞民田特甚又明年河大決澶州七年河溢元城埽決橫隄破大名北京哲宗元祐初霖雨溢河北諸郡已而梁村上下約東抉河口門既漲水遂壅而潰南犯德清西決內黃東於梁村北出闞村宗城決口復行魏店北流因於遂斷河水四出壞東郡浮梁徽宗政和四年孟昌齡獻導河議引河使穿大伾東北二山分兩股而過合於下流因三山為址繫浮梁以寬河朔諸路之發詔置提舉司董其事而巨濼成然水流雖通而湍激猛暴泛溢近皆

元代河決

成宗大德初因河決屬吉鄉加隄塞障塞之役無歲無之而水北入河復故道順帝至正初河決白茅金隄等處瀕河郡縣皆罹水患用賈魯議挽河使東行復故道

明代河決

洪武中河決陽武東經開封城北五里又南行至項城經潁上東至壽州正陽鎮而全入於淮元會通河故道遂淤自是至永樂歲為決徙不常太宗永樂九年依顧芳議自汶上縣袁家口左徙二十里至壽張之沙灣接舊河又從汴城金龍口下達塌場經二洪南入淮英宗正統三年決張秋沙灣東流入於海嗣又決滎陽東過開封歷睢陽自亳入於淮景帝景泰中又決張秋依徐有貞議治水閘疏水渠渠起張秋金隄西南行九里至濮陽濼經博陵壽張沙河至東西影塘又鉛李阜至蓮花池乃踰范暨濮又上而西數百里經澶淵接河沁矣又作放水閘於東昌等處皆通古河以入海孝宗弘治中河決原武支分三其一決封邱金龍口漫祥符長垣而下趨張秋衛通河而奔於海一出中牟下尉氏一溢蘭陽儀封考城及歸德至宿州瀰漫四出白昂治之築隄疏河以入淮達泗後復修古長隄又自東平北至興濟鑿小河十二道引水入大清河及古黃河以入海七年河復決金龍潰張秋堤奪汶水以入海依劉大夏議濬賈魯舊河以殺水勢濬孫家口開新河七十餘里導使南行由中牟至潁以入淮又濬四府營梁河由陳留至歸德還為二一由宿遷一由亳渦會於淮世宗嘉靖中河歲有決溢所由無常迨季年而蕭碭徐邳之間濮城郭人民為災甚劇至四十五年河塞新集而南流阻再塞龐家屯而全河北徙不可漕依朱衡議用所故道開之於是新河雖西堤亦成穆宗隆慶三年河復溢自清河抵淮安城西淤塞三十餘里決方諸二壩出海平地水深丈餘寶應湖堤往往崩潰山東莒州剡城諸處皆溢徙直河入邳州溺死人民無算神宗萬曆初河決崔鎮黃浪入海淮水不敵遂決高家堰於是河淮分決流沙淤溢雲梯關入海之路

大阻淮安揚諸郡悉爲巨浸潘季馴治之築蝦以捍淮東浸築堤以制河南溢於是自徐抵淮亘六百里皆填土膠泥築諸堤使淮趨清口會大河入海然堤雖堅而疏濬無法以致流沙日壅清口日淤二十年河復決汶上決魚臺決濟寗決鉅野決邳州宿遷高郵泛濫泗州數成魚鱉之鄉河臣請分黄開桃源縣之黄家壩三十里下五巷口入海

國朝河決

康熙

康熙十九年山陽清河等五縣河水衝決隄岸河臣靳輔自請議處著令趕築詳奏議

康熙二十一年蕭家渡決口九十餘丈河臣靳輔設法堵築至二十二年合龍詳奏議

康熙三十八年郎伯更樓高郵九里等處漫決河督于成龍先令該管官堵築高郵九里缺口其郎伯更樓缺口請照舊河形疏挑寬深再於河東築土隄束水入江詳奏議

康熙四十四年春黃淮並漲水勢洶湧古溝塘埂清水溝韓家莊四處隄岸漫決急爲堵築河督張鵬翮七月奏聞

康熙六十年河南武陟縣釘船幫決口黃河老隄衝開八九里著新授山東按察使齊蘇勒先赴河南會同楊宗義陳鵬年商酌修理黃河之法再赴新任

雍正河決

雍正元年六月河決中牟僉都御史嵇曾筠偕巡撫總河塞之並查賑被水州縣

雍正三年七月河南睢寧縣朱家口河漫溢御飭河臣悉心修築十二月十三日決口合龍

乾隆河決

乾隆元年四月河南永州縣地方黃河水發從江南下衝坍申公堤等處著河南巡撫會同江南總督勘辦

乾隆五年江南宿遷縣朱家閘河決命築挑水壩

乾隆七年古溝壩石林口決口命速堵之

乾隆十年陳家浦決口其地爲黃淮入海之路著仍舊堵築不失老堤故迹

乾隆十五年宿遷等處漫口命總督高斌堵築清河漫口合龍

乾隆十八年銅山縣張家馬路堤工衝決內堤七八十丈外堤四五十丈令高斌速赴銅山堵塞又張家馬路及郎伯湖二閘決口同日合龍

乾隆二十六年祥符黑堽口等處河水漫溢命裘曰修會同辦理

乾隆三十三年九月洪澤湖水加長分注運河因東北風大致將裏河南岸王家田迤上之堤工漫決十五丈

乾隆三十九年江南老壩口河溢十月老壩口合龍

乾隆四十三年儀封漫口次年合龍

乾隆四十四年黃壩口門以下南壩蟄塌二十餘丈

乾隆四十五年陳輝祖奏邳睢廳屬黃河因上游水發六月水勢加誌樁上長至一丈三尺七寸邳睢南岸南岸大堤溜往南趨更兼東北風大河浪撞擊水高堤頂隨搶隨塌十七日睢寧縣地方郭家渡堤工漫塌二十餘丈水由沈家河入五湖歸洪澤湖七月富勒渾奏兮錦灘於初二三日長水一丈八尺黑堽於初四五日長水一丈三尺五寸八堡屯迤東焦橋一帶漫水過堤趕護不及被刷三十餘丈大堤見趕作裹頭保護又韓鑅奏儀封北岸曲家樓堤工於初五日水高於堤一二丈搶護不及刷坍堤工二十餘丈並未掣溜現在上緊裹頭以免刷寬

乾隆四十六年黃河南岸魏家莊大堤因水勢盛長全河大溜南趨五月二十七日外灘先行塌去直刷堤身隨蟄隨塌溜勢日盛水高堤頂於六月初一日該處堤工漫溢過水約長十餘丈飭該道廳先將漫口兩頭裹護克期堵築李奉翰自請交部治罪八月魏家莊合龍

乾隆四十七年豫省青龍岡漫口合龍未就遣大學士阿桂之子等往青海務窮河源告祭

乾隆四十九年睢州漫工合龍命建河神廟

乾隆五十一年李世傑奏大雨滂沱傾注清水黃水並中河之水同時並漲山安黃河北岸李家莊工尾及湯家莊二處先後漫塌堤工五十餘丈及八十餘丈不等清江迤上北岸二井縷堤淮關迤下南岸之周家莊均漫溢過水各塌寬十六七丈又清江南岸千根棋桿迤下之五孔橋堤工漫缺水從玉帶河旁溢以致清江一帶被淹矣

乾隆五十二年江南周家溝等處河溢睢州十三堡合龍

乾隆五十五年韓鑅奏稱唐家灣引河減洩黃水出槽漫灘下注毛城鋪其外灘王平莊民堰亦被漫缺鉗口土壩尾刷寬二十餘丈毛城鋪堤衝塌百八十餘丈韓鑅交部議敘

乾隆五十七年洪澤湖水因大雨淮水加長匯注洪湖高堰誌樁長至一丈零四寸又清口以下清黃並注甚爲滿激徐州北門誌樁仍存新舊共長水一丈二尺

嘉慶河決

嘉慶元年六月江南豐汛六堡河溢二年二月合龍
嘉慶二年八月江南碭山境內楊家壩河溢命蘇凌阿等馳往堵築山東曹汛壩河溢十二月合龍三年
二月復蟄
嘉慶三年九月河南睢上汛河溢四年正月漫口合龍復司馬騊項帶並以疏濬下河復李奉康基田翎
項
嘉慶四年七月江南碭汛邵家壩河溢十二月邵家壩工既合復蟄五月十一月合龍
嘉慶八年九月東河衡家樓河溢九年三月合龍
嘉慶十一年王營減壩河溢七年江南宿南廳郭家房河溢十二月合龍
嘉慶十五年十月江南高堰山盱兩廳隄壩漫決衝揭磚石工四千餘丈
嘉慶十六年六月王營減壩堤工復蟄三四月間倪家灘一帶有漫溢之處七月棉拐山李家樓兩處漫
口十二月減壩合龍下游諸工完竣十七年三月李家樓大工合龍河歸故道
嘉慶二十三年河南武陟縣沁河溢
嘉慶二十四年河南蘭陽儀封北岸河溢奪葉觀潮職命吳璥馳往會同琦善堵築嗣又命李鴻賓赴河
南督辦漫口工程是月己酉河南黄沁廳屬武陟汛河溢命葉觀潮捐築贖罪九月馬營壩口門塌寬一
百六七十丈二十五年三月馬營壩漫工合龍二十五年十二月儀封漫口合龍

道光河決

道光四年十一月湖水陡漲高堰十三堡堤頂刷掣成槽塌通過水山盱周橋之息浪菴亦過水八九丈
孫玉庭治之
道光二十年六月河南下南廳祥符上汛三十六堡堤頂漫塌刷寬八十餘丈黄河大溜直奔河南省垣
旋分溜下注經行之處河南安徽兩省共五府二十三州縣被災　命王鼎等督辦大工至道光二十二
年合龍
道光二十二年中牟堤下汛堤工蟄塌　命鍾祥督辦中牟大工又江南桃花廳河溢　命敬徵廖鴻荃
治之

附永定河決

康熙二十年九月霸州南孟地方渾河決口上諭著作速修隄
康熙六十年八月長垣縣之甄家莊王家隄兩處隄工被水衝決詳奏議
雍正元年婁兒渡隄工衝決著速堵築
雍正四年朱家口水勢斗長東岸壩臺大埽衝陷總河齊蘇勒奏報情形見在防守修築
乾隆十五年永定河漫口命汪由敦查勘改築永定水害草壩
乾隆四十五年永定河溢
乾隆五十六年河溢濬永定河支河
乾隆五十九年漫口合龍
嘉慶二年永定河溢
嘉慶六年永定河溢命內閣學士台費蔭等分勘水災十月永定決口合龍
嘉慶十年永定河溢命那顏寶馳往堵築閏六月合龍十一年復溢十月合龍
嘉慶十五年六月永定河溢九月漫口合龍二十四年七月永定河溢命吳邦彥寶馳往堵築九月漫口
合龍
道光三年紅花隄因豫省漳河隄決漫水下注以致潰決四十餘丈
道光二十三年七月直隸東光縣鄭家口汛河溢命納爾經額治之閏七月直隸永定河溢
道光二十四年直隸永定溢

三代治河

堯時洪水爲災帝咨治水者四岳僉薦鯀帝試之九載績用弗成至舜受禪殛鯀而用禹禹既受命悼前人之非度乃勞身焦思履四時乘四載行山表木斷高爲下定高山大川疏川導滯身爲度以爲人先是時水之患河爲甚濟次之淮次之江漢次之故治水之急先於河于是發迹壺口治梁及岐南至於華陰東至底柱及孟津雒汭至於大伾禹以爲河所從來者高水湍悍乃釃二渠以引其河北過洚水至於大陸又北播爲九河合爲逆河以入海冀州既乂于是乘地之勢自北而南兗青徐爲東偏雍高於豫豫高於青徐雍豫道擊洛而入於河揚下於荊荊下於梁梁荊之水東自揚而入海故東南次兗青又南次徐四州治而河患息又南次於揚又西次於荊以殺江淮江淮乂而洪水定于是由荊而北次於豫由豫而西次於梁由梁而北次於雍以奠江河之上流九川滌原九澤既陂烝民乃粒萬邦作乂當是時也陸行載車泥行乘橇山行則橋水行乘舟居外三十年三過門而不入功之所施名川三百支流三千而弗自功從今考之其始於冀州非徒以帝都爲先也蓋水患皆因下流壅塞而然不先施功於下流以疏其壅塞之勢然後施功於上流以導其發源之地下流有所歸則上流有所殺矣夫天下惟河患最大河始入於雍而經於冀則冀當河之下流而兗又其下流入海之處所以禹之功役自冀而兗則疏濟之下流也自青而徐則疏淮之下流也自揚而荊則疏江漢之下流也河濟淮江漢五水之下流既通水患之平已十七八矣然上流不濬則猶未免有壅塞之虞于是自荊而豫以濬伊洛之源自豫而梁以濬江漢之源自梁而雍以濬河渭之源此所謂決九川距海而水之大者有所歸濬畎澮距川而水之小者有所泄皆順其自然之性而不與水爭萬世疏鑿之智孰有外是者歟至殷河數圮決至五遷都以避之不聞其有所隄塞猶近循禹之跡故也至周而封井分畫之制詳當時溝洫澮川悉自田畝叢疆封舉取諸隣際畢蓄瀉泄任之農功卒然有急移用其民以救其時事取乎力征故土不隄而固不築而瀕河水由地中行蓋不勞而定也未聞爲事河矣至定王五年梁山壅河南徙砱礫失禹之故道漸移而東復折而東北自是兗豫有水患矣而諸侯各作隄防壅塞過百川以自便利甚或反加決灌以隣爲壑而河遂蕩溢滋爲患害

兩漢治河

漢孝文時河決酸棗東潰金隄于是大興卒塞之至武帝元光中河決瓠子東南注鉅野通於淮泗上使汲黯鄭當時興卒徒塞之輒復壞是時武安侯田蚡言於上曰江河之決皆天事未易以人力彊塞之是以久不復塞也後二十餘年歲數不登而梁楚之地爲尤甚乃使郭昌汲仁發卒數萬人塞瓠子河上自臨決河沉白馬玉璧令羣臣從官自大將軍以下皆負薪寘決河卒塞瓠子築宮其上名曰宣防而導河北行二渠復禹舊迹梁楚之地復寧無水災後元鼎間齊人延年上書請令水工準高下開大河東注之海上壯之然以爲禹迹恐難更改自塞宣防後河復北決於館陶分爲屯氏河東北經魏郡清河信都勃海入海廣深與大河等故因其自然不隄塞也後館陶東北四五郡雖時小被水害而兗州以南六郡無水憂宣帝地節中光祿大夫郭昌使行河曲三所相水流之勢迺各更穿渠直東經東郡界中不令北曲渠通利百姓安之元帝永光五年河決清河靈鳴犢口而屯氏河絕成帝初清河都尉馮逡奏請浚屯氏河後三歲河東決於館陶及東郡金隄泛溢兗豫入平原千乘濟南凡灌四郡三十二縣水居地十五萬餘頃深者三丈壞敗官亭廬室且四萬所河隄使者王延世以竹落長四丈大九圍盛以小石兩船夾載而下之三十六日河隄成後二歲河復決平原流入濟南千乘所壞敗者半建始時復遣王延世治之六月乃成鴻嘉四年勃海清河信都河水泛溢用李尋言止不塞觀河所欲居稍自成川于是灌縣邑二十一敗官亭民舍四萬餘所河隄都尉許商與丞相史孫禁共行視圖方畧禁欲開九河南篤馬河然失水之迹許商以爲不可從公卿皆從商言哀帝初以騎都尉平當領河隄奏言治水有決河深川而無河隄壅塞之文宜博求能浚川疏河者待詔賈讓上議以爲治河有三策迨王莽時徵求能治河者以百數大都祖讓徙冀地放渤海之遺策迨于東漢建武十年陽武令張汜上言以河決宜修改隄防上即爲發卒方營河功而樂俊以爲勞民遂止後汴渠東侵日月彌廣而水門故處皆在河中兗豫百姓怨嘆而或以爲河流入汴幽冀蒙利爲故曰左隄强則右隄傷左右俱强則下方傷宜任水勢所之使人隨高而處刑公家息壅塞之費百姓無陷溺之患永平十二年議修汴渠會有薦樂浪王景能理水者顯宗乃發卒數十萬遣景與謁者王吳修渠築隄自滎陽東至千乘海口千餘里景乃商度地勢鑿山阜破砥磧直截溝澗防遏衝要疏決壅積十里立水門令更相洄注無復潰漏之患嗣是河入千乘而億禩之河又播爲八故水有所洩而力分偶合於禹功蓋自東漢訖唐不至橫決如異時矣

宋代治河

自周顯德初河決東平之楊劉宰相李穀監治隄自陽穀抵張秋以遏之水患少息然決河不復故道離而為赤河宋太祖乾德二年遣使按視古隄議者以舊河不可卒復力役且大遂止但詔民治遙隄以禦衝注之患其後赤河決東平之竹村七州之地復罹水災三年秋大霖雨開封府河決武陽又孟州水漲壞中潬橋梁澶鄆亦言河決帝以河隄屢決分遣使行視發畿甸丁夫繕治歲以為常皆以正月首事季春而畢開寶中詔緣黃河汴河清河州縣除準舊制藝桑棗外別課民樹榆柳為河防已又詔開封等十有七府各置河防官一員佐使者行治河已河決濮陽又決陽武發諸州兵及丁夫五萬凡人遣潁川團練使曹翰護其役太祖謂曰霖雨不止又聞河決朕信宿以來焚香上禱於天若天災流行願在朕躬勿延於民曹翰頓首對曰昔宋景公諸侯耳一發善言災星退舍今陛下憂及北庶懇禱如是固當上感天心必不為災翰至河上親督工徒未幾決河皆塞太宗八年河決滑州韓村泛澶濮曹濟諸州壞民田居人廬舍東南流至彭城界入於淮詔發丁夫塞之隄久不成乃命使者按視遙隄舊址使回條奏以為治遙隄不如分水勢自孟抵鄆雖有防隄惟滑與澶最為隘使可立分水之制宜於南北岸各開其一北入王莽河以通於海南入靈河以通於淮節減暴流一如汴口之法其分水河量其遠邇作為斗門啟閉隨時務平均濟通州運溉民田此富庶之資也不報時多陰雨河久未塞帝憂之遣樞密直學士張齊賢乘傳禱白馬津用太牢加璧以祭發卒治之乃塞真宗大中祥符四年棣州河決聶家口及李氏灣環城數十里民多壞舍乃徙城於商河役無虛年著作佐郎李垂上導河形勝書三篇並圖其略以梁遶之策莫大於河宜因人足財豐之時成之為易廷臣議其煩費遂寢仁宗時河決大名館陶郭中丞李仲昌請自澶州商胡河穿六塔入橫壠故道以殺其勢歐陽修謂開六塔必有害無利宜因水所在增治隄防疏其下流以入海筆再上不省卒以商胡塞而河力壯六塔不能容是歲大決自是議者不敢論回河事矣神宗熙寧初河溢恩州都水監臣宋昌言上言願疏六塔舊口並二股河導使東注翰林學士司馬光等乘傳往相度而光等還對請如昌言策於二股西置上約擗水令東流俟東流深即塞北流故御河胡盧河獨下以紓恩冀深瀛以西之患北流者下商胡決河自魏州北至恩冀入於海東流者二股河自魏州東至德滄入於海者也已二股河通行而北流稍自閉水官張鞏請塞北流詔光復往視光入辭言欲閉北流既塞恐勞費幸而可塞東流淺狹隄防未全必且致決溢是移恩冀深瀛之患於滄德等州也不若俟二三年東流益深北流漸淺薪芻有備已乃塞便帝曰東流北流之患孰輕孰重光曰兩地皆王民無輕重帝曰若河水常分流功當何時成光曰上約既存東流必增北流必減借使分二流於鞏等不見成功於國家亦無深害何則西北之水併入於山東故害大分則害小矣帝曰防隄兩河供億甚難光曰併為一則勞費倍分二流則勞費省令減北流財力之半備東流不亦可乎時王安石以光議屢不合竟洎議罷不遣獨遣內侍張茂則行視遂閉北流河乃自其南四十里東決大名恩德滄永靜五州之境又明年決館陶永濟清陽已又溢澶清衛州時新堤凡六埽而決者二下屬恩冀貫御河為一帝憂之數遣使經度而主者言二股河最下而舊防可因今湮者僅三十餘里可塞也卒塞之而河溢大名於時選人李公義獻鐵龍爪揚泥法以濬河而用纖不效帝謂安石曰歐陽修言開河如放火河決如失火為害等而勞民盡已諾安石曰勞民以遂所謂善天下而民從之者也虞部員外郎范子淵阿安石意言河必可治乃命子淵居其事公義為之屬而是秋河溢壞民田特甚又明年河大決澶州七年河溢元城埽決橫堤破大名北京大抵然帝初專欲導河使東流閉北流元豐後因河決而北議者始欲復禹故迹今北去帝愛惜民力思順水性而中宮程昉水官范子淵救為安石吏卒以不治元祐初霖雨泛溢河北諸郡而回東流之議復起文彥博呂大防皆主之中書舍人蘇轍曰河決而北先帝不能回而諸公欲回之是自謂智勇勢力過先帝也右相范純仁言聖人有三寶曰慈曰儉曰不敢為天下先今聖意有所向為天下先矣陛下視隄如川流山峙非一人一言可挽回乞寢前命下三省樞密院集議文彥博呂大防安燾謂河不東失中國之險范純仁胡宗愈言誠河可回東而北流遂斷即勞費何惜今水官未有必然之論但憑倖於萬一以僥功耳明日純仁又畫四不可之說以進而相視使者范百祿等亦言其未便乃罷回流及修減水河議未幾吳安持李偉復力主東流而謝卿材謂近歲河流稍行地中無可回之理上河議一篇大臣不以為然尋以旱暵詔權罷修河河北之民聞詔懽呼既三省議作北流軟堰趙偁上言河事大利害有三不可作軟堰請隨河勢以治東北二流已而梁村上下約束狹河門既涉漲水伏槽遂壅而潰南犯德清而決內黃東於梁村北出闞村宗城決口復行魏店北流因淤遂斷河水四出壞東郡浮梁監察御史郭知章請閉北流安撫使許將言或塞或止宜定議專委之水官右正言張商英以為水官多蔽欺奏乞遣使按驗虛實詔曰可徽宗建中靖國元年左正言任伯雨奏河為中國患二千歲矣為今治水之策正宜因其所向寬立隄防約攔水勢使不至大段之漫流若恐北流淤塞壞泊亦祇宜因埽泊之岸增築隄防乃為長策政和四年都水使孟昌齡獻導河議以為若引使穿大伾東北二山分兩派而遍合於下

流因三山為址鑿浮梁歲省費可數十百倍可寬河朔諸路之憂詔置提舉司董其事而巨濼成焉方河之鬧也水流雖通而湍激猛暴遇山稍隘往往泛溢近岩民夫多被漂溺其後遂成巨濼至於大河浮橋歲一造舟京西之民尤以其役而呂嵩首建三山之策固大河之勢取其費僅為數歲行路之觀畢治生靈無慮萬計又宦吏聚斂相蠹循職每興一役乾沒無數至靖康雖罷黜而國已南矣

元代治河

元時河決屢告敝加隄塞至大德初命廉訪使尚文相度形勢為久利之策文言撫今之計河北郡縣宜順水性築長堤以禦泛濫歸德徐邳之民任所徙避其衝突蒲口不塞使帝從之會河朔郡縣及山東憲部爭言不塞則河北桑田盡化魚鱉之區塞之便帝復從之是後障塞之役無歲無之而水北入河復故道竟如文言後至正初河決白茅金隄等處瀕河郡縣竟罹水災九年脫脫慨然有志於事功論及河決即言於帝請躬任其事乃命集羣臣議廷中而言人人殊唯都漕運使賈魯言必當治先是魯嘗循行被水郡邑具得修捍成策後又為都水使者奉旨詣河上相視驗狀為圖以二策進獻一議修築北隄以制横潰其用功省二議疏塞並舉挽河使東行以復故道其功費數倍至是復以二策對脫脫韙其後策於是遣工部尚書成遵行視河議其疏塞之方以聞遵等自濟濮汴梁大名行數十里掘井以量地之高下測岸以究水之淺深博採輿論以謂河之故道斷不可復時脫脫先入魯言與遵辯論終莫決明日執政謂遵曰修河之役丞相議已定且有人任其責公勿多言幸為兩可之議遵曰腕可斷議不可易遂出遵河間鹽運使詔開黄河故道命魯以工部尚書充河防使發河南北兵民七十萬自黄陵岡南達白茅放於黄固哈只口等又自黄陵西至楊青村凡二百八十有奇興工凡五閱月諸埽堤成河復故道命翰林學士承旨歐陽元製河平碑文以旌勞績元既為河平之碑又自以為司馬遷班固記河渠溝洫僅載治水之道不言其方使後世任斯事者無所徵則乃從魯訪問方畧及詢故老實更精作河防記畧

明代治河

明初洪武中河決陽武東經開封城北五里又南行至項城經穎上東至壽州正陽鎮而全入於淮元會通河故道遂淤自是至永樂歲為決徙不常修築隄岸民用困獘至九年決益甚時議濬黄河故道工部侍郎張信言祥符縣有舊黄河岸與今河面平宜可濬之而主事藺芳言今於中灤分導河流使復故道誠萬世利乃自汶上縣袁家口左徙二十里至壽張之沙灣接舊河又從汴城金龍口下達塌

場口趨二洪南入淮九閱月而成績正統十三年決張秋沙灣東流入於海又決滎陽東過開封歷睢陽自亳入於淮景泰中又決張秋治久無功乃遣都御史徐有貞治之有貞行汶濟踰衛及沁循河道濮范往來相度者久之上疏言治河有三要在知天時地利人事請先疏其水水勢平乃治決決然後可建閘壩以時節宣無溢涸而後河可得而安時有撓其議者曰不能塞河令不為患顧開之令為患耶上遣中使就閱有貞出二壺一竅五竅者各一均注水而並瀉之五竅者先涸於是使者駭然知疏策之為良也歸報命而議決於是有貞作治水閘疏水渠渠起張秋金堤西南行九里至濮陽濼經博陵壽張沙河至東西影塘又沿李峯至蓮花池大瀦潭乃踰范暨濮又上而西數百里經澶淵接河沁矣有貞曰河水過則害微則利乃節其過而導其微趨於平既成碣渠名廣濟閘名通源凡河流之旁有不順者堰之堰有九又作放水閘於東昌龍灣魏灣閘有八度水盈過丈則洩皆通古河以入海上制其源下放其流既節且宣用平水道云當是時蠲瀕河民投馬廣役以專力河防役丁夫五萬八千又事不中制役以有成至宏治中河決原武支有三其一決封丘金龍口漫祥符長垣而下趨張秋衝運河而舁於海一出中牟下尉氏一溢蘭陽儀封考城歸德至宿州濉漫四出不可禁命户侍白昂往治之乃築陽武長堤防長秋中牟之決以入淮濬宿州古汴河以達泗自小河西抵歸德飲馬池經符離而南皆濬令深廣又疏月河十餘以殺其勢塞決口三十六由是而河入汴汴入睢睢入泗泗入淮以達海而水患以平昂又以河南入淮非正道恐卒不能容乃復自魚臺歷德州至吳橋修古長堤又自東平北至興濟鑿小河十二道引水入大清河及古黄河以入海蓋東北分治而主疏也七年河復決金龍潰張秋堤奪汶水以入海議者謂清河不可復宜復治海運而朝議弗是也命平江伯陳鋭副都御史劉大夏共治之時河流湍悍甚決口闊九十餘丈大夏行視之曰是下流未可治治上流先導之南行且築長堤以防大名山東之患俟河稍循軌而後決可塞也於是役丁夫數萬濬賈魯舊河四十餘里由曹出徐以殺水勢濬孫家渡開新河七十餘里導使南行由中牟至潁以入淮又濬四府營淤河由陳留至歸德流為二一由宿遷一由亳渦會於淮于是沿張秋兩岸東西築臺立表貫索聯巨艦穴而窒之實以土至決口去窒沉艦壓以大埽合且復決隨決隨築晝夜不息決既塞繚以石堤隱如長虹又起河南胙城歷滑長垣東明曹單諸縣下盡徐州作長堤亘三百六十里而漕道復通役凡三時用軍民夫十二萬餘人鐵一萬九千斤有奇竹木薪芻不可計于是張秋之決始塞賜名安平鎮時丘濬著論言不以為是蓋謂欲上流之清淺必先使下流之

疏通也正德中尚書胡世寧言今河自經汴以來南分二道入淮其東南一道其北分新舊五道皆入漕渠而南匯於淮今且淤塞止存沛縣一河勢合岸狹不得不溢以致運道壅塞今治河當因故道而分其勢其餘宜濬以分上下流之勢至運道宜別開一河乃為上策其次宜遣官踏視闊河遠衛水以備徐沛之塞嘉靖初河道總督盛應期言宜於昭陽湖左別開新河北起姜家口南至留城一百四十餘里以通漕其說與世寧合乃集夫役分標開鑿已而言者謂其功必不可成徒縻費勞民而新河之謀遂寢嗣是歲有決溢所由無常迨季年而蕭碭徐邳之間漂城郭人民為害也劇甚至四十五年河塞新集而南流阻再塞龐家屯而全河北徙不可漕于是都御史朱衡躬親相度訪應期故迹因疏言於秦溝因勢利導之開新河以通漕廷議謂不可為衡復上議言今河率出秦溝直境山南五里所雖兼受數河之任猶為有束溢而河流得以馳疾不如用河所注開之于是新河既而西堤亦成隆慶三年河復溢自清河抵於淮安城西淤塞三十餘里決方許二壩出海平地水深丈餘寶應湖堤往往崩潰山東莒州郯城諸處皆溢從直河入邳州溺死人民無算總河翁大立乃繪圖以獻且言權宜之計在棄故道而就新衝經久之策在開泇河以避洪水廷議以為往者劉大夏設官布夫而河南之患息近日改成新河而豐沛之害平非必河日順軌由人力勝也今既引他水以濟漕而新衝之渠卒未可就惟築決口如曩時房村方夏則故道宜可通至於泇口之議雖工費不貲而一勞永逸比歲疏鑿費亦自省于是復以衡往蒞之衡言自景泰間率河為漕而今徐邳之漕即黃河也宜將閘泇口之議下廷臣詳議報可萬曆初河決崔鎮奪淮入海淮水不敵遂決高家堰于是河淮分決流沙淤溢雲梯關入海之路大阻淮安揚諸郡悉為巨浸議者主濬海口以通之督漕右都御史潘季馴按行相視議以為海口固潮汐之所往來也隨濬隨淤何可濬惟導河歸之海則以水治水導河即以濬海也然河未易以人力導惟善固堤防使無旁決水入地益深則治防即以導河也于是申平江伯故畫築堰起武家墩經大小澗至阜寧湖以捍淮東注築堤起清江浦沿鉢池山柳浦灣迤東以禦河南溢塞河內衛閘而獨漕也築五壩起閘獨以待漕艘行船于是自徐抵淮亘六百餘里皆埴土膠泥築南北兩堤謹縷堤近河者畢展築兩崖地窪下者各增築原堤鯉變防護未周者連接築培薄增高壘重門以待暴增鎖以禦寒即有異常泛濫之水縷堤不支至遙堤而極勢固不能潰而出也于是淮必趨清口會大河入於海海口不濬而深通然堤壩雖堅而疏濬無法以致流沙日壅清口日淤二十一年河復決汶上決魚臺決濟寧決鉅野決邳州宿遷高郵泛漲泗州幾成魚鼈之鄉時河臣力主分黃開桃源縣之黃家嘴三十里下五巷口入海漕臣議請廣疏入海之途盡闢清口之沙以導淮正流其說又無事過為分黃者而河臣必欲分之乃黃不之所分之路而之黃堌數十萬金錢枉置爲有徐邳之流幾斷幸天心致順雖有小警無大變云

國朝治河　康熙

黄可自明末以來自成決闢淮亦之後此亦横溢歲久不治迄於本朝在河諸臣未能殫心修築康熙十四五年間黄淮交敝海口漸淤河道幾失大壞康熙十六年河督靳輔建議興工斟酌時宜相度形勢興建堤埽廣疏引河排決議而不挽竭精力以自効於是黄淮故道次第收復又創開中河以避黄河一百八十里之險因而漕運安流商民利濟其有益於運道生民至遠且大一切經理之法嗣後河臣雖互有損益而規模措置不能易也

康熙十七年興工挑河土以築堤挑引水河堵塞各決臨黄坦坡分築遥堤縷隄格隄徐州以下建減水壩十三座又用鐵埽帚濬深河底造濬深船二百九十六隻又添造三百隻設巡河官兵窑加防護從河臣靳輔所請也（詳載奏議）

康熙十八年龍家壩成河九道之處合龍另開運河於駱馬湖之旁從靳輔請也（詳載奏議）

康熙二十年徐州長樊大壩之後創築月隄從河臣靳輔請也

康熙二十三年巡閲河工　駕臨天妃閘水勢湍急指授河臣改為草壩另設七里太平閘以分水勢

康熙二十四年定議於毛城鋪等處添建減水閘壩從靳輔請也（詳載奏議）

康熙二十四年定議河南攷城儀封等縣築隄封邱縣荆隆口築大月隄熒澤縣修築埽工從靳輔請也（詳載奏議）

康熙三十三年高家堰等隄改建石隄為永久之計從按察使于成龍請也

康熙三十一年正月諭大學士九卿等算數精密即河道閘口流水亦可算析所流分數其法先量閘口闊狹計一杪所流幾何至一晝夜則所流多寡可以數計矣又諭黄河清長本無定所凝水處可立滾水壩至急流處則滾壩斷不可設其最緊要者無過於險工將錢糧實由於險工之處使之堅固則永保無虞矣

康熙三十八年上閲視高堰歸仁等工諭大學士等治河上策以深濬河身為要河身未濬卑挑海口仍是無益誠能濬深河底又於黄淮交會之口過於徑直黄流逆入處將黄水南岸近淮之隄更迤東長二三里築令堅固淮水近河之隄亦迤東灣曲拓築使之斜行會流則黄流無由倒灌且必河流迅疾方能刷去底沙使黄河益深更於清口西數曲灣處試行徑直如徑直有益將上深曲處漸加直濬黄河之險

自徐又諭漕督桑額河督于成龍協理河務給廷璽等黄河淤墊甚高運口太直以致黄水倒灌若將清河自惠濟祠埽灣由北岸挑引從惠濟祠後入河而運河再向東斜入惠濟祠交匯黄水自不倒灌且攔黄壩灣曲馬家港窄狹雖將時家馬頭之口堵築而淮水不能暢流山陽南岸韓家莊等處險工可虞今應將清口之西壩臺添挑水壩比東壩臺加長包裹清口在內擇洪澤湖水深之處開直成河使湖水流出黄河灣曲之處直挑引河使各險處不受衝其攔黄壩應行拆毀時家馬頭決口俟黄定沫黄隄築成之日再行堵塞至歸仁隄之建築為毛城鋪等處水漲衝決於此攔回仍歸黄之意此隄亦應酌量修築

康熙三十九年八字河芒稻河閘宜廣濬又於水口下復芒稻舊閘河督張鵬翮遵旨奉請也（詳載奏議）

康熙三十九年張鵬翮遵旨看視海口將攔黄壩盡行拆去河身闊濬深通於四月二十一日動工至五月初九日完工閘放水勢暢衝刷淤沙旬日之間深至數尺寬及百丈有餘滔滔入海矣五月開張福口引河並閘閘以時啟閉從河督張鵬翮請也（詳載奏議）

河督張鵬翮謹遵御授治河方畧次第修舉治下河則疏人字芒稻兩河注之江濬蝦鬚諸溝注之海治清河則培高堰六壩以蓄其勢闢裴福口裴家場以暢其流治黄河則濬雲梯關以通海口築挑水壩蹋陶莊引河以導其北向築成水壩修隄河以洩其旁溢於是淮不東浸而北敵黄淮不南灌而東趨海矣

雍正治河

雍正四年十二月工部議覆山東與河南接壤之曹縣定陶曹州單縣武城等處所近黄河地方凡一切修築隄岸工程交與副總河嵇曾筠就近管轄從之

乾隆治河

乾隆元年五月　上諭河南永城縣地方本年四月黄河水復發從江南下衝碭申公堤等處潘家道口一帶地方年來屢遭水患自應急為疏通但此水下流多在江南宿虹等州縣若止挑濬上源則無所歸宿著河南巡撫會同江南總督勘辦

乾隆二年四月甲子總督嵇曾筠等奏請疏濬毛城鋪迤下一帶河道經蕭徐睢宿靈虹等州下至泗州之安河陡門灣迴曲折六百餘里以達於洪澤湖復出清口仍與黄會已經該部議行而淮揚京員夏之芳陳奏以為未便　上復諭令總河等悉心籌畫嗣據高斌趙宏恩來京進呈河圖面奏情事乃知夏之芳所奏俱非現在情形著照九卿原議令總督慶復會同高斌確估定議具奏並將辦理情形有利無害之處

曉諭淮揚士民知之

乾隆三年二月濬江南運河工竣五月遣運總督查克丹奏自四月起運河之外清口之內湖水微弱黃水漸盛河流倒灌停蓄沙淤以致清口風神廟前積有橫埂二道各寬十丈餘礙難行運　上疑高斌稍致舊制送致沙淤著傳諭高斌詳細籌度斌尋奏清口沙淤實黃水一時過盛兼之東北大風所致侯風靜水退自當衝刷寬深上然之

乾隆四年八月命河南瀕河州縣修浚並命濬省城乾河涯

五年九月江南宿遷縣朱家閘河決命築挑水壩

六年十一月河南巡撫雅爾圖奏遵旨濬乾河涯工竣復於中牟縣十五里鋪賈魯河北創開新河一道分賈魯河水勢由河會乾河涯水達江南而注淮

乾隆七年九月命河臣速堵古溝塘石林口決口濬裴家場等河又諭軍機傳諭高斌因時度勢慎重區畫並奏聞現在情形如何辦理斌尋奏湖河為患一係洪湖異漲古溝漫工一係石林口疏於防範所致並責有石羊溝一處原有舊河形直達入江可挑河修做滾壩四十丈又有董家油房白塔河孔家涵三處通江現因防私鹽偷越均有土壩堵塞今擬挑通河道口門處添建滾壩四十丈以應石羊滾壩而准水入江更暢達　上諭與周學健等妥議為之

乾隆十一年閏三月依河督劉於義等議將馬頰河與山東樂陵海豐等縣交界處並大巨河入海河道一律開寬濬深慶雲城北從趙魁斗莊經高橋及王可莊等處開渠一道引水入老黃河並於王家窪口築高海設涵洞二以消倒灌又究濬高慕臺窪亭子河無棣河等處又加挑鹽山縣宣惠河及東省海豐縣應挑河道又於鹽山縣東明泊窪西北挑洩水河由鉤魚臺起通至宣惠河

乾隆十六年　上諭洪澤湖上承清淮汝潁諸水匯為巨浸所恃以保障者惟高堰一堤天然壩乃其尾閭伏秋盛漲輒開此壩洩之而下游諸州縣胥被其患居民深以開壩為懼見壩當立石永禁開放而河臣高斌張師載亦以開壩為非遂請於三滾壩外增建石滾壩以資宣洩　上親臨閱視詢增三為五即以過水一二尺言之向過三尺者即為五尺而過六尺者增而至丈是以天然壩名異實同人必有議其巧避開壩之名而陰襲其用者是當為之限制上年滾壩過水三尺五寸天然壩仍未開放應即以是為準俾五壩石面高下維均以仁義禮智信為之次仁義禮三壩一如其舊智信二壩則於石面之上加封

河工策要　卷二　國朝治河　六

浮土必仁義禮三壩已過水三尺五寸猶不足減盛漲則啟智壩之土仍不減乃次及於信斯為節宣有度較之開天然壩之一往莫禦者殊矣再高堰石堤至南滾壩以南舊用土工石堤有首無尾形勢不稱應自新建信壩北雁翅以北一律改建石工南雁翅以南至蔣家閘水勢益平則石基磚甃如此方首尾完固屹如金湯永為淮揚利矣

乾隆十八年徐州銅山縣黃河衡閘陡堤翅堤一百四十餘丈潰勢全行奪溜過奪河之形已成督臣鄂容安駐工率領員弁搶護此處河形直趨靈壁虹縣者即令高斌張師載將漫決各工勘估堵築究竣其疏防咎修之處仍照例辦理又　諭治河有用混江龍之法而蔣溥又稱明人云混江龍殊不可行前河臣靳輔疏濬河淤之鐵埽帚似較便捷其法於二里半一墩每墩一船船尾繫鐵埽帚二令河兵往來疏刷均看姑一試之

乾隆二十二年　諭黃河自徐州衛窄北岸蘇家山一帶又復迫東大溜近城石堤誠為主要著尚書劉統勳率領道王鴻勳錢度悉為經理其六塘河以下為沂沭諸水下游見有餘潦停積桃源宿遷睢縣阻黃臨運為堤堰所阻積水無由宣洩窪地多成巨浸或應添建滾壩或應酌建涵洞或開導溝渠豬為放洩又著侍郎夢麟率該道吳嗣爵同知李宏等速行確勘妥協辦理至下河高寶諸河之水入江入海各有分途小港支渠排比行列但或淤或淺致水無歸當使近江者入江近海者歸海修理并然浚濬暢達不致汎濫田畝

乾隆二十七年　上閱黃河新堤諭徐州迤西之毛城鋪石壩向過黃流盛漲藉時啟放宣洩節司事者經理或未協宜既恐分減水勢難以併力刷沙亦且過水太多有妨民田廬舍前南巡時籌度指示令河臣等慎重封閉毋得擅啟比年以來中泓刷深見至九尺三十成效已著銅沛各屬生計亦均以慰第念水東流深自屬經常不易之法其一時偶至暴漲不無漫灘出槽情久係成淤墊議者欲於北岸新隄建石壩以資減洩不知有洩則必有淤其為微湖辦橋等處之患尤不可不深慮令回鑾取道再行規畫與督撫等悉心講求自蔣家營傳家窪等處形勢不宜宣洩當如常堅閉外惟毛城鋪迤東之唐家灣向有側勾引河可以酌量分洩然不許定水誌工具無所遵守應遵洪澤湖開放清口見定之規於唐家灣引河亦視徐城水誌長水一丈一尺無庸開放若長至一丈一尺五寸以上再將引河開放俟漫灘水落即堵閉仍令該督撫河臣於擬誌開放之時一面奏聞一面辦理清口並照此例行其睢河為唐家灣下游

如遇盛大汛迭淤隨宜相機挑濬俾引河減出之水無致壅滯

乾隆五十年湖水極小黃强清弱六月後竟至清水涓滴無出黃水又復盛漲以致倒灌入運直達淮揚已開料符五瑞二閘自引河至湖邊四十里之遙任其閘放惟借已灌之黃水以送回空蓄積弱之清水以濟重運此時湖水不能復出境應築壩熟住使湖停蓄明春重運北上即可啟壩下注引河出隘清水以資利濟

嘉慶治河

嘉慶二年四月命疏濬安徽宿州靈璧縣濉股河鳳臺縣舊濱河江蘇豐沛二縣順隄河倉城河

嘉慶六年十一月命侍郎高杞英纂疏濬通會河

嘉慶九年東河衡家樓河工合龍後黃流由雲梯關入海不甚暢利分溜直入洪澤湖及淮揚一帶著吳璥查明見在河水倒灌情形務即設法籌備不可遲緩貽誤並命那彥成馳赴河南查看河工

嘉慶十一年十二月上諭郭家房漫口就經堵合黃流全注下游必須將減壩堵閉合龍方能挽歸舊河不至復行散漫所有減壩工程著於明年正月凌汛以前堵築完固方為妥協

嘉慶十三年修復天然閘進東十八里屯首河臣靳輔所建石閘二座一在其地小石山東邊山縫內一在小山石西邊山縫內俱照原舊壩基築復並開挑引河打築隄岸從長麟戴衢亨請也并奏堪

嘉慶十五年七月以修復雲梯關外海口命工部尚書馬慧裕督辦十二月馬慧裕奏報雲梯關外馬港口大工合龍黃河由正道歸海特旨褒獎

嘉慶十八年五月遵旨山盱仁義禮三壩移建於蔣家壩以南附近山岡之處本年先將義壩建石壩一座挑挖一道並將仁壩地基先行盤作草壩挑出引河以備宣洩盛漲所有禮壩工程須於大汛前一律辦竣引河尤須挑挖寬深俾水勢無旁溢之處如本年御宣得力則三壩分年遞修至舊壩既不開放尤須填砌堅實大汛時務派兵弁不分晝夜住宿防護

嘉慶二十三年十一月增建江南睢南廳屬峰山閘減水石壩

道光治河

道光四年十一月雖盱大堤掣塌過水兩江總督孫玉庭奏稱洪澤湖蓄水過多啟放信智兩壩以資宣洩嗣因連日西北風猛烈浪擊隄頂人力難施以致高堰十三堡堤頂刷掣成槽壩過水山盱屬橋之息浪菴卸過水八九丈現趕緊堵築十二月孫玉庭奏見將高堰十三堡興工進占息浪菴缺口跌塘情形亦盤築壩基併力趕築山盱智禮信各壩攔內缺口並經委員分投堵護下游高郵邵伯一帶將昭關壩兩牆掣塌刷去兩頭土堤過水始壯工程俱搶護平穩文孚汪廷珍奉旨查勘覆奏此次隄工漫決實因洪澤湖蓄水過多高堰刷塌口門二處並塌卸石工至一萬一千餘丈實從來未有之事該河臣張文浩並黃壩應開不開五壩應閉不閉以致失事該河臣應枷號一月工竣發往伊犁効力

道光五年琦善奏勘灌河海口外攔高導河必為頂阻掣溜難期迅疾口內河形窄狹淤不能刷深一經下游頂阻勢必泛溢四出擬於十八灘下兩岸堤工盡底接築長堤以束散漫之流復於十八灘以上河身過灣處取直挑河以成吸川之勢並將河底墊高之兩岸堤工再為增倍高厚以禦盛漲庶淤墊之處漸次刷深又於湖堤拋護碎石坦坡並請修復毛城鋪舊壩王營減壩工竣奏准於例限三年外再加保固一年此次堰盱石工計用銀九十餘萬兩

道光九年命張井籌辦南河蕭南廳等工並改建運河滾水壩

道光十年八月河督張井并奏確勘江南河道情形年來淮水歸海之路不暢每遇來源極旺之時若不將山盱各壩全開則歸江各路難以分減盛漲下游多被淹浸請於揚糧廳東岸八塔鋪及高家滾二處各斜挑一河可以分減漲水又請將揚糧廳境內芒稻河東西兩閘拆開除挑挖淤灘可抵新開一河之用奏入從之

道光十二年四月嚴烺奏豫省上南等廳險工酌拋碎石經林則徐查勘情形覆奏據稱詢之年老兵民僉稱既辦拋碎石每遇險工緊急搶鑲埽壩堤力加挑護功效甚著至東河採運碎石方價倍蓰難以多辦而其化險為夷頗收安瀾之效未嘗不資於此惟何以未能省料之故詰詢員弁兵夫據稱統計兩岸堤工長至二十餘萬丈堤前有埽者不過六千八百餘丈埽前有石者甫及二百七十餘丈河面寬闊溜勢變遷難料防險諸費即難概省此項東河碎石起於道光二年嚴烺試辦僅拋兩段石止自道光五年至十一年已拋碎石共用銀六十五萬餘兩上冬估辦上南三廳方價七萬三千餘兩尚不在此數內碎石既增歲料仍不能省如工員果悉機宜善為揣溜勢則於工之將生未生豫籌挑壩使溜向外趨埽即可省一壩得力可救數壩之工所省無算奏入著妥辦

道光二十一年六月癸卯河南下南廳祥符上汛三十六堡堤頂漫塌刷寬八十餘丈黃河大溜直奔河

南省垣巡撫牛鑑奏其水由城北護城衛入斜向南行刷成深槽直衝而下黃水經過之處已成河形不至再有他變並飛咨安徽江蘇等處先事豫防見在南北兩岸各廳料物接濟間段趕築挑水壩三段外砌磚坡深資抵禦奏入命王鼎通政使慧成赴東河督辦大工至二十二年二月祥符大工合龍

道光二十二年中牟堤下汛堤工蟄塌命麟魁等相機妥辦因委用夫人凡管理料廠管辦引河各員均不能覈實認真少發工錢以致人夫逃散尅和麻價以致料販不前七月江南桃花廳河溢命敬徵廖鴻荃馳往江蘇查勘河工應堵應改覆奏改則有礙運道惟有堵築漫口挽歸故道尚屬守經不易之法嗣經潘錫恩復勘回奏亦議查明毘屆改河不成各集請仍堵築缺口得 旨照議辦理尋慧成奏中河廳九堡堤頂過水奔溜南趨緣六月間沁黃盛漲刷出水溜忽下卸至九堡無工之處正值風雨大作鼓溜南攣浪高堤頂數尺人力難施堤身登時過水全溜南趨口門塌寬一百餘丈至閏七月口門已塌寬三百六十餘丈命廖鴻荃往東河會同鍾祥督辦中牟大工

道光二十四年正月中牟堤工進走五埽工程較難麟魁等此次大工所需料物近處無可籌買分投購運愈遠愈遲非一二月內所能備齊水勢日增補築難以措手且時方耕作人夫多已歸農一時難於招集請援照儀封等案昇工成奏展緩辦理

道光二十五年正月鍾祥等奏於二十四日兩壩同時掛纜料土並進追壓至底復因水勢湧激間有刷墊竭兩晝夜之力趕飭搶辦所築埽占一律高整穩實大工合龍全門流斷全溜悉歸故道矣

附治永定河

康熙三十二年二月上諭直隸巡撫郭世隆霸州所屬苑家口迤西舊隄傾圯甚多令渾河泛濫西偏泉流出水之處又復窄狹其勢必至衝動南隄倘有潰决則大城文安等處必受水災殊爲可慮務須詳加估計圖築以防水患

康熙三十七年二月命原任河道總督于成龍閱渾河王新命閱保定南河隼

上諭清河發源太行山脈會渾河子牙河滹沱河易水諸流其勢雖甚但堅築隄岸以遏之即歲潦亦可無虞又渾河支流經大城縣入子牙河其勢湍悍數年以來文安大城諸處屢遭水患皆此河之故也宜詳悉查勘至渾河發自馬邑其源甚微每遇大水之年則橫流泛濫致淹民田詳審其故蓋由渾河淤沙既多歲遇春時水至保安以下居民又引河水灌田沙礫壅墊河身積高霪雨水發則此高就卑水勢瀰漫遂致民田衝沒惟挑濬淤沙河之兩岸掘五六尺深潤令水得暢流當不至於漲溢矣須詳視具奏築隄濬河工竣設立河夫安官監視及時堅築爲挑濬遇旱歲力去淤沙庶無水患矣

康熙三十七年七月直隸巡撫于成龍奏霸州等處挑濬新河已竣乃賜河名並勅建河神廟得旨賜該皆所請賜名永定河建廟立碑此永定河所由始也

康熙三十八年命原任河道總督王新命管理永定河工十月

上巡視永定河閱北蔡村夏莊村南辛村等處諭王新命等曰於此三處從上流作挑水壩不必過長長則大溜爲其所偪對岸淤處略加挑濬水即淌入直流矣著俟明春興工又閱南岸郭家務郭家務等處諭王新命將此舊河口澇一長釘頭壩堵塞之若留此口水得灌入則河即爲其所奪矣舊河近拔山壩者著加幫增築又諭直隸巡撫李光地郭家務以下河身於高挑淤作河無益於事若將南岸之隄作北岸之隄前挑窄河築高大之隄偪河南移方屬有益

康熙三十九年二月上巡視化家口攔河壩及安兒渡雀兒港子牙河郎城柳岔等處親授方略修築閘濬逢一指示諸河工臣始悟而大悅十月又巡視永定河隄賀主麻裕莊河灣及新莊求賢莊石佛寺萬家屯等處諭以各下挑水埽命會議開濬新河

康熙五十年上閱匡兒港減水壩諭監修河工主事牛鈕引河前歷及減水壩前各建一挑水壩又命於三里淺釘椿處再添一挑水壩

河工策要　卷二　治永定河　九

康熙六十一年二月命副都御史牛鈕視長垣决河

乾隆治永定河

乾隆八年永定河係高斌請於桑乾河南北兩岸各開渠一道北岸自山西大同之西壩頭村黑石嘴起至直隸西寧之年其村止計長四十六里南岸自大同之册田村起至西寧之搗背嘴止計長五十八里渠尾俱歸桑乾正河北岸地勢行順施工挑濬又於宣化境內之黑龍灣懷來境內之和合堡兌子境內之沿河口三處建築埝壟石壩以束其勢自是下游水患日減矣

乾隆三十七年　上諭永定河北運河等處遇夏秋雨水過多不免漫溢宜急籌備治宜洩之方以杜後患特派高晉裘曰修會同總督周元理履勘數辦業允所請發帑興修見在春和冰泮正屆開工之期自應及時經理興作但此兩河應辦工段極爲繁重所派承辦之員甚多動用錢粮亦大必須遴一妥協庶工程得歸實用矣是年八月永定北運二河並淀河之千里長隄及天津之格淀隄等處修築竣工

乾隆三十八年　上閱視淀河內鷹嘴壩及龐疃兩處添引河工程其龐疃引河據周元理擬挑九百丈已足資取直之益自應即如所擬行至鷹嘴壩向處該督只擬開挑引河一百二十七丈至西河頭仍恐射隄彎處不能引溜歸槽著向西北展長百十丈則大隄不至受頂衝以資保障矣

乾隆五十六年諭永定河兩岸地方在隄內河灘居住者小民罔知後患只圖目前之利現在安居已久未便遷移嗣後毋許民人等私自增添以副慎重河防保衛生民至意

嘉慶治永定河

嘉慶十一年定議興修直隸舊格淀隄疏濬淤塞從裘行簡請也

道光二年七月命琦善治衛河姚祖同治漳河

道光二年正月戴均元會勘漳河請仍濬舊河允之二月濬直隸吳橋縣老黃河堵築文安縣屬漫口

道光四年三月築直隸新開衛河隄埝並添建壩座四修直隸南北運河隄壩並清苑等二十二州縣橋道隄埝命程含章會同蔣攸銛籌辦河工九月築修直隸十里長隄

宋代治河器具

宋天禧三年六月乙未夜滑州河溢城西北天台山旁俄復潰於東西南岸摧七百步漫溢州城歷澶濮曹鄆注梁山泊又合清水古汴渠東入於淮州邑罹患三十二卽遣使賦諸州薪石楗橛芟竹之數千六百萬發兵夫九萬人治之

五年知滑州陳堯佐請與舊制河決有司常以孟秋預調塞治之物梢芟薪柴楗橛竹石茭索凡千餘萬謂之春料詔下瀕河諸州所產之地仍遣使會河渠官吏乘農隙率丁夫水工收采備用凡伐蘆荻謂之芟伐山木榆柳枝葉謂之梢辮竹糾芟爲索以竹爲巨索長十尺至百尺有數等先擇寬平之所爲埽場埽之制密布芟索鋪梢梢芟相重壓之以土雜以碎石以巨竹索橫貫其中謂之心索卷而束之復以大芟索係其兩端别以竹索自内旁出其高至數丈其長倍之凡用丁夫數百或千人雜唱齊挽積置於岸謂之埽岸既下以橛臬閡之復以長木貫之其竹索皆埋巨木於岸以維之遇河之橫決則復增之以補其缺凡埽下非積數疊亦不能遏其迅湍又有馬頭鋸牙木岸者以蹙水勢護堤焉凡緣河諸州孟州有河南北凡二埽開封府有陽武埽滑州有韓房二村憑管石堰州西魚池迎陽凡七埽通利軍有齊賈蘇村凡二埽澶州有濮陽大韓大吳商胡王楚橫巉曹村依大北岡孫陳固明公王八凡十三埽大名府有孫杜侯村二埽濮州有任村東西北凡四埽鄆州有博陵張秋關山子路王陵竹口凡六埽齊州有采金山史家渦二埽濱州有平河安定二埽棣州有聶家梭堤鋸牙陽成四埽所費皆有司歲計無闕焉

是年陳堯佐以西北水壞城無外禦築大堤又疊埽於城北護州中居民復就鑿橫木下垂木數條置水旁以護岸謂之木龍當時賴焉

元祐四年正月范百祿等使回入對復言脩減水河役過兵夫六萬三千餘人計五百三十萬工費錢糧三十九萬二千九百餘貫石匹兩收買物料錢七十五萬三百餘緡用過物料二百九十餘萬條束官員使臣軍員大將凡一百一十餘員終無濟事已詔罷回河及脩減水河

宋大觀元年二月詔於陽武上埽第五鋪開脩直河至第十五鋪以分減水勢有司言河身當長三千四百四十步面闊八十尺底闊五丈深七尺計役十萬七千餘工用人夫三千五百八十二凡一月畢從之十二月工部員外郎趙霆言南北兩丞司合開直河者凡爲里八十有七用緡錢八九萬異時成功可免

河防之憂而省久遠之費詔從之先是神宗熙寧四年創開訾家口日役夫四萬餘一月而成纔三月已淺澱乃復開舊口役萬工四日而水稍順其制用選人李公義所獻之鐵龍爪揚泥車法以濬河鐵龍爪者用鐵數斤爲爪形以繩繫舟尾而沉之水篙工急櫂乘流相繼而下一再過水已深數尺時宦官黃懷信以爲可用而患其太輕王安石請令懷信公義同議增損乃别制濬川杷其法以巨木長八尺齒長二尺列於木下如杷狀以石壓之兩旁係大繩兩端矴大船相距八十步各用滑車絞之去來撓蕩泥沙已又移船而濬或謂水深則杷不能及底雖數往來無益水淺則齒礙沙泥曳之不動卒乃反齒向上而曳之人皆知不可用惟安石善其法使懷信先試之以濬二股

元代治河諸具

元成宗大德三年五月河南省言河決蒲口等處浸歸德府數郡差官修築計料合修七堤二十五處共長三萬九千九十二步總用葦四十萬四千束徑尺樁二萬四千七百二十株役夫七千九百二人

元仁宗延祐五年河決杞縣等處六月二十一日興工至三月九日工畢總計北至槐疙疸西舊堤南至窰務汴堤通長二十里二百四十三步創修護城堤一道長七千四百四十三步平地修堤下廣十六步上廣四步高一丈六十尺爲一工堤東二十步外取土內河溝七處深淺高下闊狹不一計工二十五萬三千六百八十用夫八千四百五十三除風雨妨工三十日畢內流水河溝南北闊二十步水深五尺河內修堤底闊二十四步上廣八步高一丈五尺積十二萬尺取土稍遠四十尺爲一工計三萬工用夫百人每步用大樁二計四十各長一丈二尺徑四寸每步雜草千束計二萬每步簸樁四計八十各長八尺徑三寸水手二十木匠二大船二艘梯櫈一副繩索畢備七年七月汴梁路言滎澤縣六月十一日河決塔海莊東堤十步餘橫堤兩重又缺數處二十三日夜開封縣蘇村及七里寺復決二處本省平章札木赤親率本路及都水監官並工修築於至治元年興工修堤岸四十六處該役一百二十五萬六千四百九十四工凡用夫三萬一千四百一十三人

元文宗至順元年六月曹州濟陰縣河防官本縣尹郝承務言六月五日魏家道口黃河舊堤將決不可修築以此差募民夫船修護水月堤東西長三百九步下闊六步高一丈又緣水勢漸漫復於近北築月堤東西長一千餘步下廣九步其功未竟至二十一日水忽泛溢新舊三堤一時咸決明日外堤復壞急率民閉塞而湍流迅猛有蛇時出沒於中所下樁土一埽無遺又舊堤歲久多有缺壞差夫并工築成二十餘步其魏家道口缺堤東西五百餘步深二丈餘外堤缺口東西長四百餘步又磨子口護水堤低簿不足禦水東西長一千五百步魏家道口卒未易修先差夫補築磨子口七月十六日興工二十八日工畢二十二日按視至朱從馬頭西舊堤缺坯東西長一百七十餘步計料堤外貼築五步增高一丈二尺與舊堤等上廣二步于磨子口修堤夫內摘差三百一十人於是月二十三日入役至閏七月四日工畢郝承務又言魏家道口塼堌等村缺破堤堰累下樁土衝洗不存若復閉築緣堤周回皆泥淖人不可居兼無取土之處又沛郡安樂等處係去歲旱災今復水潦禾稼埋沒盧民皆乏食難於差倩其不經水害村保民人先已遍差補築黃家橋磨子口諸處堤堰似難重役如候秋涼水退倩夫修理庶蘇民力今衝破新舊堤七處共長一萬二千二百二十八步下廣十二步上廣四步高一丈二尺計用夫六千三百四人樁九百九十葦葙一千三百二十草一萬六千五束六十尺爲一工無風雨妨工度五十日可畢本縣準言至八月三十日差夫二千四百二十闕請郝承務對役郝承務又言九月三日興工修築十八日大風十九日雨二十四日復雨緣此卒馬頭孫家道口障水堤堰又坯計工役倍於元數移文本縣添差二千人同築二十六日元與武成定陶二縣分築魏家道口八百二十步修完十月二日至卒馬頭孫家道口從實丈量元缺堤南北闊一百四十步內水地五十步深者至二丈淺者不下八九尺依元料用樁箔補築至七日完又於本處脈築月堤一道西北東南斜長一十六百二十七步內武成定陶分築一百五十步實築一千四百七十七步外有元料堌頭魏家道口外堤未築即欲興工緣冬寒土凍擬候來春併工一齊修理庶乎官民可以兩便矣

元順帝至正四年賈魯治河通長二百八十里百五十四步而强功始自白茅長百八十二里繼自黃陵岡至南白茅闢生地十里口初受廣百八十步深二丈二尺已下停廣百步高下不等相折深二丈及泉曰停曰折者用古算法因此推彼知其勢之低昂相準折而取勻停也南白茅至劉莊村接入故道十里通折墾廣八十步深九尺劉莊至專固百有二里二百八十步通折停廣六十步深五尺專固至黃固墾生地八里面廣百步底廣九十步高下相折深丈有五尺黃固至哈只口長五十一里八十步相折停廣墾六十步深五尺乃濬凹里減水河通長九十八里百五十四步凹里村缺河口生地長三里四十步面廣六十步底廣四十步深一丈四尺自凹里生地以下舊河身至張贊店長八十二里五十四步上三十六里墾廣二十步深五尺中三十五里墾廣二十八步深五尺下十里二百四十步墾廣二十六步深五尺張贊店至楊青村接入故道墾生地十三里六十步面廣六十步底廣四十步深一丈四尺其塞專固缺口修堤三重並補築凹里減水河南岸豁口通長二十里三百十七步其剏築河口前第一重西堤南北長三百三十步面廣二十五步底廣三十三步樹置樁橛實以土牛草葦雜梢相兼高丈有三尺堤前置龍尾大埽言龍尾者伐大樹連梢繫之堤旁隨水上下以破囓岸浪者也築第二重正堤並補兩端舊堤通長十一里三百步缺口正堤長四里兩堤相接舊堤置樁堵閉河身長百四十五步用土牛草葦梢土相兼修築底廣三十步修高二丈其岸上土工修築者長三里二百十五步有奇高廣不等通高一丈五尺補築舊堤者長七里三百步表裏倍薄七步增卑六尺計高一丈築第三重東後堤並接修舊堤高

廣不等通長八里補築凹里減水河南岸豁口四處置樁木草土相兼長四十七步於是塞黃陵全河水中及岸上修堤長三十六里百三十六步其修大堤刺水者二長十四里七十步其西作大堤刺水者一長十二里百三十步內剏岸上土堤西北起李八宅西堤東南至舊河岸長十里百五十步顛廣四步趾廣三之高丈有五尺仍築舊河岸至入水堤長四百三十步趾廣三十步顛廣其六之一接修入水兩岸埽堤並行作西埽者夏人水工徵自靈武作東埽者漢人水工徵自近畿其法以竹絡實以小石每埽不等以蒲葦綿腰索徑寸許者從鋪廣可一二十步長可二三十步又以曳埽索綯徑三寸或四寸長二百餘尺者衡鋪之相間復以竹葦麻檾大繂長三百尺者為管心索就繫綿腰索之端於其上以草數千束多至萬餘勻布厚鋪於綿腰索之上橐而納之丁夫數千以足踏實推卷稍高即以水工二人立其上而號於衆衆聲力舉用小大推梯推卷成埽高下長短不等大者高二丈小者不下丈餘又用大索四五爲腰索轉致河濱選健丁操管心索順埽台立踏或掛之台中鐵貓大橛之上以漸縋之下水埽後掘地爲渠陷管心索渠中以散草厚覆築之以土其上覆以土牛雜草小埽梢土多寡厚薄先後隨宜修疊爲埽台務使牽制上下縝密堅壯互爲犄角埽不動搖日力不足火以繼之積累既畢復施前法卷埽以壓先下之埽量水淺深制埽厚薄疊之多至四埽而止兩埽之間置竹絡高二丈或三丈圍四丈五尺實以小石土牛既滿繫以竹纜其兩旁並埽密下大樁就以竹絡上大竹腰索繫於樁上東西兩埽及其中竹絡之上以草土等物築爲埽台約長五十步或百步再下埽即以竹索或麻索長八百尺或五百尺者一二雜廁其餘管心索之間候埽入水之後其餘管心索如前鎮掛隨以管心長索遠置五七十步之外或鐵貓或大樁曳而繫之通管束累日所下之埽再以草土等物通修成堤又以龍尾大埽密掛於護堤大樁分析水勢其堤長二百七十步北廣四十二步中廣五十五步南廣四十二步自顛至趾通高三丈八尺其截河大堤高廣不等長十里百七十七步其在黃陵北岸者長十里四十一步築岸上土堤西北起東西故堤東南至河口長七里九十七步顛廣六步趾倍之而強二步高丈五尺接修入水施土牛小埽梢草雜土多少厚薄隨宜修疊及下竹絡安大樁係龍尾埽如前兩堤法惟修疊埽台增用白闌小石並埽上及前洊修埽堤一長百餘步直抵龍口稍北攔頭三埽並行埽大堤廣與刺水二堤不同通前列四埽間以竹絡成一大堤長二百八十步北廣百一十步其顛至水面高丈五尺水面至澤腹高二丈五尺通高三丈五尺中流廣八十步其顛至水面高丈五尺水面至澤腹高五丈五尺通高七丈並創築縷

水橫堤一東起北截河大堤西抵西刺水大堤又一堤東起中刺水大堤西抵西刺水大堤通長二里四十二步亦顛廣四步趾三之高丈二尺修黃陵南岸長九里百六十步內剏岸土堤東北起新補白茅故堤西南至舊河口高廣不等長八里二百五十步乃入水作石船大堤蓋由是秋八月道故河流先所修北岸西中刺水及截河三堤猶短約水尚少力未足恃決河勢大南北廣四百餘步中流深三丈餘益以秋漲水多故河十之八兩河爭流近故河口水刷岸北行洄漩湍激難以下埽且埽行或遲恐水盡湧入決河因淤故河前功遂墮乃精思障水入故河之方以九月七日逆流排大船二十七艘前後連以大桅或長樁用大麻索竹絙絞縛綴爲方舟又用大麻索竹絙並船身繳繞上下令牢不可破乃以鐵貓於上流硾之水中又以竹絙絕長七八百尺者繫兩岸大橛上每絙或硾二舟或三舟使不得下船腹略鋪散草滿貯小石以合子板釘合之復以埽密布合子板上或二重或三重以大麻索縛之急復縛橫木三道於頭桅皆以索維之用竹編笆夾以草石立之桅前約長丈餘名曰水簾桅復以木榰柱使簾不偃仆然後選水工便捷者每船各二人執斧鑿立船首尾岸上槌鼓爲號鼓鳴一時齊鑿須臾舟穴水入舟沉遂決河水怒溢故河水暴增即重樹水簾令後復布小埽土牛白闌長梢雜以草土等物隨宜填垛以繼之石船下詣實地出水基址漸高復卷大埽以壓之前船勢略定尋用前法沉餘船以竟後功昏曉百刻役夫分番甚勞無少間斷船堤之後草埽三道並舉中置竹絡盛石並埽置樁係纜四埽及絡一如修北截水堤之法第以中流水深丈用物之多施工之大數加他堤船堤距北岸纔四五十步勢迎東河流峻若自天降深淺叵測於是先卷下大埽約高二丈者或四或五始出水面修至河口一二十步用工尤艱薄龍口喧豗猛疾勢撼埽基陷裂欹傾俄遠故所觀者股弁衆議騰沸以爲難合然勢不容已魯神色不動機解捷出進官吏工徒十餘萬人日加獎諭辭旨懇至衆皆感激赴功十一月龍口遂合決河絕流故道復通又於堤前卷攔頭埽各一道多者或三或四前埽出水管心大索係前埽硾後攔頭埽之後後埽管心大索亦係小埽硾前攔頭埽之前後先羈縻以錮其勢又於所交索上及兩埽之間壓以小石白闌土牛草土相半厚薄多寡相勢措置埽堤之後自南岸復修一堤抵已閉之龍口長二百七十步船堤四道成堤用農家場圃之具曰轆軸者以石立木如比櫛縋前埽之旁每步置一轆軸以橫木貫其後又穴石以徑二寸餘麻索貫之係橫木上密掛龍尾大埽使夏秋潦水冬春凌簰不得肆力於岸此堤接北岸截河大堤長二百七十步南廣百二十步顛至水面高丈七尺水面至澤腹高四丈二尺中流廣八十步顛至

水面高丈五尺水面至澤腹高五丈五尺通高七丈仍治南岸護堤埽一道通長百三十步南岸護岸馬頭埽三道通長九十五步修築北岸隄防高廣不等通長二百五十四里七十一步白茅河口至板城補築舊隄長二十五里二百八十五步曹州板城至英賢村等處高廣不等長一百三十三里二百步稍岡至碭山縣增倍舊隄長八十五里二十步歸德府哈濟口至徐州路三百餘里修完缺口一百七處高廣不等積修計三里二百五十六步伊實拉店縷水月隄高廣不等長六里三十步其用物之數樁木大者二萬七千榆柳雜梢六十六萬六千帶梢連根株者三千六百藁秸蒲葦雜草以束計者七百三十三萬五千有奇竹竿六十二萬五千葦蓆十七萬二千小石二千艘繩索大小不等五萬七千所沉大船百有二十鐵纜三十有二鐵錨三百三十有四竹篾以觔計者十有五萬碰石三千塊鐵鑽萬四千二百有奇大釘三萬三千二百三十二其餘若木龍蠶椽木麥稭扶樁鐵叉鐵吊枝麻搭火鈎汲水貯水等具皆有成數官吏俸給軍民衣糧工錢醫藥祭祀賑恤驛置馬乘及運竹木沉船渡船下樁等工鐵石竹木繩索等匠傭貲兼以和買民地為河並應用雜物等價通計中統鈔百八十四萬五千六百三十六錠有奇魯嘗有言水工之工視土工之功為難中流之功視河濱之功為難決河口視中流又難北岸之功視南岸為難用物之效草雖至柔柔能狎水水漬之生泥泥與草並力重如碇然維持夾輔纜索之功實多蓋由魯習知河事故其功之所就如此

明代治河器具

永樂九年工部主事藺芳言隄當急流之衝夏秋泛漲勢不可驟殺宜捲土樹樁以資捍禦無令重為民患而已又言中灤導河分流使由故道入海誠萬世利但緣河隄埽止用蔴蒲繩泥草不能持久宜編木為囤填石其中則水可殺隄乃可固詔皆從其議景泰中徐有貞治河築九堰以禦河流旁出長各萬丈實之石而鍵以鐵宏治中劉大夏治河沿張秋兩岸東西築台立表貫索聯巨艦穴而窒之實以土至決口去窒沉艦壓以大埽嘉靖中朱裳言海口会沙宜多置龍爪船往來杷蕩以廣入海之路從之三十九年曾鈞上治河方畧言增築高家堰長隄而新莊諸閘甃石以遏橫流萬歷中御史陳邦科言固隄束水未收刷沙之利而反致衝決法當用濬其方有三冬春水涸令沿河淺夫乘時撈淺則沙不停而去一也官民船往來船尾悉繫鈀犁乘風攪盪則沙不寧而去二也做水磨水碓之法置為木機乘水滾盪則沙不留而去三也下所司議行

勾股治河法

治河之法濬導尚矣而莫要精明勾股禹之求數非生於水實生於隨山刋木木為股而山為勾隨者不分高下也刋者剗其分寸也以分寸為小股即以平遠為大股勾有小大然後有廣縱有廣縱然後有高深測而量之本此以立一二率數即有所着莫也水之就下非其性也勢也勢大則力大力大則沛然莫之禦而不知水性主乎動動必使之靜則氣鬱氣鬱則蓄力發則漲力疏濬淪所以順其勢而殺其力決排則因力殺而性不難遂也所謂行所無事者此也又言測量之略測者以目窺也中庸曰睨而視之是也量者以矩切也算經曰方出於矩是也測量本於九章要終曰勾股章注以㮾高深廣遠試取方田章從廣之從字以補足三隅遠字之義更顯析而言之其義有五地平而上者曰高下者曰深皆直短也短前後曰從縱矩也矩左右曰廣橫矩也合上下前後左右之小徑大徑皆謂之遠諸家算書言徑線斜遠又曰勾股徑也由勾股折隅共成三角以較乘距以差歸實莫所以積數也因求而積體積是之謂積矩總不外周髀勾三股四徑隅五之數加減乘除外無奇術若測極遠必用重表法本魏劉徽海島一書原名重差亦即重矩淘能補足九章未備之法發明周髀未宣之秘所用之物要在一矩製矩以銅為上木次之即工匠所用之曲尺也西製活矩亦便利測者以折矩方矩重矩為經仰矩覆矩卧矩環矩為緯是矩也直內方外其外皆周取近譬遠無遠弗届神而明之存乎人知地即可窺天反三隅在舉一商高所俯平直準繩絜矩之道也測量如此挑濬必有其具須備火車氣機作一起重之具小者亦可提挈萬觔如手執物英國淘河穿井所用機器彷彿似之用之於水以船載器加以煤火蒸氣激水壓力更猛每器一抓形如蓮瓣張開空徑八尺一點鐘時挖泥萬八千觔抵地深約一丈此其最小者西例以三船三抓為一付帶拖輪船三隻出泥上岸扒艇九隻共價約銀十數萬元極大者可遠至每點鐘挖泥八九百墩深及四丈陸地則用機輪仍需貧民挑負取起之泥築隄作埂借以資生工即代賑法至善雖所費不貲而收效倍速自是無不可堵塞之水亦無不可開闢之河要黄入海則入海矣而注江之變計可以不作要在相地形辨水路深淺合度廣狹合宜以裁纔擬用彼利器豈不美哉

導河引衛說

同治十年二月兵部主事蔣作錦呈遞治河條議並導河引衛圖說具奏吏稱治河與善漕河多泥沙久則窒而他徙故治河難元以後治河而兼顧運故治河尤難黃河南行北行聚訟持聚訟請以一言決之河行無分南北而分高下北行墊高則就南南行墊高則就北水性就下萬古不易自黃河南徙東匯淮水於清江浦運道遂與河淮相表裏蔡於墊日久河身高仰兩岸增培如山隄外較河身低至數丈水向低流勢必北趨張秋入海人爲運計強令南從清江會淮致南決而北者什八九北決而衛張秋者什五六以靳文襄張文端栗恭勤諸公之忠蓋才略終困於南河之地勢高懸未免潰決頻仍然且歷守數百年來閱改從張秋貫運者清江浦南淮北泗交會淮運張秋西無水源接運無資專爲河計黃河歸海宜由張秋東爲運計漕船渡黃不得不仍由清江總爲借淮濟運勢必強河就淮迨後河身淤墊益高河淮交漲益難自道光四年十三堡之決淮退黃南入於江運道阻在清口至咸豐五年銅瓦廂之決黃亦棄淮北入於海運道又阻於張秋公私交困者幾一十年竊思黃河挽歸故道南河已失淮水之利專恃借黃濟運可行於清江者亦可行於張秋況因勢利導張秋現有衛水可借倘能設法導引而就便於張秋爲未嘗不勝於清江者竊查維揚水經注歷代黃河遷徙圖續等書衛在河西從河由天津入海濟在河東會汶由樂安入海漯介河濟之間承河通濟由利津入海嗣後河行漯濱又東從濟濱要皆繞岱右趾東北入海古稱北條之水是河由張秋歸海本屬正道而張秋朝城南樂之間河衛原自相通並條諸名臣奏疏時皆議論通致於規復故道外謹以導河引衛之策繕呈御覽奉旨著前往山東一帶查看情形講求實濟弱經親履確勘將銅瓦廂決衛運隄後黃溜礙運情形並黃河貫運於張秋最順所有如何引衛如何築隄束黃續行詳奏並籌及若款項支絀須即次辦理先就趙王河築隄堵決以束水次就張秋設立閘座以通運次導衛以濟運次接隄南至銅瓦廂北至利津海口次築岸內縷隄分年辦理先急要務廢款項易籌而功歸實濟矣仍指陳十利繪圖附說附奏

問曰黃水現在山東若築隄偏之或北犯畿輔奈何答曰水性東流但使從張秋入大清河之口門通暢河定不北奪運河堤窄大清河人力所能爲也既不能建則必不能北向畿疆況兩面仍築堤束耶 問曰築隄束黃恐灤口長水犯省城奈何答曰張秋不築隄灤口之水不爲減張秋築隄灤口之水不爲增黃水自入大清河東去不能轉南入灤水 問曰束黃於張秋不至衝沒張秋否答曰河至張秋係從沙

灣入大清河其勢極順蓋沙灣固古時黃河故道而其底甚深張秋高於沙灣不至爲水所沒 問曰趙王河旁亦有黃水今於其地築隄得毋不能成否答曰此之黃水乃是溢出餘波冬春之間皆乾涸矣可以施工工成則不慮其衝漫且宜衝既堵則黃水便斷亦不須於水內施工 問曰霍家橋決口視侯家林甚寬恐不易堵果有把握否答曰霍家橋視侯家林則難視銅瓦廂則易霍橋之西南原有北行舊溜之路溜口雖於河身尚存宜將馬家海社家閣北流溜路挑去淤塞以作引河就對岸作挑水壩逼引黃河分行北溜則霍橋溜勢必減可以施工 問曰既曰束黃兩隄中間寬者六七十里不太闊乎答曰此所謂不與水爭地也且所以釋犯畿輔之疑也多留東西之地水之北行從容舒緩北至張秋乃緊束之使之東行則萬不能向北衝突矣 問曰就東境築隄所費與挽歸淮徐故道相等淮徐究有舊隄可循河必去數謀新答曰現在黃水所入利津海口正是漢唐故道非創新也淮徐舊隄雖有基址而河身淤墊實深其費用於補隄者少用於濬河者多東境築隄不須濬河而上下游之長隄可以分年續辦不似淮徐欲挽河歸故道則河隄須一氣呵成是以東境築隄費用較省且就水設防毫無牽強不致另生他患若挽之使南舊隄一有疏漏則變態環生用款虛擲矣 問曰信如子言則挽歸淮徐之說大謬不然必不可行乎答曰此又不然挽歸淮徐亦是正論特兩利相形取其重兩害相形取其輕權其輕重東境築隄有利而無害挽歸徐淮利害參半亦只謂其不必行尚非斷斷不可行也如中外詢謀或以挽歸徐淮爲是但使南河能任修復河身補還隄工之事則堵合銅瓦廂固東河之責亦所不敢辭十一年八月河督喬松年遵旨詳察覆奏亦以就東境築隄束黃較挽歸淮徐爲便河之遷徙似關天意北宋時河忽南徙百計挽其北行而不能今既北徙恐挽令南行而亦不能並將堵築方略處所並一詳陳惟稱蔣作錦條議內引衛濟運一節因臨清北路之水並無來源故爲此議如得導衛入運實屬有益但刻下所急在束黃蓄清若黃水四溢雖導衛入運仍屬無益若束黃蓄清之後借黃濟運可以無弊則亦無須導衛矣

治河總論

黃河載之禹貢東過洛汭至於大伾北過洚水至於大陸又北播為九河同為逆河入於海者其故道也漢元光中河決瓠子東南注鉅野通於淮泗武帝自臨發卒數萬人塞之築宮其上名曰宣防導河北行復禹舊跡而梁楚之地無水災自漢至唐河不為害幾及千年五代史晉開運元年五月丙辰滑州河決浸汴曹濮單鄆五州之境環梁山合於汶水與南旺蜀山連瀰漫數百里河乃自北而東宋史熙甯八年七月乙丑河大決於澶州曹村北流遂絕河道南徙東匯於梁山張澤濼分為二派一合南清河入於淮一合北清河入於海河又自東而南矣元豐以後又決而北議者欲復禹跡而大臣力主回東之議循及金元其勢日趨於南而不可挽故今之河非古之河矣自中年以下奪汴徐州以下奪泗清口以下奪淮凡三奪而後注於海歲久河身日高淮泗又不能容矣顧重之議既視其勢者以為當司水之臣又乘其決者以為利不獨害民生妨國計而於天地之氣運未必不有所關也邱仲深大學衍義補言禮曰四瀆視諸侯謂之瀆者獨也以其獨入於海故江河淮濟謂之四瀆今以一淮而受黃河之全蓋合二瀆而為一也自宋以前河自入海尚能為漸河州郡之害況今河淮合一而清口又合汴泗沂三水以同歸於淮乎往時河水猶有所瀦如鉅野梁山等處猶有所分如屯氏赤河之類雖以元人新回入淮而東北之道猶微有存者今則以一淮為衆水之歸而無涓滴滲漏矣邱園賢作治河論以為禹之治水至於地平天成六府三事允治今日所空之地甚廣所處之勢甚高所求之效甚小治水者其去禹也遠矣而所空之地乃狹於禹所處之勢乃難於禹所求之功乃大於禹禹之導河自大伾以下分播合同隨其所之而疏之不與爭利故水得其性而無衝決之患夫一杯之水搴而注之地必得方尺乃能容之其勢然也河在大伾以上水之在杯者也大伾以下水之在地者也以在地之水而欲抱束周旋如在杯之時大為不能而況他人今河南山東郡縣碁布星列官亭民舍相比而居凡禹之所空以與水者今皆為吾有蓋吾無容水之地而非水據吾之地也固宜其有衝決之患也故曰所空之地狹於禹禹之治水隨地施功無所拘礙今北有臨清中有濟甯南有徐州皆轉漕要路而大梁在西南又宗藩所在左顧右盼動則掣肘使水有知尚不能徙之必隨吾意況水無情物也能委蛇曲折以濟吾之事哉故曰所處之勢難於禹禹之治水惟除民之害而已此外無求焉今則賴之以漕不及汴矣又恐壞臨清也不及臨清矣又恐壞濟甯也不及濟甯又恐壞徐州也不及使皆無壞也又恐漕渠不足於運也了是數者而後謂之治故曰所求之功大於禹由邱氏莊之言觀之則河水南趨之勢已極而一代之臣不過補苴罅漏以塞目前之責而已安望其為斯民計百世之長利哉至於決溢之災無歲不告信人力所能治矣禹貢言治水曰播曰豬水性合則衝聚則溢別而疏之所以殺其衝又北播為九河是也旁而蓄之所以節其溢大野既豬是也必使之有所容而不為暴也然後鍾美可以豐物流惡可以單民而百姓由是而興矣今也不然堤之障之偪之東之使之無以容其流而不得不發其怒則其不由地中而橫出於原隰之間固無足怪邱仲深謂以一淮受黃河之全然考之先朝徐有貞治河猶疏分水之渠於濮范不使之並趨一道自宏治六年築黃陵岡以絕北來之道而河流總於濟單之間乃猶於蘭陽儀封各開一口而瀉之於南今復塞之故河之在今日欲北不得欲南不得惟以一道入淮淮狹不能容又高而不利下則頻歲決於邳宿以下病民而妨運而邳宿以下左右皆有湖坡何必從而入之劉貢父所云別穿一梁山濼者將在今淮泗之間而生民魚鱉之憂殆未已河政之壞也起於並水之民貪水退之利而占佃河旁汙澤之地不才之吏因而籍之於官水無所容而橫決為害賈讓言古者立國治民疆理土地必遺川澤之分度水勢所不及大川無妨小水得入陂障卑下以為汙澤使秋水多得有所休息左右游波寬緩而不迫故曰善為川者決之使道元史河渠志謂黃河退涸之時舊水泊汙池多為勢家所據忽遇泛溢水無所歸遂致為害由此觀之非河犯人人自犯之今山東鉅野壽張諸邑古時瀦水之地無尺寸不耕而忘其昔日之川浸志乃云梁山濼僅百十里其虛言八百里乃小說之惑人耳此並五代宋金史而未之見也陸文裕續停驂錄曰河患有二曰決曰溢決之害間見而溢之害頻歲有之欲治之非大棄數百里之地不可先作湖陂以瀦漫流其次則濱河之處做江湖南圩田之法多為溝渠足以容水然後濬其淤沙由之地中而潤下之性必東之勢得矣按文裕之意即賈讓之上中二策言今行上策徙冀州之民當水衝者決黎陽遮害亭放河使北入海內河西薄大山東薄金堤勢不能遠泛濫期月自定難者將曰如此敗壞城郭田廬塚墓以萬數百姓怨恨今瀕河十郡治堤歲費且萬萬及其大決所殘無數如出數年治河之費以業所徙之民遵古聖之法定山川之位且大漢方制萬里豈其與水爭咫尺之地哉此功一立河定民安千載無患故謂上策若乃多穿漕渠於冀地使民得以溉田分殺水怒雖非聖人法然亦救敗術也非武帝之雄才大略其孰能排衆多之口而創非常之利與宋開寶之詔曰朕每閱前書詳究經瀆至若夏后所載但言導河至海隨山濬川未聞力制湍流廣營高岸今之言治水者計無出於堤塞二事箕子答武王之詩

首言縣湮洪水汨陳其五行帝乃震怒後世治河之良皆鯀也非其人之賢爲鯀乃國家救之使爲鯀也是以水不治而爲患滔數也故古曰河渠今曰河防先達言天啓以前無人不利於河決者侵蝕金錢則自總河以至於閘官無所不利吏須工食則自執事以至於游閑無食之人無所不利而今年決口明年退灘填淤之中富得沃饒而溺死者特百之一二而已於是頻年修治頻年衝決以馴致今日之害非一朝一夕之故矣斗筲之人爲足責哉不獨此也彼郡人士爲人說一事置一物未有不索其酬者百官有司受朝廷一職事一差遣未有不計獲者自府史胥徒上而至於公卿大夫真可謂之同心同德者矣苟非返普天率土之人心使之先義而後利終不可以致上理今日之務正人心急於抑洪水也

昔禹之治水也使由地中行無所謂防也言防而勞費無已遂爲大患河爲北條之水由濟水大陸播九河同爲逆河以入海者禹之故迹今運道臨清至天津者是也東漢以後河由千乘入海即今之大清河也自唐至宋金皆由之金元之間河漸南決始合汴泗淮以入於海與逆河入海之道相去幾二千里而北條之水改爲南條矣其兩岸之堤歲增月益高於民田廬舍且與城中水之性就下不使由地中而使出地上欲其無決溢之害難矣今之言河防者以明潘季馴爲師季馴治河之法不過曰清水可當不可濁黄河宜合不宜分而已夫清水之當蓄固不待言黄河之宜合則季馴一人言之非古也禹之治河釃爲二渠疏爲九道順其性而導之注海何嘗不可分乎褒其支流束之使歸於一欲藉河水之力以刷海口之沙其計已左古人云川壅而潰傷人必多謂河不宜分而增堤以禦之一朝潰溢堤不能禦又糜國帑以塞之倖倖成功而官吏反受重賞此巨蠹也守季馴之法吾不知之矣

調軍助工議

光緒十三年八月鄭州決口次年開辦興工一面挑濬楊莊以下舊黄河二百餘里分沂泗之水以疏其上游一面挑濬惠下河之支河導全淮之水以洩其下游伏念興此大工惟辦料集夫兩事爲難而集夫較辦料尤難某竊以來難經催集民夫千萬然段落甚長開挑非易不能計日成功然則如之何曰酌調練軍撥赴工次同力合作協助民夫裨益非淺且練軍助工之便有四焉一曰經費之省也僱募民夫從優定價計工計食按日按名大抵需銀一錢以外若練軍口糧正餉已足以贍其身餬其口平日按期操練外飽食安居無所事事調兵赴工理所當然既無工作之需費又無日食之需給按勤惰定賞罰其有竭力圖功者則獎銀牌以優之能之俾樂於從事無生怨心是經費之省也可知二曰應練之熟也行軍赴敵必擇險要視形勢而立爲營壘營必有壁壘也惟軍士築之營必有濠塹也惟軍士濬之猶是築也築堤與築壘同猶是濬也濬河與濬濠同況鍬鋤畚锸一切挑挖諸器械皆爲軍士所必需軍營所必備操之者熟練之者精固非強其所難能用其所不習事半功倍惟兵爲然是應練之熟也可知三曰管束之嚴也民夫之應募者大抵皆鄉愚無知強壯有力處置之未善約束之未嚴刑禁鬆不訓滋擾地方者有之蓋委員之管民夫不若統帶之管軍士也調兵赴工責成統帶善爲處置嚴爲約束平日操練號令如手應心如臂使指斷不致滋事自取罪戾是管束之嚴也可知四曰工作之速也淮揚諸郡勢居下游一至春間桃花汛漲河淮合流汪洋泛溢其害不堪設想今委熟練河員勘估核算計挑土若干方合需工若干个宜調兵若干名分段派工同時並舉期於迅速成功不致遲緩誤事是工作之速也可知矣

籌工代賑議

一費而不能久利者非善於用財者也一勞而不能永逸者非善於用力者也善用財力者患之而不見費安之而不見勞視其勢而圖之難在一朝利及千載此固操用財用力之權者所不可不知者矣請就今日豫省之賑而論之河決鄭州衝浸十餘州縣淹斃人口不計其數朝廷聞此即撥内帑銀數百萬兩以救災民並爲盤築壩基之用而上行者下效諸善士之聞風以者亦集貲爲義賑此亦千古未有之美舉也然吾思之北高而南下者地勢也舍高而趨下者水性也故河決多在東南兗豫之地恒受其害自大禹以後商世始有河患故商王遷都以避之此後河決不一而然以東南爲多其北徙者乃非常之變不數見也自禹之後治河築人往往以曲防爲能以堙遏爲事至今日黄河之水不特不由地中行且不由地上行直將由城上行矣而猶以築堤堵口爲能事是河之不決者幸也其決乃常也即此次賑款無關日後安保其不再決設或如道咸之間十年三決則亦將賑之乎抑否乎爲久安長治計則不如因賑興工以工爲賑以疏河流　國家歲費帑銀以爲防險堵壩之用又特設河督等官以治河視河工不可爲不重然堤壩或旋築而旋傾或堵此而決彼至於今日必當改道使決以殺其勢豈復可用繕完故堤之策前者某督當有導淮入黄之奏欲挑深黄河引洪澤湖淮水由順清河達黄歸海下游各河壩及常閘三河全行實閘淮揚各屬可以永免水患乃黄河舊底淤極高洪澤湖北高南低縱使挑濬勢難上行而逆流水性順下欲強激而上之可暫而不可久可小試而不可常行淤高則挑濬不易北高南低則其勢注南而不注北自咸豐元年啟放三河壩跌深塘足抵五壩河之宣洩迄今數十年之久不能閉實

淮水順性而趨直入於海是以上游洪澤湖不致抬高壅遏逆流猛敖各河觸之患而裏下河各州縣十有九收嘉道年間常將洪澤湖抬蓄清水抵敵黃流洪湖水勢常蓄至一丈七八尺務為壅遏而裏下河各處遂致十年九災此即患在壅遏之証矣今次之決勢將入淮而一入淮則攪皖則揚皆將受害是今日河工亦惟防堵之一法然治河之道終以疏導為主雖不可使之由淮以入海要亦當別尋水道度量地勢另開支河使黃河有所宣洩不致為患庶一勞可以永逸矣夫鯀以湮洪水伏法故九年而弗成禹反其道而行之曰疏曰瀹曰決曰排皆所以去其壅塞也故八年而告績竊以為治水之道禹得上策商得下策若漢之塞瓠子築宣房則亦猶鯀矣然治河之道實壞於商商世遷都以避河患其自為謀則善矣然未嘗為後人計吾恩商世去禹未遠九河故道當未必即湮為之成法諒亦可考舍時治河尚易為力不求濬治而遠避之使其決日益遠害日益深此豈非商世貽之患乎蓋治河之事功程浩大人力不齊決難從事堯之時洪水橫流懷山襄陵使中原為澤國當此之時無一塊乾淨土可以居人者故不得不同心合力以從事於水至商世則河決一處而他處尚不少安樂之區又誰肯動此巨工以消此不急之患是殆以中古地浮於人故能若是若今日人浮於地之時則一經河決舍此將何適乎乘此人未忘患之時茍能用此災黎以絕河患是亦功不爲下者也

前論謂今日治河之法莫妙於以工代賑而所以治之者則貴乎濬而不貴乎堵此足以盡治河之大概矣顧治河之法莫如取諸美國而以機器等物佐之機器之道現在嘖嘖於泰西而不知實創於中國水碓風箱天然機器特外洋精益求精中國則漸以廢弛耳禹之治水乘四載隨山刊木奠然山澤而焚之大章步自東西豎亥步自南北以及命庚辰收支夫祈等類後世傳述以為神靈其實安知所謂櫟輴舟車者非皆有機器之用今外洋既有治河之機器中國曷不仿而造之或先購幾具以為之創擇河流要路專事濬而不事堵禹之治水不過水由地中行未聞有築堤防堵之說所謂九澤既陂者因澤以為陂非作陂以遏澤也茍能認真濬治則黃河之患當果不能盡絕若河患盡絕則民歌樂土地盡可耕而一勞可以永逸矣

治水厄要

光緒十三年八月十三日鄭州決口全河下注入淮大寒碩泰姚源縣屬之成子河清河縣之碎石河意在就洪湖上下游疏通兩條出路此兩河者皆係引水歸舊廢黃河走雲梯關入海法非不善也無如地勢淤墊高昂舊黃河兩旁無堅堤勢必散漫未必能直達雲梯而雲梯以下各墊及南北尖青沙紅沙等口海淤已久固屬興挑不易且亦旋挑旋淤昔左文襄公意在導淮入海親赴雲梯關察看形勢因難而止其明証也又聞大寒深知其弊成子碎石兩河亦不興挑另挑一河無非仍欲黃淮二水走雲梯關入海殊不知當年係借清刷黃必得堵閉洪澤東趨各壩將湖水抬高直注清口刷黃入海今則黃旣淮流齊歸一路即無刷黃可言將欲並淮黃兩水出清口一路直達雲梯亦必先堵閉洪澤之三河歸水性就下東南低西北高將令其注北必塞其東海之路此理甚明否則仍注東南下達高寶湖河能向北逆流引入所挑之口然則不堵東南之口則水不得北注入雲梯將堵其東南之出口不獨皖省壅水無出路且恐抬高則蓄水必多一旦崩決全注下游高郵不堪設想矣高郵諸堤亦必崩決下河更不堪設想矣雖有大寒疏通揚河入海之一法亦涓滴細流幾不濟急此時籌備水患如禦大敵兵淮交通不當百萬雄師一朝壓境其何以禦之夫治水必屈其要論事必敷其急江都縣柳庭輿地圖說云天文水法二者交成而總不出於算禹治洪水望山川之形定高下之勢除滔天之災釋昏墊之阨使東注於海乃句股之所由生也元郭守敬精算法元世祖召見面陳水利以海面較京師至汴梁定其地形高下又自益門而東循黃河故道測量高下世祖信用之開通惠通二河至今通行無弊欲治河淮須明高下之勢與曲折進退之理否則未能將水性地勢全局羅胸各執一是必無裨大局目今地勢西北高東南下與古同淮黃之水自西北來必自東南去無可疑也東南何所歸惟江與海而已海之遠何如江之近與其入海難不如入江易入江僅恃揚屬歸江各壩業已在高寶邵伯下游其幸而順軌歸江也設來勢洶洶不及歸江西風一起東撼高郵一帶河堤崩決在指顧間不如治於上游之為得矣上游在何處在洪湖南為王河禹王河者舊由盱眙聖人山忌黑林橋桐城鎮繞天長向南經金牛山分二支一支入冶浦河至瓜埠下江一支過方山入白茅墩下江即東溝大河口也東台馮務堂淮揚水利圖說備詳其義康熙年間河臣有此議因恐淮水直撓趨江下河無水患亦無水利矣因而中止後遂無敢議者豈知此河如通即為當年排淮泗而注之江故道迄今河影猶存較與挑各河皆便設將來黃不入淮則淮有宣洩之徑倘黃如入淮則黃淮皆有去路淮揚二府免昏墊之憂下河各州縣無荒歉之患各塌灶無淹沒之虞洪澤湖堤工可免岌岌高寶東西堤亦不喫重誠拯要救急之一法若恐下河無水利亦可就禹王河設閘數道啟閉以時宣洩得法則有利無害再能訪求精算之人測定地勢挑濬河身不淺不

渫足資宣洩省工既鉅省費必多尤重在得人而理不獨皖北上游之水既有出路可免成災即下游淮揚二府數百萬生靈賴以托命者在此一舉矣

籌河要書

河之為患伊古已然歷稽史冊治北河易治南河難三代以前無論矣秦漢以後之北河與濟合流地勢建瓴閒有潰決治之者惟疏排壅積防遏要衝俾得安行地中即可歷久無患若元明以來之南河貫徐豫交錯高仰之區始達於淮地勢平衍治之者惟恃築堤以防泛溢河底日淤堤頂日增束水於兩堵之閒載之地上欲其不潰決也得乎當河南徙之初雖時海口尚覺深通清淮以下借清刷黃治之尚易迨後海口漸塞河身沙積漸滿淮水不能入河而入江於是修築高堰石堤抬高湖水以濟漕運迨後高堰雖益日增高終不敵河身淤墊之高非倒塘不能濟運而河堤則愈高愈險幾於無歲不決豫兗徐揚胥受其害 國家隨時修治歲費數百萬甚至一二千萬自古河患未有如斯之甚者咸豐初年河決蘭儀北岸之銅瓦廂全河之水由決口北徙與大清河合流入海復漢王景治河故道東南之民無不稱頌國家亦歲省數百萬三十年來所省不下萬萬何利如之乃不料近日而有鄭州之決是殆天意使然然挽回天意仍在人謀當此之時除鄭州竭力堵合別無長策惟是工費浩大誠恐一時未能堵合則三省與十州縣不堪設想而淮揚之受禍尤烈故下游宣洩之法不得不豫為講求矣查洪澤一湖其東北一帶已淤成灘地惟張福口河可通舟楫黃流挾淮水而東其正溜當由南湖之三河壩直趨高寶邵伯等湖一綫漕堤安能抵禦雖一時閘壩齊開猶恐難於保固下河各屬當成澤國現聞擬將范公堤下河出水各口預為開通以資宣洩是誠目前至計急宜舉辦者也或曰濱海場灶均在堤東若將此堤掘開場灶勢必受害此說固然不知黃水如果大至河水無出路范隄非漫即決遍東場灶其能保全乎與其坐待漫決無論地勢高下同歸於盡曷若先為之謀揆度形勢較量高低先將內外河身一律疏濬惟閘口雖多不足宣洩度黃水將至即將隄身開穵俾得暢流雖有時海潮頂托必難阻建瓴之勢慮此堤內外地勢較高之處不至淪胥其所保全者多矣在隄之人安於故常冀倖黃水之不來且或恃此隄為障蔽不知巢幕之危刻擬開隄不無異議然大局攸關不可因一隅而誤各屬倘黃水不至將來亦無難修復此時似惟有決計行之此下河洩之情形也至於洪湖之張福口河向為湖水東流之路現出東清壩口即折而南由惠濟三閘下注南運河此次黃流由西湖東注湖水加增數倍其正溜雖由三河壩出口而此河出水亦必不小若由清口導入淤黃河俾東流入海如果暢行則全湖水勢分洩不少從前曾文正左文襄公前後疏請復淮故道其淮流故道即黃流故道也惟查湖水目前之不能東向一因淤河積沙阻遏一因中運沂泗之水自楊莊出口其由淤河分流入海者不及三分之一其正溜則由順清河倒灌而南湖水為所頂托萬無東回之理從前淮安紳士殷自芳所著籌運篇有將順清河堵閉而開碎石河以作替河之議然碎石河實居順清河上游紆迴十數里而下游中運之頂托如故為今之計惟有先將中運河水由雙金閘導入鹽河而將楊莊口門堵閉則沂泗之水無復涓滴南向矣次自楊莊起將淤河開深一丈數尺以次遞淺開至安東由安東至雲梯關以下遇有壅滯再酌量疏濬宣通則湖水由順清河出口既無中運頂托河底亦較前加深自必順流東下矣無論能否暢行下河少一分來水即少一分禍且由淤河宣洩不至波及海屬實為善策其碎石一河若能開通俾湖水多一出口不為無益但外高內低閘壩需時誠恐緩不濟急不若先堵中運工費無多而收效甚速也此淤河宣洩之情形也至將來鄭州堵合之後淮水清勁淤河可漸刷寬深再將張福口展寬三河壩以次收束則湖水可大半東行其餘南向入江之水不至橫決為災其中運河口暫時堵閉為濟急之謀另開口門將湖水分入鹽河以通中運此處外河高而鹽河低不至再有頂托之慮所有應修閘壩當斟酌往來船隻不過東綫數里行駛必無窒如此則從前文正文襄導淮未竟之功一旦告成下河各屬受益為無窮矣

河工策要卷三

兩漢河工奏議

武帝元鼎間齊人延年上書言河出昆侖經中國注勃海其地勢西北高而東南下也可案圖書觀地形令水工準高下開大河東注之海如此則關東長無水災書奏上壯之報曰延年計議甚深然河乃大禹之所道也聖人作事爲萬世功通於神明恐難更改成帝初清河都尉馮逡奏言郡承河下流與兗州東郡分水爲界城郭所居尤卑下土壤輕脆易傷頃所以無害者以屯氏河通兩川分流也今屯氏河塞靈鳴犢口以一川兼受數河之任雖高增隄防終不能泄如有霖雨旬日不霽必盈溢昔禹所穿九河今既滅難明屯氏河不流行七十餘年新絕未久其處易浚又其口所居高於以分流殺水力道里便宜可復浚以助大河泄暴水備非常若不豫修治北決病四五郡南決病十餘郡然後憂之晚矣後三歲河果決於館陶及東郡金隄泛溢兗豫入平原千乘濟南凡灌四郡三十二縣壞敗官亭廬舍且四萬所鴻嘉四年勃海清河信都河水湓溢用李尋言止不塞觀河所欲居稍自成川於是灌縣邑二十一河隄都尉許商與丞相史孫禁共行視圖方略禁以爲今河溢之害數倍於前決平原時今可決平原金隄間開通大河令入故篤馬河至海五百餘里水道浚利又乾三郡水地得美田且二十餘萬頃足以償所開傷民田廬處又省吏卒治隄救水歲三萬人許商以爲古九河之名有徒駭胡蘇鬲津今見在成平東光鬲界中自鬲以北至徒駭間相去二百餘里今河雖數移徙不離此域孫禁所欲開者在九河南篤馬河失水之迹處勢平夷旱則淤絕水則爲敗不可許公卿皆從商言哀帝初待詔賈讓上議曰土之有川猶人之有口也治土而防其川猶止兒啼而塞其口豈不遽止然其死可立而待也故曰善爲川者決之使道善爲民者宣之使言今治河有三策行上策則徙冀州之民當水衝者決黎陽遮害亭放河使北入海河西薄大山東薄金隄勢不能遠泛濫朞月自定難者將曰若如此敗壞城郭田廬塚墓以萬數百姓怨恨昔大禹治水山陵當路者毀之故鑿龍門闢伊闕析厎柱破碣石墮斷天地之性此乃人功所造何足言也今瀕河十郡治隄歲費且萬萬及其大決所殘無數如出數年治河之費以業所徙之民遵古聖之法定山川之位使神人各處其所而不相奸則河定民安千載無患故謂之上策若乃多穿漕渠於冀州地既民得以溉田分殺水怒雖非聖人法然亦救敗地也議者疑河大川難禁制今但據堅地爲石堤多張水門非穿地也勢必完而安從其口以東北行三百餘里入漳水中其西因山足高地諸渠皆往往股引

取之旱則開東方下水門溉冀州水則開西方高門分河流通渠有二利不通有三害民常罷於救水半失作業水行地上湊潤上徹民則病濕木皆立枯鹵不生穀決溢有敗爲魚鱉食此三害也若有渠溉則鹽鹵下濕填淤加肥故種禾麥更爲秔稻高田五倍下田十倍轉漕舟船之便此二利也今瀕河堤吏卒郡數千人伐薪買石之費歲數千萬足以通渠成水門又民利其灌溉相率治渠雖勞不罷民田適治河堤亦成此誠富國安民興利除害支數百歲故謂中策若乃繕完故堤增卑倍薄勞費無已數逢其害此最下策也迨王莽時徵能治河者以數百大都祖讓徙瀕地放勃海之遺策迄於東漢光武建武十年陽武令張汜上言河決積久日月浸毀修理之費其功不難宜修改堤防以安百姓書奏光武即爲發卒方營河功而浚儀令樂俊復上言昔元光之間人庶熾盛緣堤墾殖而瓠子河決尚二十餘年不即壅塞今居家稀少田地饒廣雖未修理其患猶可且新被兵革方興力役勞怨既多民不堪命宜平靜更議其事光武遂止顯宗永平十二年議修汴渠會有樂浪王景能理水者遂遣景治之修渠築堤合於爲功乃自東漢迄唐無水患

宋代河工奏疏

太宗八年河決滑州堤久未成乃命使按視遙堤舊址使回條奏以為治遙堤不如分水勢自孟抵鄆雖有堤防惟滑與澶最為隘狹可立分水之制宜於南北岸各開其一北入王莽河以通於海南入靈河以通於淮節減暴流一如汴口之法其分水河量其遠近作為斗門啟閉隨時務乎均濟通舟運溉農田此富庶之資也不報時多泛而久未塞還旋而皆奔潰自白馬津發卒治之又東巡師大名調丁夫十五萬修黃汴河王清以為晉氏詔濟北生理度遙奏自十六七齊賢時為相以河決為憂因對並召濟見齊賢請令齊賢署狀保河不決濟曰河決亦陰陽災沴宰相苟能和陰陽弭災沴為國家致太平河之不決臣亦可保其宗大中祥符四年棣州河決著作佐郎李垂上導河形勝書三篇并圖其略曰兩漢而下言水利者屢欲求九河故道而疏之今考圖志九河並在平原而北且河壞澶滑未至平原而已決矣則九河奚利哉漢武舍大伾之故道發頓丘之暴衝則并兗之界流患中土決河朔平田膏腴千里縱容邊寇劫掠其間今大河盡東全燕陷北御邊之計莫大於河不然則趙魏百城富庶萬億所謂誨盜而招寇矣不如因人足財豐之時成之為易之臣嗟其煩費遂寢仁宗時河決大名館陶留守賈昌朝欲開橫壟故道回河使東流中外爭仲昌請自澶州商胡河穿六塔渠入故道以殺其勢學士歐陽修上議曰臣聞河本泥沙無不淤之理而淤澱之勢常先下流下流淤高水行不決必自上流低下處而決此其常也夫避高就下水之本性故河流已棄之故道復之實難天禧以來決河非不能力塞故道非不能力復然不久必決由故道淤高水不能行故也臣聞智者之於事有不能必則較其利害之輕重擇其利多害少者為之猶勝於害多而利少也況有害而無利乎開六塔者言六塔既開水勢自減今六塔開而恩冀之患正苦危急則減水之利虛矣可知又言六塔既成可以全回大河大六塔本分減之水下流無歸已為濱河棣博之患若全回大河以入之其患當如何況開六塔治二千餘里堤防倍一縣而鎮計其功費大於塞商胡數倍公私困敝不可勝計章而可塞水入六塔而東濱河數州桑稼富饒為河北財用所仰者咸被其害破壞田產坐見其虛不過數年且復決決其為有害無利也必矣惟因水所在增治堤防疏其下流浚以入海則所謂害之少者是智者之所擇也章再上不省時宰仍主仲昌議神宗熙寧初河溢恩州都水監宋昌言上言自慶曆中商胡北流二十有餘年矣自澶淵而下州軍創堤千餘里公私勞擾今又衝恩冀請疏六塔舊口並於二股河口西岸新立上約障水使之東流候銷漲即斷北流縱出胡盧下流以紓恩冀深瀛

水患提舉王亞等謂御河一帶北行入獨流東砦經乾寧軍滄德州等八砦邊界直入邊界其近海口闊六七百步深八九丈三女砦以西闊三四百步深五六丈其勢愈深其流愈猛天所以限契丹議者欲再開二股漸閉北流此乃未嘗睹黃河在界河內東流之利也不如修生堤上遷翰林學士司馬光乘傳相度先入對請如昌言策時議者多不同光奏言治河當因地形水勢若強用人力引使就高橫立隄防則逆激旁潰不惟無成仍敗舊績臣慮官吏見東流已及四分急於見功遽塞北流而不知二股分流十里之內相去尚近地勢復東高西下若河流併東一遇盛漲水勢西合入北流則東流遂絕或於滄德堤埽未成之處決溢橫流雖西路之患而害及東路非策也宜專護上約及二股堤岸若今歲東流止添二分則此去河勢去東近者二三年遠者四五年候及八分以上河流斷刷已闊滄德堤埽已固自然北流日減可以閉塞兩路俱無害矣會北京留守韓琦言今歲兵夫數少而金堤兩埽修上下約甚急深迫馬頰欲乘大河漲二股及獺離舊闊千一百步是以可容漲水今截去八百步有餘則將束大河於二百餘步之間下流既壅上流蹙遏爲怒又無兵夫修護堤岸其衝決必矣況自德至滄皆二股下流既無堤防必浸民田設若河門束狹不能容納漲水上下約隨流而脫則二股與北流為一其患愈大又深恩州所創生堤其東則大河西來其西則西山諸水東注腹背受水兩難捍禦望選重臣速至河所與外官合議便命光與張茂則行視并議光等奏二股河上約並在灘上不礙河行但所進方鋸牙已深致北流河門稍狹乞減折二十步令近後仍作蛾眉埽裹護其滄德界有古遙堤當加葺治所修二股本欲疏導河水東去生堤本欲捍禦河水西來相為表裏未可偏廢七月二股河通北流稍自閉張鞏奏上約累經泛漲並下約各已無虞東流勢漸順快宜塞北流除恩冀深瀛等州軍水患又使御河胡盧河下流各還故道則漕運無壅遏郵傳無滯留塘泊無淤淺復於邊防大計不失南北之限歲費不可勝數亦使流移歸復實無窮之利且黃河所至古今未嘗無患較利害輕重而取舍之可也惟是東流南北堤防未立閉口修堤工費甚廣所當預備乃復詔光等相度光入辭言鞏等欲塞二股河北流臣恐勞費未易或幸而可塞則東流淺狹堤防未全必致決溢是移恩冀深瀛之患於滄德等州也不若俟三二年東流益深闊堤防稍固北流漸淺薪芻有備塞之便帝曰東流北流之患孰輕重光曰兩地皆王民無輕重然北流已殘破東流尚全帝曰今不俟東流順快而塞北流他日河勢改移奈何光曰上約固則東流日增北流日減何憂改移若上約流失其事不可知惟當併力護上約耳帝曰上約安可保光曰今歲創修誠為難保然昨經

大水而無虞來歲地脚已平復河處且上約居河之則聽河北流猶懼不保今欲橫截使不行庸可保乎帝曰若河水常分二流何時當有成功光曰上約苟存東流必增北流必減俟分為二流於肇等不見成功於國家亦無所害河則西北之水併於山東故為害大分則害小矣肇等昔垂欲塞北流皆為身謀不顧國力與民患也帝曰防捍兩河何以供億光曰併為一則勞費自倍分二流則勞費減半今減北流財力之半以備東流不亦可乎時王安石議不合卒塞之而河溢大名遷入有李公義者獻鐵龍爪揚泥法以濬河宦者黃懷信治其法為濬川杷天下指笑以為兒戲安石獨信之遣都水監范子淵行其法于淵奏用杷之功水悉歸故道退出民田數萬頃詔大名核實文彥博言河非杷可濬雖甚愚之人皆知無益臣不敢雷同罔上哲宗元祐初春雨溢河北諸郡文彥博呂大防皆主回河東流之議中書舍人蘇轍言河決而北先帝不能回而諸公必欲回之是自謂智勇勢力過先帝也後又言黃河北流正得水性而水官穿鑿欲導之使東移下就高汨五行之理及陛下遣使按視知不可為猶或固執不從今經嚴回河罷減水尚存近使河朔生靈財力俱困右相范純仁言聖人有三寶曰慈曰儉曰不敢為天下先今聖意有所向為天下先矣蓋下詔綸如川流山催非一人一言可回提又責四不可之說以進而相視使者范百祿以東流高仰而河勢順下不可回即馳奏所以然之狀且取神宗詔令勿塞故道者并上之呂大防猶謂大河東流中國之險限今塘濼既壞界河淤淺且北注矣百祿言塘濼有限寇之名無限寇之實借使河徙而北敵始有下流之憂乃吾之利也先帝明詔具在奈何妄動搖之王存亦謂故道已高水性趨下徒費財力恐無成功乃罷回河及修減水議既三省議作北流軟堰趙偁上言曰河事大利害有三而言者互進其說或見近忘遠徼倖盜功或取此舍彼譸張林理遂使大利不明大害不去上朝聽下滋民患橫役枉費殆無窮哉所謂大川害者北流全河患水不能分也東流分水患不能行也宗城河決患水不能閉也是三者去其患則為利未能去則為害今不謀此而欲專閉北流止知一日可閉之利而不知異日既塞之患止知北流伏槽之水易為力而不知闞村方漲之勢未可併以入東流也夫欲合河以為利而不恤上下壅潰之患是皆見近忘遠徼倖盜功之事也有司欲斷北流而不執其咎乃引分水之說姑為軟堰知河衝之不可以軟堰塞則又為決堰之計竊恐其狂有工費而以河為戲也請俟漲水伏槽觀大河之勢以治東北二流可乎既而西決內黃南犯德清東淤梁村北出闞村監察御史郭知章請閉北流安撫使許將言度今之利若舍故道止從北流則慮河下流已湮而上流橫潰為害益廣若直閉北流東徙故道則復慮受水不盡而破堤為患竊謂宜因梁村之口以行東因內黃之口以行北而盡閉諸口以絕大名諸州之患俟春夏大至乃觀故道足以受之則內黃之口可塞不足以受之則梁村之役可止定其成議則民心固而河之順復有時可以保其無害知章復言河復故道水之趨東已不可遏近日遣使按視巡司議論未一臣謂水官朝夕從事河上望專委之右正言張商英奏言元豐間河決南宮口講議累年先帝嘆曰神禹復生不能回此河矣乃敕今自今以後不能復議回河閉口蓋採用漢人之論俟其泛濫自定也元祐初擢吳安持為都水使者委以東流之事凡八年而無尺寸之效王宗望代之備力主東流以梁村口吞納大河今則梁村口淤澱而閉沙堤兩處決口以泄水矣前議累七十里堤以障北流今則云俟霜降水落興工矣朝見咫尺不應九年為水官欺蔽如此九年之內年年塞山水漲霜降水落豈獨今年始有漲水而待水落乃可以興工耶乞遣使按驗虛實詔曰可分遣曾肇廣等行視逐疏蘇村鑿鉅野導河北流紓澶滑深瀛之害徽宗建中靖國元年左正言任伯雨奏河為中國患二千歲矣自古竭天下之力以事河者莫如本朝而徇衆人偏見欲盡大河之勢以從人者莫甚於今日臣不敢遠引祗於元祐末年小吳決溢議者欲立奇功以邀厚賞不顧地勢不念民力不惜國用力建東流之議當洪流中立馬頭設鋸齒梢芻竹木耗費百倍力遏水勢使之東注陵虛駕空非特行地上而已益增堤防儲備芻茭登沙淤泥久益高仰一旦決潰又復北流此非防之不固亦理勢之必至也昔禹之治水不獨行其所無事亦未嘗不因其變以導之蓋今之策正宜因其所向寬立堤防約欄水勢使不至大段漫流若恐北流淤澱塘泊亦祇宜因塘泊之岸增設堤防乃為長策閱近日又有獻東流之計者不獨比年災傷居民流散公私匱竭百無一有事勢窘急固不可為抑亦自高注下湍流奔猛潰決不久勢不可改設若興工公私徒被擾殆非利民之實舉自困之道也政和四年都水使者孟昌齡獻導河議言河自大伾山東而來直大伾山之西回而南復折北則又直大伾山之東曾不十餘里而地形水勢東迎阻且若引使穿大伾東北二山分兩股而過合於下流因三山為趾繫浮梁歲省費可數十百倍可寬河朔諸路之憂朝廷喜而從之十月冀州棗强埽決都水使者孟揆言大河連經漲水灘面已高致河流傾側東岸今若修閉棗强上埽決口其費不貲兼冬深難施人力縱使極力修閉東堤上下二百里必須盡行增築與水爭力未能全免決溢之患今漫水行流多鹹鹵及積水之地又不犯州軍止經數縣地分邀遮埽御河歸納黃河欲自決口上恩州之地水堤為始增補舊堤接續御河東岸簽合大河從之七年五月臣

河工策要　卷三　奏議　三

僕言恩州臨化鎮大河之側地勢低下正當灣流衝激之處歲久堤岸怯薄沁水透堤甚多近鎮居民列皆移避方秋夏之交時雨霈然一失隄防則不惟東流莫測所向一隅生靈所係甚大亦恐妨阻大名河間諸州往來邊路乞付有司貼築同護從之六月都水使者孟揚言舊河陽南北兩河分流立中潬繫浮梁頃緣北河淤澱水不通行止於南河修繫一橋因北河項窄狹水勢衝激每遇漲水多致損壞欲措置開修北河如舊修繫南北兩橋從之重和二年八月王黼言昨孟昌齡計議河事至滑州韓村埽檢視河流衝至寸金潭其勢就下未易禦遏近降詔旨令就書定港灣對開直河方議開鑿忽自成直河一道寸金潭下水即安流在役之人聚首仰嘆乞付史館仍帥百官表賀從之六月河溢冀州十一月河決清河埽是歲水壞天成聖功橋官吏行刑有差四年四月都水使者孟揚言奉詔修繫三山東橋凡役工十五萬七千八百令累經漲水無虞欽宗靖康元年御史中丞許翰言保和殿大學士孟昌齡延康殿學士孟揚龍圖閣直學士孟揆父子相繼領職二十年過惡山積妄設隄防之功多張梢樁之數窮竭民力聚斂金帛交結權要內侍王仍為與主趨付名位不知紀極大河浮橋歲一造舟京西之民尤憚其役而昌齡首建三山之東回大河之勢頓取百年浮橋之費僅為數歲行路之觀漂沒生靈無慮萬計近輔郡縣蕭然破殘所辟官吏計金叙績富商大賈浮注名牒身不在公道分爵賞每興一役乾沒無數首郡御史莫能鈞考陛下方將澄清朝著建立事功不先誅竄昌齡父子無以昭示天下望籍其姦贓以正典型

元代河工奏議

武宗至大三年河南北道廉訪司言黃河決溢千里蒙害浸城郭漂室廬壞禾稼百姓已罹其毒然後訪求修治之方而且衆議紛紜互陳利害當事者疑惑不決必須上請朝省比至議定其害滋大所謂不預已然之弊大抵黃河伏槽之時水勢似緩觀之不足爲害一遇霖潦湍浪迅猛自孟津以東土性疏薄兼帶沙鹵又失導洩之方崩潰決溢可翹足而待近歲亳潁之民幸河北徙有司不能遠慮失於規畫使陂灤悉爲陸地東至杞縣三汊口播河爲三分殺其勢蓋亦有年往歲歸德太康建言相次湮塞南北二汊遂使三河之水合而爲一下流既不通暢自然上溢爲災由是觀之是自奪分泄之利故其上下決溢至今莫除即今水勢趨下有復鉅野梁山之意蓋河性遷徙無常苟不爲遠計預防不出數年曹濮濟鄆蒙害必矣今之所謂治水者徒爾議論紛紜咸無良策水監之官既非精選知河之利害者百無一二雖每歲累驛而至名爲巡河徒應故事問地勢之高下則懵不知訪水勢之利病則非所習既無實才又不經練乃或妄興事端勞民動衆阻逆水性翻爲後患爲今之莫若於汴梁置都水分監妙選廉幹深知水利之人專司其任量存員數頻爲巡視謹其防護可疏者疏之可堙者堙之可防者防之職掌既專則事功可立較之河已決溢民已被害然後[illegible]修治以勞民者烏可同日而語哉成宗大德元年廉訪使尚文言長河萬里西來其勢湍猛自孟津而下地平土疏移徙不常失禹故道爲中國患不知幾百年矣自古治河處得其當則用力少而患遲事失其宜則用力多而患速此不易之定論也今陳留抵睢東西百有餘里南岸舊河口十一已塞者二自涸者六通川者三岸高於水計六七尺或四五尺北岸故堤其水比田高三四尺或高下等大概南高於北約八九尺堤安得不壞水安得不北也蒲口今決千有餘步迅疾東行得河舊瀆行二百里至歸德橫堤之下復合正流或強湮遏上決下潰功不可成揆今之計河北郡縣順水之性遠築長垣以禦泛濫歸德徐邳民避衝潰聽其安便被患之家宜於河南退灘地內給付頃畝以爲永業異時河決他所者亦如之信能行此亦一時救患之良策也蒲口不塞便仁宗延祐元年八月河南等處行中書省言黃河涸露舊水泊汙池多爲勢家所據忽遇泛溢水無所歸遂至爲害由此觀之非河犯人人自犯之擬差知水利都水監官與行省廉訪司同相視可以疏闢堤障者比至泛溢先加修治用力少而成功多又汴梁路睢州諸處決破河口數十內開封縣小黃村計會月隄一道都水分監修築障水隄堰所擬不一宜委請行省官與本道憲司汴梁路都水分監官及州縣正官親歷按驗從

長講議順帝至正初河決白茅金堤等處九年丞相脫脫慨然有志於事功論及河決即言於帝請身任其事乃命羣臣廷議或言當築堤以遏水勢或言必疏南河故道以殺水勢惟都漕運使賈魯言必疏南河塞北河使復故道役不大興害不能已復以二策進獻一議修築北隄以制橫潰其用功省一議疏塞并舉挽河使東行以復故道其功費數倍脫脫韙其後策于是遣尚書成遵行視議其疏濬之方以聞遵復議河之故道必不可復其議有八且曰濟寧曹鄆連歲饑饉民不聊生若聚二十萬人於此地恐後日之憂又有重於河患者脫脫堅用魯策且告遵曰皇帝方憂下民爲大臣者職當分憂然事有難爲猶疾有難治自古河患即難治之疾也今我必欲去其疾而人人異論可不聽

明代河工奏議

太宗永樂九年議濬黃河故道工部侍郎張信言祥符魚王口至中灤下二十餘里有舊黃河岸與今河面平濬之便復故道則水勢可殺因繪圖以進又決陽武工部主事藺芳言堤當急流之衝夏秋水漲勢不可驟殺宜卷土樹樁以資捍禦無令重爲民患而已又言中灤導河分流使由故道北入海誠萬世利但緣河堤埽止用蒲繩泥草不能持久宜編木爲囤填石其中則水可殺堤可固詔皆從其議英宗正統中河決工部侍郎王永和言河決自衛輝宜敕河南守臣修塞景帝景泰二年王暹言黃自陝州以西有山峽不能爲害陝州以東則地勢平緩水易泛溢故爲害甚多查洪武二十四年改流從汴梁北五里許由鳳陽入河者爲大黃河其支流出徐州以南者爲小黃河以通漕運自正統十三年以來河復故道從黑洋山後徑趨沙灣入海但存小黃河從徐州出岸高水低隨濬隨塞以是徐州之南不得饒水臣自黑洋山東南抵徐州督河南三司疏濬臨清以南請以責之洪英給事中張文質劾暹英治水無績請引塌場水濟徐呂二洪濬潘家渡以北支流殺水勢耳開沙灣浮橋以西河口築閘引水以灌臨清而別命官以責其成詔不允仍命暹英調度復命石璞治之既決命徐有貞專治之有貞上疏言臣聞治河水有三要在知天時地利人事而已蓋河自雍而豫出險即夷水勢既肆人由豫而兗土疏石水益橫流於是決而奪濟汶入海之路以去諸水從之故隄潰滲溢旱涸此漕渠之由由阻也今欲驟堵之則潰者益潰淤者益淤請先疏其水水勢平乃治決決止多方建閘壩以時節宣無溢涸而復河可得而安天順二年金景輝上言國初黃河在封邱後徙康王馬頭去城北三十里復有二支河一由沙門注運河一由金龍口達徐呂入海正統戊辰決滎澤轉趨城南并流入淮舊河支河俱被堙淤河因而淺澀景泰癸酉因水迫城築堤四十里勞費過甚而水發飄潰然尚未至決城壞爲人害也至天順辛巳水暴至土城塼城並圮七郡財力所築之堤俱委諸無用人心惶惶未知所底夫河不循故道併流入淮是爲妄行今急宜疏導以殺其勢若止委之一淮而以堤防爲長策恐開封終爲魚鼈之區乞敕部擇所司先疏金龍口寬闊以接漕河然後相度或別求泄水之地挑濬以平水患爲經久計命如其議行之孝宗宏治河決命戶部侍郎白昂治之昂上言臣自淮河相度水勢抵河南中牟楊橋至祥符界析爲二支一經尉氏等縣合潁水下塗山入於淮又一支經通許等縣入渦河下荊山入於淮又一支自歸德州通鳳陽之亳縣亦合渦河入於淮北決者自原武經陽武祥符封邱蘭陽儀封考城其一支決入金龍等口至山東曹州衝入張秋漕

河去冬水消沙積決口已淤因併爲一大支由祥符翟家口合沁河出丁家道口下徐州此河流南北分形大勢也合潁渦二水入淮者各有灘磧水脈頗微宜疏濬以殺河勢合沁水入徐者則以河道淺隘不能受方有漂沒之虞況上流金龍諸口雖暫淤久將復決宜於北流所經七縣築爲堤岸以衛張秋七年河復決命劉大夏治之及塞決工竣大夏復上言安平鎮決口已塞河下流北入東昌臨清至天津入海運道已通然必築黃陵岡河口導河上流南下徐淮庶可爲運道久安之計廷議如其言十一年河決歸德工部員外郎謝緝言黃河一支先自徐州城東小浮橋流入漕河抵邳州宿遷今黃河上流於歸德州小壩子等處衝決與黃河別支會流經宿州睢寧由宿遷小河口流入漕河於是小河口北抵徐州水流漸細河道淺阻且徐呂二洪惟賴沁水接濟自沁源河內歸德至徐州小浮橋流水出與黃河異源而比年河沁之流合而爲一今黃河自歸德南決恐牽引沁水俱往南流則徐呂二洪必致淺阻請即塞歸德決口遏黃水入徐以濟漕而挑沁水之淤使入徐呂則水深廣而漕便利矣帝從其請武宗正德中尚書胡世寧言今河自經汴以來南分二道其一出滎澤經中牟陳潁至壽州入淮其一出祥符經陳留睢亳至懷遠入淮其東南一道自歸德宿州經虹縣睢寧至宿遷出其東分五道一自長垣曹鄆至陽穀出一自曹州雙河口至魚台塌場口出一自儀封歸德至徐州小浮橋出一自沛縣南飛雲橋出一自徐沛之中境山北溜溝出六道皆入漕河而南會於淮今諸道皆塞惟沛縣一道僅存合流則水勢既大河身亦狹不能容故溢出爲患所以豐沛徐州淹爲巨浸溢沛北之昭陽湖以致運道壅淤漸成湮塞然壅淤積久勢必復決決而東南其禍猶小決而東北禍不可言故今治河當因故道而分其勢也其陽谷魚台二道勢近東北不可復開而汴西滎澤開孫家渡決矣宜常濬之以分上流之勢自汴東南出懷遠宿遷小浮橋溜溝四道宜擇其便利者開濬一道以分下流之勢或恐豐沛漫流久而北徙欲修武城南廢堤至於沛縣之北廟道口以塞新決而防其北此亦一計也至於運道止塞沛縣以上十餘里而不能達閘者以夏秋水溢流沙平壅沙積水積豈能成功今莫若於昭陽湖左滕沛魚台之中別開一河南接留城北接沙口闊五六尺以通二舟之交冬月水涸船止更加濬淘以爲運道此其上策不得已而思其次則開國初漕運在淮遠河由陽武挑六百餘里至衛水入船轉運至京又開沁水至武陟縣紅荊口分流一道開六十里通衛近年始淤是河流固沁可以達衛也宜遣官踏視或紅荊口或陽武上下開通一河北達衛水以備徐沛之塞此亦一計也嘉靖初河道總督盛應期如世寧策請於昭陽湖東改爲運

歸九年潘季馴上言黃由歸德至徐入漕故道也永樂間濬開封支河達魚台入漕以濟淺自宏治時黃河改由單豐出沛之飛雲橋而歸德故道始塞魚台支河亦塞今全河復其故道則患害已遠支流達於魚台則沉溺與廣此漕運之利國家之福也十一年興河戴時宗言河東北岸與運道鄰惟西南流者一由濉家渡出壽州一由渦河口出懷遠一由趙皮寨出桃源一由梁靖口出徐州小浮橋往年四道俱塞全河南奔故豐沛曹單魚台以次受害今患獨鍾於魚台宜棄以受水因而道之使入昭陽湖過新開河出留城金溝境山乃易爲力至塞河四道惟渦河經祖陵未敢輕舉其三支河頗存故迹宜乘魚台壅塞令開封河夫捲埽填堤逼使河水分流則魚台水勢漸減俟水落畢工并前三河共爲四道以分泄之河患可已三十一年九月河決徐州總督上治河方略乃濬房州至雙溝曲頭築徐州高廟至邳州沂河又言劉伶台至赤晏廟凡八十里乃黃河下流淤沙壅塞疏濬宜先次則草灣老黃河口衝激浸沒安東一縣亦當急築東築長堤緣磯以備衝激又三里溝新河口視舊口水高六尺開舊口有沙淤之患而爲患消糧開新口未免淺沒之虞而漕舟艱使宜開新口建置閘座且增築高家堰長堤新莊諸閘甃石以遏橫流四十五年河塞新集朱衡疏言古之治河惟欲避其害今之治河又欲資其利幸今河直奔溝可因其勢而利導之開河新以漕又上言河固悍難暴泄然使不直繞山而北出一飄沙淤之所爲卽出徐州南而二洪益壯亟爲收令幸出秦溝直繞山南五里所雖袁受數河之任猶爲有來溢而河流益駛疾卽夏秋水盛溢亦不能出新河西堤外而昭陽湖受之水得游蕩休息獨何言爲壑也今欲開支河疏析其至兩河口無論浸無河形者二百五十餘里則作深廣雖卽有河形者如郭貫樓至龍溝減水久湮易灌者亦已盡淤且河之所舍難能強之不如就河欲注者開之隆慶三年河復溢總河翁大立乃繪圖以獻且言權宜之計在棄故道而就新衝經久之策在開泇河以避洪水又開新莊閘以通回船復陳瑄故道則泗可興廣獨昔河在睢寧宿遷之間遷徙未知所定泗州陵寢可虞請濬古睢河由宿遷歷宿州出小浮橋以洩二洪之水且規復清河魚溝分河一道下草灣以免衝激之患則南北運道庶幾可保萬曆初督漕吳桂芳言淮揚洪潦奔衝盖緣海濱汊港久湮入海止雲梯一徑致海擁橫沙河流汎溢而鹽安高寶不可收拾國家轉運惟知急漕而不暇恤民故朝廷設官亦主治河而不知治海請設水利僉事一員專疏海道審度地形如草灣及老黃河皆可趨海何必專事雲梯又言黃河抵清河與淮合流經清江浦東至草灣又折而西南過淮安新城河轉入安東縣前直下雲梯關入海近年關口多壅河流日淺惟草

灣地低下黃河地俯故驟欲奔安東入海以縣治所關屢決屢塞去歲草灣遂東自決一口宜於決口之西開挑新口以迎埽灣之溜而於金城至五港岸築堤束水御史陳世寶請復致黃河故道言河自桃源三義鎮歷清河縣北至大河口會淮入海運道自淮安天妃廟亂淮而下七里至大河口從三義鎮出口向桃源大河而去凡七十餘里是爲老黃河至嘉靖初三義鎮口淤而黃趨清河縣南與淮會自此運道不由大河口而經清河北上矣近者崔鎮屢決河勢漸趨故道若仍開三義鎮口引河入清河北或今出大河口與淮流合或從清河西別開一河引淮出河上游則運道無恐而淮泗之水不爲黃流所滋部覆允行六年以潘季馴爲總河季馴與督漕侍郎江一麟相度水勢言海口自雲梯關四套以下闊七八里至十餘里深三四丈欲別鑿闊必須深闊相類方可注放工力甚難且未至海口乾地猶可施工其將入海之地潮汐往來與舊口等耳舊口皆係積沙人力雖不可濬水力自能衝刷海無可濬之理惟當導河歸海則以水治水卽濬海之策也河亦非可以人力導惟當繕治堤防俾無旁決則水由地中沙隨水去卽導河之策也頻年以來日以繕堤爲事顧卑薄而不能支迫近而不能容雜以浮沙而不能久是以河決崔鎮水多北潰爲無堤也淮決高家堰黃浦口水多東潰堤弗固也不咎制之未備而咎築堤爲下策豈通論哉上流既旁潰又歧下流而分之其趨雲梯入海者僅僅強弩之末耳水勢益分則力益弱安能導積沙注海故今濬海急務必先塞決以導河尤當固堤以杜決而欲堤之不決必真土而勿雜浮沙高厚而勿惜鉅費讓遠而勿與爭地則堤乃可固也沿河堤固而崔鎮口塞則黃不旁決而衝漕力專高家堰築朱家口塞則淮不旁決而會黃力專淮黃既合自有控海之勢又懼其分而力弱也必暫塞清江浦而嚴司啟閉以防其內奔姑置草灣河而專復雲梯關以還其故道仍接築淮安新城長堤以防其末流使黃淮力全消滌悉趨於海則力強且專下流之積沙自去海不濬而闢河不挑而深所謂固堤卽以導河導河卽以濬海也又言黃水所徐邳宿桃清至清口會淮而東入海淮水自洛及鳳泗盱泗至清口會河而東入海此兩河故道也元漕江南粟則由揚州直北廟灣入海並未嘗遏淮陳瑄始堤管家諸湖通淮爲運道慮淮水漲溢則築高家堰堤以捍之起武家墩經大小澗至阜寧而淮不東侵又慮黃河漲溢則堤新城北以捍之起清江浦沿鉢池山柳浦灣迤東而黃不南侵其後堤岸漸傾水從高堰決入淮郡遂同魚鼈而當事者未考其故謂海口壅閉宜亟穿支渠詎知草灣一開西橋以上正河遂致淤阻夫新河闊二十餘丈深僅丈許較故道僅二十之一豈能受全河之水下流旣壅上流自潰此崔鎮諸口

所由決也今新河復塞故河漸已通流雖深闊未及原河十一而兩河全下沙隨水刷欣與今復河身不難也河身既復闊者七八里狹亦不下三四百丈滔滔東下何水不容匪惟不必别鑿他所卽草灣亦可且勿濬矣故淮今計惟脩復陳瑄故迹高築南北兩堤以斷兩河之内灌則淮揚昏墊可免塞黃浦口築寶應堤濬東關等淺脩五閘復五壩則淮南運道無虞堅塞桃源以下崔鎮口諸決則全河可歸故道黃淮既無旁決並驅入海沙隨水刷海口自復而桃清淺阻又不足言此以水治水之法也若夫瓩撈之説僅可行諸閘河前人屢試無功徒費工料於是條上六議曰塞決口以挽正河曰築堤防以杜潰決曰復閘壩以防外河曰創滚水壩以固堤岸曰止濬海工程以省糜費曰寢開老黄河之議以仍利涉帝悉從其請萬曆五年河復決皆潘橋一鯉言善治水者以疏不以障年來堤上加堤水高凌空不啻過顙濬河城郭矣水可淮宜濬河身深淺隨處挑濬而於黃河分流故道設減水石門以洩暴漲二十年潘季馴將去任條上辨惑者六事力言河不可兩行新河不當開支渠不當濬又著書曰河防一覽大旨在築堤障河束水歸漕築堰障淮逼淮注黃以清刷濁沙隨水去合則流急急則蕩滌而河深分則流緩緩則停滯而沙積上流既急則海口自闢而無待於開其治堤之法有縷堤以束其流有遥堤以寬其勢有滚水壩以洩其怒法甚詳言甚辯然當是時連年水患祖陵被水季馴言絀而分黃導河之議起矣給事中張貞觀暨河舒應龍總河陳于陛等言淮黃同趨淮海而淮之由黃達海者惟清口自海沙開濬無期因而河身日高自河流倒灌無已因而清口日塞以致淮水上浸祖陵浸及高寳而興泰運堤亦衝決矣今議闢清口沙且分黃河之流於清口上流十里地去口不遠不致為運道梗分於上復合於下則衝海之力專合必於草灣之下恐其復衝正河為淮城患也塞鮑家口黃家嘴二決恐橫衝新決河散溢無歸兩岸俱堤則東北清休海安寳下地不虞潰決計費凡三十六萬有奇若海口之塞則潮汐莫窺其涯難施畚鍤衆淮黃合流東下河身淤而漸深海口刷而漸闢亦事理之可必者帝悉從之後祖陵積水稍退與企程楊一魁其議欲分殺黃流以縱淮別疏海口以導黃而皆濬諸鉄則以歲祲民不堪役欲先洩淮而徐議分黃御史高元哲衷其說言導淮勢便而功易分黃功大而利遠顧河臣所請亦第六十八萬全國家亦何靳於此給事中林熙春言淮猶昔日之淮而河非昔日之河先是河身未高而淮尚安今則河身既高

河工策要　卷三　奏議　八

墻寺西北黃河灣曲之所開濬直河引水東流且濬李吉口至堅城集淤道三十餘里而盡塞黃墹以南決口使河流盡歸正漕一魁主其議河督李化龍議開泇河從之崇禎四年河決原武六月又決建義諸口瀕河州縣方議開高堰三閘淮揚在朝者合疏言建義諸口未塞民田盡沈水底三閘一闢高寳諸邑蕩爲湖海帝是其言人御史吳振纓請循宿遷上下兩岸修堤七年建義決口工成

河工策要卷四

國朝河工奏議

康熙十六年河道總督靳輔條列八疏以奏一挑清江浦以下歷雲梯關至海口一帶河身之土以築兩岸之隄一挑洪澤湖下高家堰以西至清口引水河一道一加高幫濶七里墩武家墩高良澗至周橋閘殘缺單薄隄工一築古溝翟家壩一帶隄工並塞黃淮各處決口一閉通濟閘壩深挑運河塞清水潭等處決口以通漕艘一議錢糧浩繁須豫為籌畫以濟工需一請裁併河工冗員以專責成一請設巡河官兵

康熙十七年靳輔覆奏逐一再議一用箕畚土可以節費每日只用夫三萬餘名僅三萬餘頭限四百日完工再於兩岸運隄內築縷隄以束水築格隄以防決潰可不至潰決矣一洪澤湖下游高家堰西北一帶及爛泥淺等處臣前奏因河工浩繁請於河身兩旁各挑引水河一道令因正河全淤臣已興工挑濬通流今止須挑引河一道庶伏秋水漲淮行有路可無他虞一運河既議挑深若不束淮入河濟運而仍留黃淮內灌則不久復淤臣見於高家堰臨湖一帶地方決口上緊築塞而隄工單薄之處推幫坦坡一法為久遠潰殘之計若不及早幫修伏秋水漲勢必衝潰一運河以西臨湖一帶自武家墩至周家閘大小決口三四十處因周家閘翟家壩其中成河九道之處若不乘時併行堵築則清水萬難修治不特高寶等七州縣常罹水患即重運經過決口亦危險非常急宜堵築一挑濬運河並堵清水潭等決口於立春後興工限一百日完工一閘捐納事以助河帑大工完日停止至一切工程凡用監理官一員必用分管佐雜官六員一設兵丁巡隄防守不若設立兵丁協同築隄每兵一名管隄四十五丈保固三年從優敘補且令每兵自募幫丁四名將黃河兩岸近隄荒地令幫丁耕種或有納糧之地即令業主為幫丁庶人力厚衆而防護更密奏入並如所請

康熙十七年河道總督靳輔奏臣前奏黃河兩岸將挑河之土分築遙縷格隄今勘有舊遙隄貼近河身擬以舊隄為縷隄於舊隄之外另築遙隄又前奏挑土築隄須十夫工程者今因遠處夯杵非易擬用夫十五六名又前奏用驢運土今因各夫不諳喂養議用車運又前奏築隄三十丈不許取土今因宿遷桃源等縣人力萬而工程多改令二十丈以外隨便取土又前奏河之兩旁各挑引河一道今因工費浩繁除清河北岸等處必須挑挖者仍相機挑挖其餘俱用鐵埽帚濬深河底又前奏造濬河船二百九十六隻因不敷用今議添三百餘隻從之

康熙十七年十月河道總督靳輔奏黃河自徐州而下南北兩岸隄並清河縣南岸自洋河以下兩岸各隄見在睢寧修葺設兵防守當此伏秋水大幸皆保固無虞惟是徐州以下雖在大修而上流漫衝以致宿遷等州縣處處被災秋成失望臣擬建減水壩一十三座則水不漫漲其原估隄工亦可量減且告成之後不特無奪河阻運之虞而沿隄田畝水災亦可永止下部議行又奏淮揚運河出口之處是為清口離黃淮交會之處甚近黃漲即灌運河以致河底墊高議須挑淺今臣往來相度必須將清口閘斷從文華寺隄河至七里閘以七里閘為運口由武家墩爛泥淺轉入黃河如此則運口與黃淮交會之處隔遠運河不為黃水所灌自無墊高之患矣下部議行

康熙十八年河道總督靳輔奏淮河東岸自翟家壩至周橋閘乃淮揚運河上游門戶山鹽等七州縣民生關鍵也當黃河循高故道之時淮流安瀾直下此地未聞水患迨黃流南徙奪淮淮流不能暢注於是壅遏四漫山陽寶應高郵江都四州縣河西低窪之區盡成澤國者六百年矣明萬歷初河道廢壞雖不若今日之甚而清口淤高堰決與今日情形相似彼時河臣潘季馴築隄堵口治效斑斑可致然此處不議加高蓋明代祖陵在西故倚河東之隄以洩水殊不知如處淮漲西侵河難兩岸並築而顧留惡門庭歷年既久遂致成河九道伏淮揚受水災臣不能不議潘季馴以善治河稱而亦有此失也今翟家壩成河九道之處計共寬一千三百二十三丈二尺今已合龍更查山陽寶應高郵江都四州縣河西諸湖亦逐漸涸出擬設法招墾庶幾增賦足民下部知之又奏請於節省河工錢糧內動支銀十四萬餘兩另開運河於駱馬湖之旁以便挽運

康熙十九年閏八月九卿議覆河道總督靳輔奏山陽清河等五縣河水衝決隄岸請將臣嚴加處分應令靳輔將河隄決口即行修築俟工竣之日遣大臣往勘如修築不堅固另行議處從之

康熙二十年河道總督靳輔奏請於睢州北岸大壩之後創築月隄一千六百八十九丈從之

康熙二十一年十月勘閱河工戶部尚書伊桑阿等奏臣等奉命前往黃河將兩岸隄工逐段丈量現在蕭家渡決口九十餘丈宿遷淤漫等處田地淹沒黃河不歸故道本年糧艘雖已北上將來運道尚屬可虞至所修工程多有不堅固不合式之處與一勞永逸之旨大不同待應將該督並監修官交部從重治罪其不堅固不合式等處責令賠修得旨九卿詹事科道會議具奏　伊桑阿又奏臣等帶領塔雒雅將

黄河兩岸隄工並歸仁隄高家堰運河隄皂河等處前單回至徐州會同河道總督靳輔分諸將崔維雅條陳二十四款隨問靳輔靳輔逐款登答兩人各執己見靳輔係專治河之人限期已屆迄無成效其言難以再信若照崔維雅所議另行修築亦難保必能成功河道關係重大兩人所議臣等難以定議因將崔維雅靳輔所議之處逐款對寫繕奏具題得旨九卿詹事科道會議具奏本月靳輔奏江南河道在康熙十五年以前敝壞至極 皇上俯念運道關係民生當軍興需餉之候特發帑斷不惜巨萬命臣大爲修治臣欽遵竭蹶經今五年原估請估工俱次第告竣不意又有蕭家渡民隄坐蟄一事以致黃流分洩者十居其七仍未歸還故道此皆臣無識無才調度不善悔恨靡窮者也但河道全工已成十之八九止有楊家莊以下一百四十五里河身未經大通蕭家渡新決口未經堵塞見在一面堵築估計一面設法興舉據臣之愚必可無誤乃候補布政使崔維雅特臣數年請旨建築如許工程紛紛議折議毀臣竊揣思雖萬難緘默除崔維雅條議二十四款登答明白移送欽差大臣科道雖其讒言外從念蕭家渡雖有決口而海口大闢下流疏通河道心腹之患已除堵塞此口其事實易斷不宜有所更張以隳成功而誤後患等語得旨九卿詹事科道會同議奏

康熙二十二年四月靳輔奏蕭家渡合龍大溜直下七里溝等處逆漸坍塌險汛日加應行修理共有四十餘處並黃河之天妃壩王公隄運河之一切閘座亦宜修防得旨將速修完固 六月又奏康熙二十一年以前江南決口未堵上流不致壅滯今決口全堵除減水壩之外更無旁洩之途江南運道費如許金錢甫有頭緒若河南一有疏失則前功盡棄其開封歸德兩府隄工通長一千餘里竝照往例撥發修派夫興築或照近例動帑金興築查前經原任河撫佟鳳彩具題停止派夫今應動河庫錢糧修理總河撫臣會同詳定務須修築堅固得旨河工關係緊要蕭家渡決口築塞方完河南隄岸工程專令河南巡撫暫行管理如有應會同總河事情仍移文商確勿致貽誤 七月工部議覆總河靳輔大修清水潭等案處斗口並歲修工程共二十八本奏銷錢糧

康熙二十四年河道總督靳輔遵旨陳奏河道善後事宜查徐州以上河道甚寬迨至徐州陡窄六十八丈束水不能暢流是以徐州迤上歲歲漫溢必須於毛城鋪地方添建減水閘一座王家山十八里屯添建減水閘三座北岸太谷山添建減水閘二座平日閉閘束流遇有大漲則啟閘分洩以保徐城以上毘二三州流下行至睢寧縣兩山夾峙河面僅寬百丈河流又爲一束應於峰山龍虎山之旁開鑿減水閘

四座又於歸仁隄添建石閘壩二座並將使民閘改深五六尺以河分洩又攔馬河應再添石閘一座使流由閘洩進積水以養壩底又南岸各閘壩不特可以殺黃河怒漲更可分引黃水注洪澤湖使助淮流但洪澤湖周圍數百里一時不能灌滿恐仍有黃水倒灌運河之患必須再於清河縣西建雙金門石閘一座並於閘外挑引河一萬丈至於清河縣運口添建石閘一座更屬保運濟漕要工以上各工伏乞敕部確議得旨九卿詹事科道會議具奏 工部等衙門遵旨會議河道總督靳輔題修減水諸壩雖有益河道恐致淹沒房田民人受累應否建造減水閘壩應令該地方官督撫等會議具題請旨得旨該督撫等會議具題必致遲悞此事着差曾經有關河道諳練河工司官一員速往與靳輔詳議若建壩分水不致多損民田着一面興工一面具題倘水無所歸多致淹沒民田着會同該地方官督撫等官確議具奏四月差往閱河郎中佛倫回京九卿等覆奏毛城鋪等處建造閘壩有益黃河隄岸運道民生應令靳輔秉時建造從之

康熙二十四年九月河道總督靳輔奏臣奉旨前赴河南確看黃河兩岸工程目前至急之務如考城儀封等縣應築隄工共長七千九百八十九丈又封邱縣荊隆口應築大月隄三百三十丈又滎澤縣應修埽工二百一十丈此工告成不特河南無虞實可爲江南保障下部議行

康熙二十四年九卿議覆總河靳輔奏高寶等七州縣下河築隄高過海潮於沿海地方挑河白駒場等處建閘諸工需銀二百七十八萬餘兩又高家堰應加密排樁丁頭小埽再於隄裏挑小河築束水隄共需銀五十三萬餘兩又黃河兩岸築隄工銀一百五十八萬餘兩得旨高家堰幫築工程實爲緊要至黃河兩岸隄工似在可緩更宜詳議具奏

康熙二十四年十月大學士等奏河道總督靳輔按察使于成龍來京臣等遵旨問河工事宜靳輔議開大河建長隄高一丈五尺束水一丈以敵海潮于成龍議開濬海口故道兩人各執己見廷臣會議靳輔奏于成龍所議實有便民得旨姑從其議着往興工次年二月九卿集議會奏奉差大臣及旗督撫親歷河工問河濱百姓僉謂挑濬海口無益應行停止六月復議積水須有去路如開濬海口壹用得人自屬有益得旨孫在豐有才着發內帑二十萬兩前往督修功若可成再酌量動支正項錢糧

康熙二十五年監修下河工部右侍郎孫在豐等奏疏濬之法開濬不如循舊築高不如就低因勢利道泛即疏消一由劉家堰而下約洩水十分之四一由天妃石磋順流而下約洩水十分之二一由白駒

場丁溪諸場分流而下均洩水十分之三其餘一分由芒稻河直達之入江至若串場一河綿亘范公隄既為鹽艘利涉又會諸引河之水轉送各場以出海口最為關鍵而河身淤墊兩頭閘層而徑河黃浦子嬰之間猶有通湖閘減水閘下而海口猶有各場諸閘並應修建設上下相應隨水消長以時即宣水得常源湖無內灌則旱亦無憂田疇不病得旨如議其啟放水壩為閘座著會同靳輔確議具奏　十二月據在堂與靳輔會議啟放水壩為閘座之處俟黃河刷深之日再議其修濬水道先從海口石磋等處興工請敕河臣如遇水勢稍減即將減水壩盡行閉塞以修濬下河靳輔奏稱減水壩等口不可閉得旨著令來京二十六年正月大學士等遵旨詳問濬下河塞減水壩之處據云高郵州之南兩減水壩自正月可塞至五月其三小減水壩自正月可塞至三月高郵州之北其壩亦有可塞之處惟高堰之壩斷不可塞湯琰奏曰今雲梯關與前不同若塞高家堰之壩則淮盡入黃河黃水無倒灌入淮河之理從前河隄單薄不能減水壩則黃河必致潰決今隄既高堅若塞隄壩使水歸一路則少不停河身漸深今靳輔惟恐黃河決潰於南岸毛城鋪等處築減水壩今黃河入洪澤湖洪澤湖不能容又於高堰築減水壩令入七州縣七州縣之水無所歸不但七州縣之民被災二三年間黃水淮水及三十六湖之水並皆停蓄泛濫則漕運亦甚可虞今堵築高家堰之壩修理下河不止七州縣之民漸安生理即漕運亦受其益此臣採理而言似屬可行得旨今年著止將高郵州大小滾壩照靳輔所奏定限及高家堰閘壩亦照靳輔從議正月閉塞至六月開放定限堵築令孫在豐等挑濬海口其黃河兩岸閘壩著於來年堵塞一年其高郵高家堰等閘壩限期堵塞者孫在豐遂備工料人夫自今年十二月興工挑濬下河勿致淤誤嗣因差往各官添加鹽課者即停止各差員撤回

康熙二十七年兵部尚書張玉書等奏臣等勘閱黃河水勢兩岸出水頗高河身漸次刷深較平常雖遇大水未經出岸河身淤墊之說甚屬虛妄其海口兩岸二三里黃水汎溜入海並無阻滯王營河南岸減水各閘壩現在雖不過水但從前俱酌量形勢建立以防異漲俱無庸更易北岸朱家堂等處減水壩前河臣靳輔因修中河有拆毀者亦有閉塞者應毋庸議其王家營西減水壩向未過水且在仲家閘下況應仍留朱家堂等壩既經閉塞應將北岸之大谷山減水壩閘並須口閘燕尾仍留其減水閘壩之引河既無常流之水必致淤塞除已經挑引河者不議外應將未挑成者停止挑濬至白洋河之使民閘地勢稍歸仁隄較高八九尺現在之水俱可由歸仁隄五堡減水壩宣洩則使民閘引河亦應停止挑濬其高堰等處有減水壩六座內因武家墩高良澗等壩所減之水太甚今修設於邵家圍等高阜之處則流入高郵寶應等湖之水較前甚少應將所移之壩仍留清口流入運河之水一由太平閘一由七里閘兩道分行水勢平緩甚便漕挽又使運口去黃稍遠亦無倒灌之虞此修建之處甚為無庸更改至洪湖所洩之水由高郵寶應等處所有減水閘壩照舊仍留其微山湖荊山口入皂運河之水由貓兒窩馬莊集萬家莊等三座減水壩宣洩入駱馬湖仍應存留至於中河寬八九尺至三十餘丈不等深五六尺至一丈四五尺不等若使中河安流以濟舟楫免黃河一百八十里之險事屬甚便但中河偏近黃河不便挑寬而皂運河及駱馬湖之水俱入此河河窄難以容納勘閱蕭家渡楊家莊新莊口三處有黃河衝決入海舊河形應交與河臣量建減水壩三座水小之時仍行減洩其河形稍有寬窄之處亦另行酌量挑濬至駱馬湖迎黃河之口應照靳輔原議建壩二座今平水勢甚大狹水落時令河臣驗明建造支河口亦應照靳輔原議閉塞於鄰近處建板閘一座今隨時啟閉仲家閘出黃河之口太直如遇黃水逆漲必致倒灌應稍向東南斜挑於口西下埽以避黃流庶免黃河倒灌至中河既經挑濬其宿遷縣北攔馬河減水壩三座不便令更入中河應將此三壩閘塞又駱馬湖減水壩三座內二座所減之水難注入中河但令中河建立閘壩減水相應將此二壩仍留其一座在遙隄外從舊河形入海而出水之口偏近遙隄亦應交與河臣幫修隄根保護遙隄毋致他虞至於運河內水安隄兩面受水勢甚危險又歸仁隄五堡減水壩被水衝壞並黃運兩河被刷毋須之處俱一併交與河臣修理得旨九卿科道會議具奏　九月九卿等議覆同奏公閱河工請將原任河道總督靳輔修築之閘壩引河堤埽及建造挑濬工程有應留應止閉塞增添之處又黃運兩河有受衝被刷應修築者一併交與河臣修理堅固得旨攔馬河洩黃水之壩應否閉塞著河臣詳看議奏

康熙二十七年九月工部尚書蘇赫等奏臣等遵旨會議往看河工大臣因中河狹隘恐水大不能容蓄欲於中河立三閘以減洩又聞靳輔擬於二三十里之間應修小閘及涵洞得旨俟巡閱河工時定奪

康熙二十七年十一月工部議覆尚書蘇赫等奏臣等奉諭旨帶領原任總河靳輔往閱沙河南北兩河水勢據靳輔奏稱沙河城東呂閘往土爲莊葛渠莊及通州兩河進流之處建立蓄水閘可蓄水四百萬其通州以下東岳廟等處水勢散漫南營等處因河中淤高水分兩道應於散漫分流之所築建小隄將水攔束其所蓄之水於淺時可增兩擋以濟運應如所請從之

康熙二十八年三月河道總督王新命遵旨議覆尚書張玉書等奉命看河奏稱攔馬河減黃水三壩原以洩黃河異漲之水似應仍留隨機閘放再駱馬湖減水壩三座議留二座減水入中河留一座於運隄之外又以中河偏近黃河而運河駱馬湖水俱入此河恐河窄不能容納令於中河往東蕭家渡楊家莊新莊口有黃河衝決入海舊河形之處量建減水閘三座減洩臣竊謂既以運河駱馬湖水注入中河河窄不能容納何必又留此二壩之水減入中河復於蕭家渡等處建壩減出不若將此三座減水壩俱留遥隄之外今由舊河形入海於蕭家渡舊河形三處量留缺口二處用竹絡裝石照內水勢高下啓塞宣洩以免衝潰又以支河口議令閘塞於近海處建板閘一座查支河口乃北運河會同嶧山湖荊山口彭河沂河泇河白馬等河並鎮口閘之水流入黃河之口一板閘豈能宣洩不若仍舊挑其尾通知水勢淺阻則建草壩閘塞令其全入中河以濟運道又駱馬湖入黃河之處今臣勘明減水壩二座臣再次挑驗隄外湖口水深二丈有餘難以建壩不若用竹絡石高出水面二三尺或造堵塞再查駱馬湖原止匯沂河白馬河運河纖山等湖之溢之水會入黃河至宿遷河本東流由沭陽入海郯城之東八里許沙木水之口有禹王臺因陳高治水引沭水穿山而西恐其害郯故築此臺遏水勢及明代改臺取石修城以致數年來沭水西流由邳城北會白馬河沂河等水入駱馬湖不惟沂郯邳宿睢州諸處受其之害而駱馬湖黃河亦受其之害應於禹王臺舊基處亦迎水用竹絡裝石堵塞沭水上游令其仍舊由故道入海非但駱馬湖黃河不致淤墊而郯沂邳宿嶧各州縣亦可免淹沒再歸仁隄五堡減水壩被水衝壞緣今修理臣查閱決隄溢之口不止一處若祇修五堡減水壩仍然無益請暫行停築得旨著應從諸臣確議具奏　嗣會奏駱馬湖三減水壩二壩之水今流入中河一壩之水留在遥隄之外令流入海如張玉書所奏至駱馬湖入黃河口建減水壩二座支河口建閘一座中河北隄建修減水壩三座俱應停止如王新命所議行

康熙二十八年四月河道總督王新命奏臣詳勘下河形同釜底丁溪草堰白駒等海口誠洩水要道自閘同門白駒二口以來勢難疏濬東下但某處不等尚未一律深通應速行挑濬惟目今已屆孟夏伏水將至白駒一工去海不遠湖水甚大草堰一工挑通無幾應俟今冬明春水退潮淺刻期興工丁溪一口去海稍遠臣相度形勢自七家灶至陽魚港及丁溪閘下未挑工程次第先行挑濬至串場河為西來諸水匯歸下丁溪草堰白駒等河入海之要道所有應挑三十七里已乘時趕挑下所司知之

康熙三十二年九卿議准差閣河工大學士張玉書等奏高家堰隄工惟史家刮至周橋最為緊要若此隄失於隄防雖多築土隄歟虛俱屬無益自史家刮至周橋止一萬四百餘丈隄工應令總河等作速加築三官廟等六口俟竹絡打樁時改用石工其現在石工處築土培護至高堰之隄應於每年歲修務令總河親身詳察勘明題報從之

康熙三十七年工部議覆漕運總督桑額等會勘開濬下河一高郵之水若宜留一串場入海之口宜開一丁溪入海之口宜通一小海場入海之口宜開一草堰場洩水之閘宜增一運河之水若何應令將各項工程估計具奏從之

康熙三十八年二月尚書馬齊等回奏臣等查勘桑額所奏邵伯鎮南金灣小海場家莊等處地方挑濬引河建造草壩俱屬無益應無庸議惟假頭沙溝及興化閘草壩等處開啓疏塞稍洩水應酌量挑濬下工部議覆並如所奏

康熙三十八年十月九卿遵諭議覆河道總督于成龍等奏請將高郵減水閘改為滾水石壩水長聽其自洩而保隄工水小資其涵蓄以濟運道又鄰家圍等六壩亦請改為滾水壩其武家墩歸仁隄五堡滾水壩相同至高家堰一帶石工年久坍損請通行加高五尺以免歲修從之

康熙三十八年九卿遵諭議覆河道總督于成龍等奏邵伯更樓高郵九里等處漫決臣已先令該管官將高郵九里缺口堵築其邵伯更樓缺口舊有涵洞隄內原有河形請疏挑寬深於河東築土隄束水南下入江可洩運河蝶深之水以固東西兩岸隄根再查運河一帶河身墊高皆因高家堰隄工未完黃流倒灌清口淤塞湖水不出之故今先挑空攔泥淺等處引水敵黃以濟運河如高家堰一帶工程告成則清水自出矣又前奏淮水可從武家墩向清江浦移改均著觀看於歲前具奏

康熙三十九年二月河道總督張鵬翮請訓並奏高家堰宜培修攔黃壩宜拆毀芒稻河通海口宜開黃河一號所截水老鸛等得旨高家堰現有大臣督修海口至清口甚遠今所急者清黃相會之處清水何以得出河身何以得深此係所當圖盡更樓口宜速為修築水老鸛等灣斷鋪亦當見之疏淨盡

康熙三十九年三月兵部尚書范承勳等會同署河道總督徐廷璽奏高家堰隄工應照原估修築隄堯高丈尺照原估外惟是底寬十丈未免太陡今會議每隄高一丈陂出二丈工力可省將原估一面原估撤用釘埽臣等公同勘議水深之處仍用埽埽其餘出水之處撤用柴草釘樁用土築築其卜黃莊

至周橋已先興築武家墩至小黃莊現在丈分即日興工周橋至翟壩地方有三壩未堵臣等會議先堵鄭家圍南壩塘埂北壩暫留夏家橋再於棠梨以西暫築東頭草壩以備伏秋漫溢俟水消再開之期堵塞暫築六壩一帶地方修築刻不容緩從之

康熙三十九年五月河道總督張鵬翮奏臣遍查諸閘閱攔黃壩巍然如山中間一綫涓涓細流下流不暢無怪乎上流之潰決也於攔黃壩上流相度計黃河水面寬八十三丈餘攔黃壩亦應截丈尺拆挑一律寬深方足宣洩未拆之壩尚有三十七丈三尺應盡拆去挑挖深通俾與黃河之八十三丈水面相符亟堵馬家港於月內合龍使水勢不致旁洩盡由正河而行俟黃水長大時將新挑之河始行開放資其暢流之勢衝刷淤墊則黃水河水自然暢達應如所奏速行從之又會議張鵬翮奏人字河自金家閘至孔家壩宜開廣芒稻河兩岸亦俟又有土壩二處前河臣尚未挖完目今湖水方盛宜盡行挖去水口下又有芒稻閘年久壩壞宜更修因時啟閉又鳳凰橋引河口至胡家堡宜加濬深通引水入運鹽河滙入芒稻河又灣頭二河底亦有淺處應俟冬時挑深其灣頭閘座雁翅坍陷宜及時修砌惟高郵自猿羊墩起至東灣止因高家堰洪澤湖之水滔滔東下西隄每受浸入運河東隄一望汪洋當伏秋水漲恐未場草壩難以捍禦宜將現開三壩相機酌開以保城池隄岸應如所奏從之又會議張鵬翮奏清口為黃淮交界之處目今種種北上最為緊要河身淤墊竟成平陸獨有黃河入運河臣相度形勢擬與諭啟曰黃河北岸家場引河身高爛泥淺係流沙張家場與帥家場相隔不遠即開濬深通當黃水長大之時清水不能相敵應於張福口挑引河一道身長一千五十丈面寬十丈深一丈餘或八九尺不等引清水於黃河口相近處入運河使之暢達庶可敵黃並閘閘以時啟閉從之

康熙三十九年工部等衙門議覆河道總督張鵬翮奏修工應用材料將運維揚舊有運料小河一道年久淤塞應加挑濬深通使於運料武家墩至小黃莊一帶臨河舊有石隄從出水面二三尺不等應須加砌高郵寶應江都一帶西岸土石隄工宜修高郵城南石壩水落時照前河臣所估將五壩改為四滾水壩辦料興修於壩下開引河使水有去路桃源縣黃河南岸隄工應加幫岸以資捍禦睢仁隄臨河石工尚有缺陷鼓仍之處飭其補砌古溝至六壩俱係土隄每年歲修刷修費錢糧似宜修築石高以禦歲修高堰滾水壩前督于成龍改六壩為四滾水壩臣復加相度地段相上不足併為三滾水壩於壩下就原有之草字河塘漕河閘為引河並築順水隄清河縣運口至高郵界首一界東河宜挑濬深通運口至

河工策要　卷四　奏議　五

清海一帶兩岸隄工須加幫高寬以防伏汛王家營減水大壩應酌開十餘丈兩頭下埽裹住更黃漲漫溢之水由鹽河而出王家營引河歸草灣河運馬佑建挑深通體畢駱馬湖口向蓋有竹絡壩一座以減黃漲去歲因黃河身高漫缺二段黃流反入駱馬湖口匯入中河亟宜築堵以禦黃水此口堵後即將中河頭殺堵塞引駱水湖水由舊中河進石閘入黃河助黃刷沙如遇黃水大漲則閉閘以禦之此閘洗洞金門下窄上寬不能下板到底應改修合式挑挖引河深通然後議堵中河引水入黃王家營缺口已修月隄岸沙單薄應陪修高厚作為正隄徐城對岸沙嘴挑挖引河衝其衝刷河嘴以殺大溜郭家嘴舊有石工至北門護西而止臣等河官量度自北門石工頭起至段家莊止長六百五十餘丈加砌石工與舊石工一律平整不惟可以保城池且可損歲修之費蘇家山石嘴挑去河心以殺權家小一帶衝着處自揚家樓起至段家莊月隄止築月隄長四百丈以為重門之障其餘黃運中三河隄岸以及黃河各險工現在修築防護應如所請從之又條奏河工九款一隄工宜堅築加幫之隄應將原隄重用夯杵硪打數遍俾極堅實而後於上再加新土剝築之隄先行平地夯深數寸而後於上加土更番層層如式夯杵行硪務期堅固不許近隄取土亦不許挖傷民間墳墓該道廳不時往來巡查如有此等情弊即將修築官揭報以憑參究一埽工宜用整木截釘入地極深後用整柴鎮壓如仍將木柴截用修築不堅該道廳指名揭報以憑參拏追究一平常工程概用龍尾埽排釘排樁一遇風濤即行塌卸虛糜帑金應行停止一修砌石工宜得法馬牙梅花等樁皆須用堅木密釘務極堅牢面裏丁頭等石務極平整石灰須用重篩篩過多用米汁調和鑄件極其膠黏以之灌入令其無縫不到又用鐵錠鐵鍋連絡上下合為一片如式物料不堪短少灰米以及修砌草率立即指名揭報以憑據實參究一救險各工用埽最多而工程以平報險用料以少報多不無虛冒本年修理次年估銷新陳相因易於弊混嗣後是報險工一面估計數目申詳如或係假捏即以謊報奏參處分一挑河工程務將挑挖之土盡堆於原估隄上層夯硪成隄使之高寬以資捍衛挖河人員務須照估挑挖寬深不許將散土堆積隄傍仍歸河槽以及引水復更虛報淤塞者挑過土方用過錢糧一概不准銷算外仍以侵冒誤工嚴參拏問一臣查閱河工時見頂衝大溜之處對岸必有沙嘴挺出此河曲之故也從此曲岸挑挖引河以殺水勢則對岸險工可平前據奉批直之諭衆河官因挑挖引河須費錢糧挖後引水大溜始能成河若遇廢水不致沙於倒成徒賠是以遲縮臣擬請僅將虛應故事挑挖不如式者賠修若實心任事挑挖遇致淤墊者免賠庶人人勇行而成功可望

交一河工官員有實心任事不避怨不侵帑金防修得宜者工成之日優敘即用其貪玩推諉虛冒錢糧工程不堅固者即嚴參加倍治罪一挑河築隄雇夫動至數十萬冒風雨經其勞苦工成之日應給印票該地方官查驗免其項差徭以酬其勞以上各條仰請 天語申飭勒石河干俾遠近得皆曉工料端詳悉切要著九卿詹事科道會同確議具奏七月准行 是年九月又奏前河臣于成龍查勘於四堡之引河由胡家溝出黃河臣相度形勢胡家溝迤東地勢頗高恐引水不暢且地多沙土難以開闢查看就近引河在於涵洞口處至老隄頭迤東出黃河地勢低窪打量水平湖水比黃水高七寸六分自涵洞起至九龍廟止有舊河一道長一千二十七丈九尺河身窄淺不必挑濬自舊河起至黃河邊止應挑引河長三千八百二十三丈五尺估挑面寬十丈底寬十丈深八九尺一丈不等應於黃河縷隄之處建造石閘於臨河之處建築攔壩遇時啟閉以防黃水倒灌再於歸仁隄五堡建石閘若黃水倒灌則閉黃河縷隄之閘將此五堡之閘開放以洩湖水不致漲裂隄身於引河南北兩岸築束水隄並補築九龍廟前隄決口七處加砌石工使水不致旁溢如此引河修成則洩歸仁隄之水出黃河可以衝刷河身可以保護民間田廬得旨所奏甚為合理速乘水小興工毋誤十二月又奏臣恪遵 聖授治河方略次第舉行先疏海口水有歸路黃家出岸壩挑芒稻河引湖水入江高郵寶應一帶水由地中行再闢清口閘張福口裴家場等引河淮有去路加修高家堰堵塞六壩逼清水復歸故道引張福口等河會入裴家引河開放清水流入運河又將湖頭加濬深闊以迎洪澤湖溜將張福口引水入裴家場再挑寬深水大勢旺直敵黃水從運河已無黃水灌入且清口之水大半入黃小半入運一水兩分若有神助焉下所司知之十二月又奏將家馬頭至伊家莊河身迂曲對岸沙洲偏溜直衝南岸韓家莊而韓家莊以下又突出沙嘴偏溜直射北岸便益門且隄高於城勢甚危險應將兩處沙洲於中間挑引河二道使溜直下以固城池以保城工從之又奏查高郵寶應山陽鹽城一帶之水由射陽湖之蝦鬚二溝入廟灣以達海今蝦鬚二溝淤為平地是以泛濫宜將二溝淤處約計四十餘里挑寬口寬一丈深九尺一丈不等引水入蘇龍以達海自安豐至白駒場口八十餘里地高水塞宜挑口寬八丈深六七尺不等引水由白駒場入海拐嘴港淤塞八十餘里應挑口寬八丈深六七尺不等引水入海老河口一帶淤塞三里餘應挑口寬十丈深六七尺不等引水入河沿子河三十二里淤塞不通應開口寬八丈深六七尺不等引水由苦水洋入海如此則水有消路矣從之

康熙四十三年四月河南巡撫徐潮奏臣遵旨查勘汴河其故道惟賈魯河自中牟經祥符等縣至江南太和縣達淮今經通流但不甚深廣應挑濬再鄭州之北新莊地方有一支河築壩建閘以通賈河下部知之

康熙四十九年河督趙世顯奏御壩西壩工程請修築增長縷圍從呈得旨著及時興工修築

康熙六十年陳鵬年奏奉差閱視河南武陟縣釘船幫決口臣查看黃河老隄衝開八九里現今大溜直趨決口者約五六分老河內止存四五分急應堵築臣愚以為對岸之廣武山下淤灘上另開引河一道使溜南趨再於決口稍東迎溜取直開一引河紙長三里餘引溜東行仍歸正河方可漸次堵築得旨下該部知道

康熙六十年十二月吏部尚書張鵬翮等奏臣等遵旨由山東張秋循流而上一一查看黃河決口在武陟縣之釘船幫支河口由此衝入詹家店之魏家莊及馬營口今副都御史牛鈕會同河南巡撫楊宗義於支河口築攔水壩魏家莊已經堵塞馬營口之消落指日成功其引沁入運之處臣等相度地勢西北高而東南下沁隄內較沁河灘低丈餘從此而東地形愈低若引水從高直下恐牽動全沁灌入內地而黃河隨其後亦未可定得旨照所奏不得稍有更改

康熙六十一年二月工部議覆河南巡撫楊宗義奏武陟縣所築釘船幫大壩南岸尾隄原在新淤灘上正月初六日被水衝陷臣隨赴工查勘即於尾隄刻築月隄乃稍凌驟溜湧激南岸尾隄搧斷二十餘丈漫溢新隄月隄加以雪消水漲十七日條至李先鋒莊壩下由沙灘漫過十八日水勢排山而下直趨馬營口順刷水與隄平至塌十餘丈現在帶領河官晝夜補築得旨依議速行 署理河道總督陳鵬年又奏河南武陟縣釘船幫及馬營口隄工俱經副都御史牛鈕等修築告竣奏報在案臣在清江浦飭催各處工程今據河南河道呈稱水消水漲黃河大溜泛溢將釘船幫南壩子隄及馬家營口隄工塌陷臣於二月初十日親赴河南會同巡撫查勘情形設法堵築下部知之

雍正河工奏議

雍正四年正月工部議覆奉差勘河内閣學士何國宗奏山東運河必賴湖水以濟漕舩請將安山湖開濬增築湖隄再南旺湖馬踏湖蜀山湖馬場湖諸隄及關家壩俱應加高培厚建築石閘以時啟閉其分水口兩岸沙山之下各宜築束沙壩一道又汶水之南有戴村壩應加修築再建砍河石壩於汶水之北河南運河自百泉而下歷仁義禮智信五閘過水旁注悉民無識不無截流盗水之弊請將五閘拆去於泉池南口建石堰一道開三口門分為三渠又建築小隄使無旁瀉東西各開一渠渠内照舊各建五閘分灌民田再小丹河自清化鎮上下閘廣挑深建築小隄河東一里開一水洞建石閘三座分為三渠小丹河爲官渠東西各開一渠爲民渠其運河舊有石壩皆民往所民間自作土壩遇水灌田請將舊石壩添修五丈爲挑水壩至於諸河泉源各湖深廣使其入衛通流查東省緊要河道閘壩重大各項工程應令總河副總河山東河南巡撫逐一查明確估具題到日再議從之　七月九卿會議具奏一河南百泉運河丹河之水民資其利惟三日濟運一日灌田之舊制實屬有名無實查百泉原分三渠中爲官渠東西爲民渠東口門寬四尺四寸西口門寬三尺六寸請將東口加寬一尺一寸西口加寬九寸其運河請自石橋東第十洞許民於需水之際自築石壩開渠引水其西三十三洞盡行疏濬則灌田濟運均有攸歸應如所請至小丹河斗門何國宗等請加寬一丈六尺副總河嵇曾筠河南巡撫田文鏡議稱恐山水直下一時渲洩不及不使拆造惟將小丹河上下之春董二渠口門量爲開寬使小丹河出水分灌民田其在内之三十六口門並皆堵塞俾水勢盡入衛河於漕運有益應遵旨照嵇曾筠田文鏡所議一山東運道全賴泉源輸助請令州縣官時加疏濬其額設泉夫因地酌加增減有能濬出新泉者酌給銀米以示獎勵又獨山湖東水土壩南陽湖石閘及殺山口草壩皆以蓄水濟運宜加緊修防一徒駭馬頰二河乃東省運道蓄水之支河宜相機挑濬高津趙牛等支渠亦道係民間瀉泄宜於農隙之時令地方官督率民夫挑挖均應如所請一高家堰土隄工程緊要若俟歲修恐致遲誤應遵旨即動正項錢糧興修一恩縣四女寺請建滾水壩一座滄州境内舊有沙河會趙王河之處築有土壩向北開引河以分其勢請將土壩修築並開濬引河其河西州縣民間遇水道灌入沙河於運道民生均有裨益一膠萊新河兩岸民田被水俱請以宣洩宜開濬深通一滄州等處之衛河聊城兩處之漫水河宜聽民間自行挑挖武陟縣運河北岸恩縣運河北岸請各挑引河一道均應如所請至所奏聊長河請一例聽民間挖之處查聊長河工程浩大民間果否願行開挖應著令總河巡撫另行妥議從之

雍正五年三月工部議准河道總督齊蘇勒奏黃河大溜頂衝之處請將斗岸削成斜坡令水披溜再取鉅藁大綑繫於坡上以抵其溜之山則坍其力之猛烈久之大溜漸歸中泓而綑枝之上裹掛泥滓悉成沙灘易險爲平工不費而費甚省並請凡河崖斗峻之處俱照此例行所需工費入搶修案內題銷從之

雍正五年八月廣東總督孔毓珣奏臣由曲阜縣路經江南鳳陽府屬之宿州及靈璧縣地方濱泗不通而水停積訪之土人宿州之水有流入新河者有流入運河者有流入澮河者其靈璧縣之水悉入澮河而滙於洪澤湖出清口合黃水入海請勅安徽撫臣令該地方官照舊濬深淺用力疏濬則雨水暢流可無停蓄之患從之

雍正五年九月雲貴總督鄂爾泰奏臣前任江蘇藩司於所屬水利悉心咨訪略知大要及奉命來滇心未暫忘請據臣所見寫陳奏按劉河白茆二處奉旨開濬此誠湖海二區之脉絡江浙六郡之要津也至江寧之秦淮其源有二一出句容華山一出溧水東廬山合流入方山埭自通濟水門入於郡城内外交資其利甚溥但久不疏濬河道雖存僅於夏秋暫通舟楫如不及今疏濬勢必日就湮廢若揚州之五塘久屬豪强侵占而故址尚存由揚州至邵伯高郵寶應直達淮安積遇水大一望汪洋若開濬五塘亦足分其下流但河隄綿亘三百餘里設閘雖多而淮黃及湖一時漲發横行泛溢須别分支河出水迅駛則淮揚二郡永遠奠安戚江北之水患息矣江南自劉河白茆之外其南北要津如鎮之漕河在丹徒界者四十五里在丹陽界者九十里地勢如建瓴雖有京口呂城奔牛滑諸閘可以蓄水而河身淺狹每年糧艘臨濬關淤皆由挑濬時於淤泥堆積兩岸大雨淋漓仍復衝卸入河以至冬月水涸難行漕船艱運擾累民船起旱盤剝公私交困臣查此地係杭嘉湖蘇松常鎮七府行漕之河而向來每歲挑濬獨責之丹陽是丹陽之民獨受其累臣於雍正二年間料估工費公中疏濬然猶未能如式且附近各境有可比丹陽之練湖者皆應開通以助運河流注無竭不須復浚庶爲一勞永逸之計至各郡州縣之内外城河並各鎮市之支河港瀆塘浦之類一切疏通之法總須倡率有方調度得宜又非臣言之所能盡也得旨鄂爾泰所奏甚與范時繹陳時夏齊蘇勒陳世倌鄂禮就近詳加相度悉心妥議具奏

雍正八年江南河督孔毓珣蘇州巡撫尹繼善奏修理高家堰大工事宜得旨務求久遠堅固一勞永逸毋省小費

雍正八年七月江南河道總督嵇曾筠奏六月二十六七等日風雨連綿東省蒙陰沂州郯費滕嶧各地方山水暴發氐注邳州溢入黄運兩河奔騰南注已飭該道廳加緊保護無使漫溢

乾隆河工奏議

乾隆二年四月總理事務大臣遵 旨會議一議據趙宏恩高斌奏稱清口會黃東注入海全資洪澤湖蓄洩得宜其尾閭之山盱天然南北二壩非遇異漲斷不輕開俾全湖之水蓄聚有力暢出清口至冬春湖水微弱每遇東北大風則黃水灌入應籌抵禦之策查高斌於工案內開挑七道引河之三汊河今議再加寬深俾水道通利雖遇冱寒水微之候亦得引流暢出抵禦黃水但清口宜暢流而亦不可過洩應於霜降水落之後將清口西壩增長三十丈以資收蓄至伏秋清水盛漲將清口東酌量開寬一二丈則清黃足以相抵而蓄洩俱為得宜查清口水所以刷黃濟運河臣與督撫諸臣籌議挑濬清口引河俾暢流無阻並蓄洩機宜所見悉屬相同應悉照河臣所奏施行一議運河前據御史常祿奏淮揚運河日久淤淺請大加挑濬嗣經河臣議於天妃正越二閘之間各建草壩三座再建正石閘二座越河二座又於閘尾各建草壩三座重重關鎖層層收蓄將運河淤淺之處一律估挑緊築隄岸經九卿議准請俟運河大工竣再令督河同督撫相度次第酌辦亦應照原議施行 上以為所議俱屬合宜著依議速行

乾隆十年八月高斌訥親奏 旨議奏本年尹繼善白鍾山所奏籌淮揚積水及陳家浦決口一節原陳家浦乃數百年黃淮入海之路今雖漸淤自應仍舊堵築不失老堤故道方為鞏固應令河臣等加謹辦理又查洪溝河上承毛家鋪減下之水下達濉河入洪澤請開濉河使下游疏暢洪溝等處堤堰亦可補築其餘淮徐海各屬地方通湖河堤堆林立應令河臣將所有河渠挑濬其上江鳳潁泗諸屬應令河臣將天然壩及南關車邏等壩酌量減放並將高郵官河通泰鹽河與鹽之串場等河廣為挑濬使其湖減下之水不致阻隔得 旨依議速行又奏廣東巡撫具奏請開睢河一摺查睢河二股俱發源於河南一自永城一自夏邑至睢溪口會毛城鋪減下之水由符離集灰谷堆入五湖再由小河口下達安河歸洪澤睢溪口以下本係清流因毛城鋪蕭溝等河減下黃水渾沙停蓄每易淤墊應如其所請急為開濬得 旨依議速行

乾隆十一年五月高斌奏黃淮為川澤歸宿閘壩實黃淮門戶涵蓄則有益過洩則有害宜斟酌定制查清黃二水每遇伏秋盛漲總以老壩口水誌為驗應酌定以乾隆七年最大水誌連底水一丈四尺七寸為準令河臣將每年水勢較量奏報其各處閘壩附近水誌黃河則有徐州城外石隄可驗清河則有洪湖山盱石滾壩可驗以此較量酌定啟閉各工俱有遵循如黃河南岸碭山縣之毛城鋪壩洩水由洪濠河入

濉下達五湖會洪澤助清刷黃近年多閉以致睢河一帶民田受淹今應俟徐城石堤連底長至七尺始開秋汛過汛即閉其壩外引水支河四道止留三道內蔣家營一河河頭直順應改為倒勾從前大順之口門並應堵塞又王家山天然閘原為分洩盛漲以保徐州近亦經年不開以致蕭縣宿州地方常被水患今應徐州石堤連底水長至八尺始開漲退即閉至睢甯之峰山四閘地近洪湖不宜多洩且在徐城之下不過異漲無庸開放至黃河北岸如宿遷縣之竹絡壩引黃入運原為中河水弱時濟運非為洩黃而設近亦經年開放是以黃水灌入中河轉入運鹽河致海州一帶河道淤淺此壩口門原寬六丈餘應收二丈餘其內外臨黃東黃二壩亦一律收小酌定每年十月東省煞壩後始開至來歲重運過完即閉其清河縣之王營減壩洩水入運鹽河東安縣之馬家港壩洩水入民便河俱洩水無多非遇異漲不得開放又中河之劉老澗壩洩水入六塘河每遇水漲六塘河有駱馬湖水竝注不能容納外水亦不得常時開放至清水則洪澤一湖為蓄納之地其洩水之處山盱三滾壩外如盱之蔣家閘由金鈕罕路等閘直抵高郵老湖久經堵閉上年居民請開民情甚便自不必常閉但恐宣洩太過湖水有虧應以洪湖水長與山盱南壩相平始開一不過水即閉其南北天然二壩向係用土築閘臨時挖開過水上年南滾壩過水二寸將天然南壩放開初僅三四十丈後刷寬四十四丈壩下漸深尺餘水落後堵閉糜費不貲且於洩太過湖水受虧今應俟南滾壩過水三尺始將土壩放開滾壩一平即閉又運口分淮入運水勢不宜過大每遇水長高寶一帶水即盈堤由運口草壩口門太寬今酌定四尺為度並將二壩三壩一律收小其南壩壩墩斜長重運艱行不便應酌改作磨盤式總之黃水宜合不宜分清水宜蓄不宜洩得 旨依議速行

乾隆十五年高斌奏黃河水面高於運河五尺設遇大汛運河水面加長七八尺至丈餘黃河偶未加長或雖長而較小於運則清水之下者轉高下游中河難以容受即可啟放二壩引清入黃 上諭以黃河水面高於運河五尺非獨水面高乃其河底高也黃運河底既高下相懸即使運河風張非橫決當衝即下流漫溢成災何能使之轉而就高逆止不行

乾隆十七年蔣炳奏稱河底受淤向無疏濬之法惟有將兩岸隄壩加幫高厚 上諭此雖無法然兩岸益高束水瀰上之策未有不僨者仍應悉心講求取直去灣俾自行刷沙之法可耳

乾隆十八年劉統勳奏稱黃河入湖挾清水東入河道清江以下河底可冀刷深此亦無聊之極思耳黃

水下注其湖甚[illegible]縮湖身必且停淤日積下游河底亦將漸增以副[illegible]臺河之道亦以多方疏其勢可歸正
流爲是固不可使湖河並勢又不可急於堵塞壩口蓋當此夾濤猛急苟非正溜順流卸築壩進埽亦只
虛糜工料且工料未集何能措手以渠北荒此時自應廣爲辦料待水勢稍落相度機宜隨方疏濬使正
溜仍歸故道則堵築之處奏仍亦易易籌之圖中碌筆畫出閘口引河則離南岸頂衝既遠去[illegible]亦在[illegible]
而東趨下暢俾復故道較之從張家馬路可身迂曲彎處者似爲便捷 上諭以悉心籌畫妥協辦理爲
是

乾隆二十二年白鍾山張師載奏稱河身淤淺之處切難挑渠並增築隄工及堵塞北岸支河以防衝刷
奪溜二條而駱馬湖居六塘河之上游受水最多湖[illegible]缺口必須修築堅厚方足以資捍禦 上以爲然
遂依行是年夢麟尹繼善白鍾山嵇璜陳宏謀等會奏通籌湖河宣導機宜竊惟淮徐海地方水患頻仍
必須原委並治如山東與江南接壤之南陽微山等湖積水急宜設法宣洩山東現在另行籌辦伊家河
至梁旺城入運江南運道各閘越河再加開展挑濬惟因沂水自盧口旁溢由沙家徐塘二口入運爲多
有阻微山湖水經行之路臣等親往會勘將徐塘口門寬至八十丈且年久刷深致多旁溢急宜籌辦將
沂水來源甚大未能全行堵閉擬將石壩囊頭接長只留口門三十丈並築碎石壩底以爲節制使沂水
過半歸湖只留二三分濟運但目下運河淮患並帶無[illegible]接濟應於盧口接草壩將沂水堵截使不得入
運其邳境沂河尚屬淤淺加疏濬兩岸土堰培修使止流暢入駱馬湖由六塘河歸海俾運河宣洩微
山湖水得以全力下注可望速消至荆山河原係宣洩湖水要路[illegible]指示於小梁山等處開挑引河並於
荆山口上下及出水湖口再加疏濬務期暢流入運其彭家河另摺奏請開挑此籌酌微山等湖宣導入
海之情形也又勘得六塘河乃駱馬湖下游爲宣洩沂水要道駱馬湖尾閘有引河五道甚屬暢[illegible]自引河
以下匯爲一河形勢窄狹急宜開寬並將永壽橋酌添十二孔俾湖水暢往其六塘河內如有淤淺及舊
堰殘缺修濬培補又六塘河北岸宿遷境內之[illegible]溝地方向有水口注沭可入連歸海盛漲時每淹民田擬
就見有河路開挑寬深仍於[illegible]口舊建[illegible]壩又桃源境內有港河一道亦係分洩六塘河會沭入連歸海年
久淤淺應挑濬亦於河頭建築[illegible]壩並將沭河舊堤修補使六塘河有分洩之支至六塘河下尾在海州
地方與鹽河交會由武障等河歸海口門有淤阻俱加疏濬並將鹽河加挑寬深見有之[illegible]水各壩減低
二尺其義澤河下游舊有小中河一道應疏濬深通又東門白蜆牛墩六里等河由六道溝匯入北湖與

武障武潔同歸一路未免壅阻今查東門河下游見有五道河形應開挑俾下游多一入海之路此籌畫
六塘分導沂水入海之情形也再河南下邑永城等縣之水向由睢河下注江南之四山等湖經安河入
洪澤湖出清江會黃入海近多淤阻經臣裘日修奏請開濬內有烏鴉嶺安河董家溝係下江宿遷桃源
所管見委員確估趕辦惟各水多歸洪澤則出口務須宣暢查清口之東水二壩業蒙 指示汛前早行
拆築自當長遠疏通其裴家殿張福莊等處引河水落後如有淤淺並加疏濬此籌酌睢河入湖並湖水
入海之情形也

乾隆二十二年裘日修胡寶瑔等奏會勘豫省水道籌辦疏濬事宜查豫河以南鄭縣以上伊洛瀍澗俱
入於黃毋庸置議自滎澤以下北阻大隄南則連山橫亘諸水所經惟以正東及東南兩面爲去路正東
則上江宿州之睢河向因砂礓難徐溪口等處梗塞致水無出路此商虞夏永四邑頻年被水之由也東
南則以江南潁州府屬各州縣爲出路淮之大本能宣洩而兩省接壤處淺阻實多豫省之水壅遏則豫
省受其害壅之春漲四溢患且及上江矣此間陳以下及於柘城鹿邑皆安宮也下及於西平上蔡項城
水之由也今睢河沙礓一帶委員講興挑則東面之去路可無阻矣潁亳一帶臣等細加審勘則東南一面
之去路可無阻矣而後講水之在中州者可得而治也臣等不妨相度惟有先開新河爲受水之地繼開
支河以引入幹河可繼開溝洫以引入支河可東南一面之幹可以大沙河爲大郎古潁水也發源於汝州之
魯山自許州陳州會賈魯西兩蔡河經項城沈丘入上江南太和境長三百餘里河流深通毋庸疏濬隄岸有
殘缺勘明補築其他則開封之賈魯河即古之汴水發源於滎陽之大周山經鄭州中牟祥符至朱仙鎮
由尉氏之東至扶溝受蔡河二水經西華合洧女二水經商水縣達周家口入於大沙河至潁州之太和
境注於淮朱仙鎮以上無庸置議尉氏以下周家口以上則宜一律挑濬以廣爲之宣洩者也

乾隆二十二年裘日修高晉奏會勘宿靈虹積水情形籌辦疏濬事宜豫省商虞夏永四邑之水暴漲於
宿靈以宣洩者惟睢河查睢河因毛城鋪等處減洩之黃水累年淤墊積漸成淤上年毛城鋪閘欽奉
年始開黃水直流一截是以徐溪口一帶竟成平陸此睢河上段之在宿者全淤之故也睢河既淤則豫
省諸水及宿境山水散流漫衍遂於徐溪口南北分爲兩段南一段自張家溝至韓半山計斷十五里堡上
驛路下至時村由唐溝歸睢河之下段入於五湖北一段自半家溝[illegible]時村也下由三村歸睢河之
下段亦入五湖臣等擬就此因勢利導分一爲兩開[illegible]集下行入睢河正身[illegible]舊河之成岸淤平七

十餘里挑濬帙口其佃鎭下至臺壁之衛王城等處間段淤淺應一律挑深以暢去路至虹縣之板橋方名小河口則雖河之入五湖者至此復為河形東南一路趨谿家溝經古汴河入洪澤湖東北一路由烏鴉嶺經宿遷之歸仁閘下安河入洪澤湖又有潼河一道受水極大向由林子河經歸仁閘以東之谿洞入安河今林子河於塞須從高家山南之徐家中閘通以達劉家溝歸安河入洪澤較為徑捷又金鎖鎮劉家莊田家集等處上下八十里為入洪澤之咽喉尤為緊要須逐段開挖亦必此處挑上游深通而淺雖河一帶之水可以順流直達矣

乾隆三十九年大學士兩江總督高晉等覆奏前查湖蕩家屯引黃助湖事宜實因洪湖蓄水甚少明春泉源旺盛與否難以懸定須借黃水以資注至江南山東運河淤淺處每冬相度挑浚然止間段疏治若將八閘以下河道挑挖則上游之水一洩無餘與東省全局有礙若上下通行挑挖則所費甚大臣等遵旨公同覆查引黃助湖實為有益無損且滿家屯原定徐城水誌消至六尺始行開放御過水二尺入湖若徐城誌椿長至七尺以上即行堵閉非若毛城舖於大汛水長時開放分洩且漲可比現擬仿毛城舖作法建立碑石滾壩外築東水隄並鑲口導壩以為重門關鍵若遇水長即將引渠層層增築不至吸動大溜得　旨上緊興工

乾隆四十一年兩江總督高晉江南河督薩載奏臣高晉在工二十餘年知河道通塞雖常變遷莫究不惟海口茫茫萬頃無可施工即黃河坍長亦難疏治惟有清口內通湖引河設法挑挖使得暢流助黃東注併力刷沙則黃河不當自深海口不疏自治補偏救弊此式一法向來洪湖誌椿存水九尺是湖水未能暢出遇黃水盛漲定有倒灌之虞黃運兩河淤墊在所不免須於冬春水落時照依各引河寬長丈尺兩頭之壩大加挑挖並將清口東西壩基址移下一百六十丈使清水暢流有力又奏清口之西所建各架木龍原以挑溜北趨黃河陶莊積土使黃不偏清之意歷年雖著成效但驟難盡刷若於陶莊迤上積土之北開挖引河一道使黃水離清口較遠清水益得暢流至周家莊會黃東注不惟可免倒灌而二瀆並流河海淤沙漸可攻刷即堰壩工程亦資穩固所謂治淮即以治黃舍此別無良法見在伏汛將屆情形不定請於霜降後相機酌辦得旨此是治淮黃一大關鍵尚所妥為之八月高晉薩載又奏查勘銅沛廳屬辦工內係石岸岸內有縷隄足為保障與其用料鑲修莫若放淤可臻一勞永逸皆令於埽工第三段開挖進黃溝槽工尾挑挖出清倚槽閘放甚妥順從內塘漸甲埽工即毋庸再修

乾隆四十四年總督薩載河督李奉翰奏江南外河廳屬清口東西壩為全河關鍵前年督臣高晉請將西壩基址移下一百六十丈俾清水出口下注有力惟西壩以外舊黃河內存有清水內外相連湖水出口至此散漫少力上年復蒙指示於西壩迤下接築東水隄一道俾清水直注歸海但查清口外河面寬闊當水勢浩瀚時隄工頗為受險每年鑲埽所費不貲而清口壩外至陶莊新河尾清黃交會處河身寬長湖水至此力亦紆緩應將東西壩再移下二百九十丈於東壩前建築則東水隄不至受險湖水亦出口益暢抵黃更必得力擬於將東壩之時乘機移建將壩基兩頭各放長三四十丈如鐵心壩式兩邊鑲埽中心填土俾得經久中間用料按築秋之全用柴料亦多節省得旨看乘時為之

乾隆四十四年阿桂等奏昔壩口門自下大埽後止餘四丈正在督令趁勢搶壓冀可合龍乃十一日早水勢猛湧異常陡將南壩蟄塌二十餘丈壞漸無地再上又無可移辦之處惟有提坐軟鑲雖有埽地仍屬無礙計工段亦不過遠

乾隆四十五年薩載奏徐城誌椿長水一丈一尺餘雲梯關長水四尺九寸流勢湍急全黃已復故道直達歸海此次儀封決口辦理幾閱兩載費帑五百萬兩從將引河大展寬深接作挑水壩逼溜北趨始將溜歸正道

乾隆四十七年大學士阿桂奏祥符八堡十六堡張家油房曲家樓等處屢次漫溢瀕而淤高且無可別開引河之處其自曲家樓一帶蜿上下異漲復衝成溝槽坑坎縱橫無數難以施工相度地勢惟南隄外尚可更改遷移當於青龍岡上南岸隄內履勘測量自蘭陽三堡起向東地勢就下較隄外水面低至三四尺不等若比河唇灘面則低一丈五六尺至二丈不等自此至考城商邱等汛共一百七十餘里大率相同現擬於相距南隄十丈外建築大隄一道又前次南岸漫水所過本有沿舊河形再間段挑深數尺引河一道俾得就下查此兩項工程計長一百六十餘里工大費繁非四五月之久不能竣事俟渠已挑隄築數尺後即於蘭陽三堡老隄刨挖寬深缺口導水進內引渠下注從商邱七堡出隄歸入正河大溜是必全掣向東下歸故道入海其曲家樓漫口自可堵閉此事一成可望數年無患至隄內民田廬舍不能無礙且考城一縣亦須遷移避水臣等先期出示妥為籌備小民自必樂從俟秋汛退時再行開工至漸開放新河從奔騰掣溜全黃以復故道十三日挂纜堵合次日會門一帶俱已斷流矣

乾隆四十三年姚立德奏河水驟漲儀封汛漫六處考城汛漫三處其儀封之十六堡刷寬七十餘丈尤

屬緊要見在趕辦墻築

四十六年李奉翰奏睢黃河南岸魏家莊大隄因水勢盛漲全河大溜南趨洶湧異常自五月外灘先行塌去直刷隄身上緊搶護隨築隨塌溜勢日盛水高於頂人力難施長隄漫溢過水約長十餘丈見將漫口兩頭裹護飛書薩載星速來工會辦至八月奏報魏家莊漫口合龍

乾隆四十九年阿桂奏臣勘得豫省隄工榮澤鄭州境內土性尚堅該處距廣武山甚近隄頭至山脚一千四百餘丈無隄處所遇黃河水勢長至一丈以外即由山脚漫灘其漫水即歸賈魯河下注此一帶毋庸再設減水石壩其自鄭州以下中牟祥符蘭陽境沙土夾雜蘭陽以下儀封考城睢州甯商邱處處因歷次漫口沙多土少並有純沙之處大隄之上建築減水石壩既恐不能堅固測量外灘距隄遠者不過數段其隄南洩水各河除睢水河久經淤塞惟賈魯河一係洩水要路該河發源於榮澤縣之大周山由鄭州中牟祥符尉氏扶溝西華等縣至周家口入沙河經商水入江南太和縣境至正陽關淮河歸洪澤湖又渦河一道即賈魯河之分支該河歷中牟祥符陳留杞縣睢州柘城鹿邑入江南亳州境內之渦河下達淮河亦歸洪澤湖此二河離黃河大隄自十三四里至四五十里不等綿長數百里至千餘里不等見俱窄狹間有淤墊如須減黃必大加挑濬兩岸亦應築堰攔禦各河原為分洩各州縣坡水一經築堰則坡水無路分洩必須於河之兩旁酌建閘座增挑汊港以資啟閉而洩坡水也

乾隆五十一年阿桂奏見在清水未旺所有張福口等處引河遵　旨暫行堵閉其王家營減壩今歲必須閘放但應在湖水大長之後方可並擬將實棒關下二套地方開挑引河於大汛時開放改作海口更可得久遠之利得　旨著相機妥辦

嘉慶河工奏議

嘉慶十年十一月戴均元奏覆勘運口情形自八月堵築義字壩後迄今三月有餘清水較高黃水未及一尺距明春啟放僅有兩月儘力收蓄諒不能至二尺初放時或可暢注日久勢弱兩水頂阻或遇汛水漲發仍恐不免黃水倒灌俟催令銅鉛船渡竣亟宜堵禦黃壩將引河一並開空其臨湖引河二道經緊挑竣並將清江以下運河兩腮於灘上緊開挑得旨此等應辦工程均著照所請惟奏中據稱如遇兩水相抵不能不暫開峯山等閘用減黃助清之法恐致淤及下流殊非正辦

嘉慶十一年八月鐵保等奏郭家漫工壩基前已盤築完竣興工祗占今復因上游黃水大漲郭工漫口溜因風激全歸金門下注東壩西豐北睢南邳北各工埽段均有行墊坐蟄其銅沛北岸之蘇家山石壩刷塌三十餘丈職難堵合又另片奏郭工形勢漸變必須添作邊埽挑引渠需項較多請於兩淮運庫淮安關庫撥發五十萬兩辦工應用得旨傳諭鐵保等當查明情形如果艱難辦理應如何著手之處即著據實奏聞不可稍存回護致干咎戾十月復奏海口改道事宜現在成壩六十里碩項湖家沂各水匯注之處尚屬河湖一片溜非一處淤灘甚少艱難施工又另片奏目下湖工緊要懇請簡派熟悉河務大臣來工商辦

嘉慶十二年九月吳璥等奏請疏微山湖上游牛頭河以裕蓄微山湖蓄水向稱牛頭河所受各州縣坡水由南陽昭陽二湖灌輸方能充沛今查牛頭河不寬不通此係微湖受病之由不可不趕緊疏濬得旨如所奏行

嘉慶十二年十一月鐵保等奏查勘南北兩岸黃水歸海去路擬堵陳家浦仍疏挑正河並擬於陳家浦河面較窄之處建築壩基進占堵築使黃水仍歸故道辦理較有把握得旨諭軍機即著迅速疏築趕此冬令興工務於新正趕辦完竣俾尾閭宣洩深通方為妥善又另片奏攔時隄壩因冬汛暴風猛烈人力難施致掣塌工段見在分撥銀護得旨如掣塌係舊工在保固限外尚有可原若係新作工段旋即掣塌即應賠罰示懲鐵保等當詳查掣塌處所分別新舊工段先行據實具奏一面迅飭上緊鑲護並將購石料以備新春砌補俾資保障

嘉慶十三年五月長麟戴衢亨奏勘明毛城鋪無庸修復另籌宣洩之路以利濟運而防盛漲緣毛城鋪原水壩閘啟放日久河水下趨若重前壅掣動大溜致成漫口歷年累月始行堵合見在滾壩東西距五十餘丈口門寬廣一經啟放恐黃水建瓴而下不能循軌前往大堤鄉保無潰決之虞況復基田皆稱天然閘迤東數里地名十八里屯有前河臣靳輔所建石閘二座見以減黃利運并往勘明該處有小石山一座中峯兩旁有山嶺二道東山嶺內尚露舊時壩頂西山嶺內眾民積沙又復掘毀適有老民張姓指認帶領人夫試挖已得原舊壩基該二閘每閘過水僅寬三丈有餘山石夾峙可保無奪溜衝決之患應請旨飭修其毛城鋪石壩無庸辦理得旨所辦甚好所有十八里屯修復二閘並開挑河引打壩隄岸等事著交該督等確估具奏於本年大汛後即行辦理其修復毛城鋪石壩之處無庸議

嘉慶十三年十二月吳璥托津會同鐵保等奏勘明海口情形改道一說查前明及本朝康熙年間屢議所有灌河入海之路藏檔具存見在周歷履勘北潮河匯流馬港口張家莊等處漫水業已數月尚在壅積可見去路不暢且人不能刷出河槽而此外又無另闢海口之路仍請修復故道將雲梯關外大隄接築收束水勢使東注得力又鐵保另片奏請共需撥銀二百九十萬兩務於歲底春初到工其十八里屯及減壩工程均停止緩辦從之

嘉慶十四年二月吳璥奏查明江南黃運河湖見今實在情形並分別辦理條款開單進呈南河敝壞已久其病百出海口固須挑濬而大隄不能堅鞏則一經受溜挑亦仍淤舊清固屬至要而隄壩不能修復則一遇盛漲蓄亦必潰今開壩無減黃之路五壩無節宣之方倒灌之後停難就治得旨所奏切中事機辦理各工著鐵保以總督並轄河工當隨時相助為理以期次第補苴

嘉慶十四年十一月吳璥等奏請狀元墩壩工暫緩堵合並奏查辦海口仿計挑河有一百餘里之長渡口寬四五百丈又加接築長隄共費需三百六七十萬未免太繁兼恐桃汛前僅辦不及請仍就北潮河去路展寬挑深將灘面攔束以為權宜治標之法降旨嚴加申飭並著該河督等即速親往海口履勘籌議辦理章程此時不得再有遲疑

嘉慶十五年大學士慶桂等會議江南總河吳璥等通籌南河全局請次第修復舊規一惠濟閘為湖水入運關鍵應行拆修一王營減壩為洩黃減漲要工應行修復一請於大汛期內攔堵禦黃壩一請修復毛城鋪石壩盛漲非此不能減洩且更可助益湖水從前係因冬春水弱時啟放以致正河停淤今遵舊制止於盛漲時酌量啟放自可有益無損一高堰碎石坦坡分年砌築得旨惠濟閘王營減壩照所議辦理其餘一切工程須斟酌適宜悉心詳度不可畏難苟安以敷衍塞責也

嘉慶十五年十月徐端奏高堰山盱兩廳堤埽因湖水壯發風浪猛烈人力難施遂致漫決衝損甎石工四十餘丈堤後過水將先將歸江各閘壩並高郵之車邏大壩先行開放俾免漫淹一面擬將仁智兩壩先行趕堵其義禮兩壩酌量宣洩所擬將兩壩照舊仍留口門宣洩隨後再為趕堵一切阻工俟春融時辦此時工段繁多處處皆須亟應上緊趕辦得旨著將徐端傳旨詳詢其徹近年湖河受病緣由及目今應如何籌辦之處據實具奏

嘉慶十五年十一月松筠等奏徐端議論河務多有不實徐端祇知作工欠於機宜查伊二人任內所辦之工程如堰圩改建甎石各工老壩工段挑毛家嘴堤後黄河二壩四龍溝挑空引河海口攔河壩種種辦理失宜茶山壩見又堵閉通巡此外如毛城舖未請修復海口仍稱高卸搪飾又所開局卡如黄瀉湖張文浩繆元淳等皆委任不當或屬參不參應賠不賠以致各處工員無所做畏見在知無有墊款應領銀九十餘萬兩恐有虛捏報賬情弊必須查辦以杜浮冒得旨松筠所奏俱為欺蒙即未必參奏又另片奏稱將徐端革職留工次效用其總河一缺著將徐端補授

嘉慶十六年七月百齡奏查勘海口上下未經挑空處所尚俱深通即馬港口以上河身雖經減壩分流存水亦尚及丈惟中段挑濬之處轉已淤成平陸詢之河兵土人等僉稱去歲挑河所留之土即在河灘堆積並未遠移隄外今春黄水暴漲衝刷土山坍卸仍淤河內又挑工盡處之攔潮壩一道放水時壩根起除未淨以致阻梗水中黄水泥沙俱為壩基攔阻停淤特甚本年凌汛後淮海道黎世序即屢次將漫水汕開土山必致河身淤墊之故據明河督陳鳳翔批令俟秋汛後再行籌辦得旨陳鳳翔交部嚴加議處其餘文武各員俱先摘去頂帶戴罪堵築百齡奏中又稱親至馬港以下見該處積有淤沙且入海路窄仍以修濬正河為便並擬將寬工尾以下河身加挑寬深兩岸接築新堤分破堅實再於七套地方增建減水壩修復王營減壩後建磨盤埽等工得旨所奏均有條理務宜盡心籌畫

嘉慶十六年百齡等奏查明李家樓漫水安豫兩省被災情形籌議辦理緩急次第又以與挑減壩以下河身淤墊具奏一議啟堵減壩必須大挑雲梯關內外河身啟堵李家樓必須大挑邳北上下河身減壩不能遽堵李家樓亦不能即堵一議見在減壩以下業已分挑請俟減壩工竣再籌辦李家樓啟河築口之事一議洪澤已形漲滿開放智禮二壩之後又須啟放仁壩一議啟放蕭南工次搖蓋綑廂姑示執則進堵以安民心得旨所奏減壩及李家樓未便即堵亦事理之自然尚須趕緊設法餘議不合著即行勉力籌辦以副委任而拯災黎毋得推諉

嘉慶十七年八月百齡奏陳鳳翔於禮壩要工自四月開放後並未親往察看迨至六月水已衝動壩下土吉格水道廳節次稟報始往察看行至高堰仍不親身籌辦僅委游擊陳堉堵築陳鳳翔復揚查陳家浦埽工遠赴海口至八月初二始行赴壩並查河庫所發堵築禮壩工銀已至二十七萬七千餘兩之多仍未竣工清水大洩下河州縣被水成災據實奏聞得旨陳鳳翔革職罰賠又奏禮壩急難堵合見在清水宣洩過多自建口門收窄後尚存寬二十丈壩門水勢汁急堵閉尚須時日惟有籌畫減黄助清以濟糧艘回空河臣陳鳳翔急於閉壩於前遲於閉壩於後以致辦理棘手請旨嚴加議處並自請議處

嘉慶十八年三月百齡奏確勘仁義禮三壩必須移建山盱五壩為宣洩洪湖盛漲保護堰工而設仁義禮三壩近年屢經開放衝跌壩基損壞刷成深塘難以修復即修復亦難經久擬於蔣家壩以南附近山岡之處移建仁義禮三壩並挑空引河三道擬先改建仁義兩壩將禮壩地基築作草壩以備本年宣洩計需費五十萬兩得旨著該督等再行詳議覆奏

嘉慶十八年五月百齡奏遵旨議覆移建山盱仁義禮三壩蔣家壩地勢高亢逼近山根土性堅實壩基可期穩固新挑引河仍可歸舊壩引河宣洩於該處居民亦無妨礙得旨照所議改建

嘉慶十九年九月副總河李鴻賓奏微山湖水收復舊規見在測量微湖誌樁已收至一丈一尺九寸二分較之定誌僅短八寸見在來源甚旺計可於收符舊制外更有贏餘其蜀山南旺昭陽等湖均已補蓄充盈得旨辦理甚善

嘉慶二十一年十一月陳預奏李逢亨於黄河情形不甚熟習近日河勢北趨魏家埠道遂東迎溜頂衝明岸必須加意修防李逢亨每喜於隄內添築土壩不惟與水爭地抑且引溜生工糜多糜費豫東二省險工林立李逢亨到東河日淺未能曉暢機宜難保不為廳員蒙混得旨著李逢亨仍回永定

嘉慶二十四年九月吳璥等奏黄河北岸王家溝地方溜勢驟向北趨將河岸高崖刷塌蓋灘北注刷成溝槽直通沁溝匯注九堡馬營壩口門已塌寬一百六七十丈掣溜五分有餘得旨著吳璥李鴻賓即在北岸搶堵

道光河工奏議

道光五年河督張井奏治河之道疏濬與修防並重近日河底墊高為患日甚其弊皆由於有防無治歷年以來當伏秋大汛司河各員率皆倉皇奔走搶救不遑及至水落霜清則以現在可保無虞而不復再求疏刷河身之策漸至日高清水不能暢出隄身遞增城郭民居盡在河底之下惟在歲請金錢將黃河撞於至高之處現在工程或建壩取直或設法疏濬或復斷補溜船成法或築作對頭壩以除險

道光六年兩江總督琦善奏洪湖石工未能閘段拆修請擇要辦坦坡護堤蓄水河督嚴烺堅舉碎石坦坡之議分作數年拋成又山海安阜四廳境內河身坐灣如關家灘孟家灘九套何家社兜灣過甚擇酌估挑切引河一二道以備汛漲並接築長堤以備大汛陳學中奏請與築土堤加築格堤以為儀徵淮陽道屏錫恩集路琦善建築土隄不若增築格堤琦善奏酌籌疏治五條除接築長堤建灣取直已奏明辦理嚴守閘壩外其修治濬船築作平灘對壩非一二年不能見效張井奏黃河病在中滿擬照阿桂改河避險導使曉避高淤由安東縣北面加築新堤即以北堤改作南堤中間抽挑引河約深一丈即由東門工以下導河改由北面傍舊河行走絲網濱以下仍歸現在海口中間又無淤灘阻隔似可暢順東趨自東門工以下至槊黃壩不過六十里去路既暢上必掣溜計可落水四五尺餘則立啟槊黃壩展寬東清壩並接長蓋壩挑偪清水暢出刷黃底淤更可攻蕩彼時湖水不過七八尺其勢已可建瓴更無風浪傷及石工此時尅期趕築六七月間可開設新河倘汛期已屆不妨先行勘估俟霜降後辦理琦善復奏臣親歷陳學中所議移建二堤處所逐一履勘該處地勢較低必築至二丈八九尺方與大隄相平以之加築格堤建設滾水壩及建閘等項須動鉅款興辦且不足恃者有五若專辦大隄即有高二丈之石工以為基址復再普加子堰視新築二堤又高數尺且帑成頂寬十丈坡用三收更以子堰直接海漫增土復用坦以殺其勢俾增之擊赤蠟約需銀一百七十七萬餘兩是二堤費多而無益大隄費損而有益目前之計但須黃水設法疏消不過落水五尺湖水仍不能不蓄至一丈四五必得隄堰鞏固以為淮揚保障惟現在風暴㸃大汛將至派員顧夫均非易事請將高堰境內六堡九堡十堡及十二十三十六十七等堡革山盱境內自頭堡至七堡暨信壩十三堡擇其最為迎風把浪緊要處所先行趕緊籌款其余工則俟今秋明春辦理嗣又勘安東改河工程覆奏據張井所議由安東改河以為黃水即可掣低禦壩即可啟放現經覆勘籌商多有窒礙不若開放王營減壩之較為得力從之給事中楊煊奏啟放王營減壩關

繫重大據嘉慶十一年開放減壩旋有上游之周汛三堡郭家房蘇家山三次漫口及十六年減壩漫缺旋有上游之睢揚山李家樓兩處漫口各成黃溜湍急鹽河勢難容納且下游安東海州境內有茅灘山根攔截阻遏往往淤倒漾傳旨本年閘放王營減壩非為減洩盛漲起見既與嘉慶十六年漫缺情形不同亦與十六年開放成案各異即開時下流稍有漫溢見值秋收以後不至成災惟倍加保護慎重為要

道光九年張井奏年東壩閉上游各閘不使分流力守禦壩不使倒灌正所以杜致病之源使大溜挾沙併力趨海特受病太深為效較遲見在較量內塘清水已高黃水尺餘即於二十二日啟放禦黃壩放清水外出禦壩內外河口淤沙俱資刷滌計見存誌上年底水落低二尺三寸是於黃水不無小效

道光十二年九月河督張井馳驛奏奸民聚衆強挖官堤掣動全黃大溜入湖急籌堵閉事八月二十一龍窩縣十三堡有湖內奸民駕船攜帶鳥鎗器械攔截行人綑縛巡兵將大堤刨挖見在口門已寬九十餘丈水深三尺以外大溜已掣七分勢將全黃入湖殊出情理之外現飭從犯孫在三詢出係民人趙步堂顧今挖堤此外訊藏者尚有本縣生員陳端主陳端陳光南劉開成及海金周之子並稱陳端等因均有地畝多頃窪臨湖邊連年被水欲挖開放黃水使地畝受淤肥地首犯未獲者供殊不足信均應嚴底根究無任一人漏網

道光十三年大學士曹同軍機大臣派奏京員揀發河工學習章程河防關係重大必得通曉熟練之員方有裨益著於內閣翰詹六部都察院各衙門不分滿州漢人擇其正途出身清慎勤敏者每衙門保送一員咨交吏部帶領引見候旨發往東南兩河學習如不得其人毋庸濫保並酌定兩年揀派一次該員到工後隨同河督等專心學習估工查料及一切疏濬堵築各事宜不必承辦要工亦不准經管錢糧並著該河督量才差遣周歷河湖堤壩查勘情形俾資歷練其有謬妄滋事者不但該河督隨時參劾即兩江總督山東河南各巡撫有兼轄之責均准其據實參劾其黽勉勤慎尚堪造就者二年差竣該河督出具切實考語送部引見候旨錄用其不諳河務者准其仍回本任不任乞恩改補如遇大挑年分仍照舊例分發試用

道光二十一年六月辛未牛鑑奏河南省城漫口水圍匝月來源盛漲自大溜全掣以後西城稍見安定北城又添分溜注射勢漸衰卧情形更為危迫其餘四面城身久泡酥損奏入得　旨著該巡撫曉諭城

內居民又早遷徙文武官員兵丁人等僑至危急亦即隨時酌量遷避八月牛鑑又奏覆難於遷徙情形附片奏省城西北角以至西門堤壩作挑水壩以資抵禦並虔祀河神大溜忽割分兩股離城身五六尺得以搶築完固新任河督麟慶奏稱祥符漫口全黃入湖見在折展與黃東清等壩仍不足以資宣洩除遣智信三壩早已啟放長河亦經啟通過水惟林家西壩難議輕啟酌俟湖水長至二丈一尺以外再行啟放又奏查黃河大溜直奔河南省垣西北城角分流為二遞向東下注至距省十餘里之蘇村口又分南北兩股其北股當止三分南股溜有七分計經行之處河南安徽兩省共五府二十三州縣被災輕重不等見在勘估桃汛可否歲內興工即可以工代賑得　旨附近居民自有禪益遠方遷徙者何能遍及著妥籌善策安撫災黎無令失所

道光二十二年敬徵等奏據查情形說准暫開捐輸雖以並開豫工二部事例現在籌款興工之際自應分別緩急各官生就近於河南捐輸可期踴躍仍照戶部原議於河南暫開捐輸並准各省官紳士庶前往豫呈繳銀以濟工用

附永定河工奏議

康熙二十七年三月直隸巡撫于成龍以渾河圖形呈覽奏曰臣同西洋安多等自霸州至郎城廠勘視河形細加丈量由永清固安至張協有舊隄一道約有七十里尚可整修水溜亦在此處可以挑濬

康熙三十七年十一月吏部議覆直隸巡撫于成龍奏永定河流湍迅多致淤淺必需多員因時制宜以收成效應照黃運兩河例分派選補人員內擇諳練河務者赴工效力從之

康熙三十八年十月直隸巡撫李光地奏臣等遵旨會同郎家務至隄盡處共長七千七百四十丈應挑河面寬十三丈底寬八丈深一丈舉兩岸新隄底寬六丈頂寬二丈高一丈二尺從之

康熙四十年直隸巡撫李光地奏查渾河之水須分水遠分流若併歸運河則於漕運有妨併歸于牙河則民田受害臣查渾河見分爲四支三支歸運河一支歸淀其三支頗弱歸淀一支獨強約其三支水勢僅可敵一支如遇水大時當仍用挑水壩等法使水分流北不至損岸江以便田南不至合衛河以害運得旨如所請

康熙六十年直隸總督趙宏燮奏長垣縣之數家莊王家隄兩處隄工被水衝決下流之東明縣滑縣開州俱被水淹查衝決之故因上流之河南武陟縣等處隄工有決口三處又兼以沁河之水亦由胙城縣入滑流至長垣東明數家莊王家隄兩處隄外水面比隄內地高丈餘有源之水日漸加長故決口頗難堵築若上流之決口一日不堵則長垣之水一日不退一面參明一面移咨河南撫臣飭令道府等將決口相機堵築以防後患下所司知之

康熙六十一年二月己未直隸總督趙宏燮奏正月二十三日長垣縣常村集隄外有濁水從西北而來高二三尺不等臣隨飭大名道帶領河官加意防護外并委員星速前往查看發水源根聞

康熙六十一年三月直隸總督趙宏燮奏長垣縣之王家隄口因豫省黃河復發衝開新隄經臣飭令速行堵築今數家莊新隄已補築堅固惟康家道口一帶老隄又經衝開十餘丈流注東明當下大埽以堵缺處俟上流水勢稍定即與王家隄口一併修築應諭該督嚴飭該管道府河官速行辦理

雍正永定河工奏議

雍正三年十二月戶部衙門遵旨議准直隸河防水利事宜據和碩怡親王等疏言直隸之衛河子牙河淀河永定河皆匯於天津大直沽入海此直隸水道之大畧也衛河與汶河合流東下德棣滄景以下春

多淺阻一遇伏秋暴漲不免潰溢請將滄州南之磚河青縣南之興濟河故道疏濬於舊時建閘之處築減水壩以洩衛河之漲靜海縣權家口亦築壩減水白塘口入海之處并開直河一道使磚河興濟河之委同歸白塘出口修理海口舊閘以時啓閉則滄瀛以北水利興而水患除矣東西二淀跨雄霸等十餘州縣均應疏濬深廣並多開引河使諸淀脈絡相通其已淤爲田畝者四面開渠中穿溝洫庶圩田旱澇有備其趙北苑家二口爲東西二淀咽喉趙北口隄長七里板石橋共八座俱應升高加闊苑家口北之中亭河上流之玉帶河對岸爲十望河均應開通庶東西二淀無衝決之患矣子牙爲二滹下流清濁二漳發源山西經廣平正定而滹沱滏陽大陸之水會焉其下流有清河夾河月河皆分子牙之流同趨於淀宜開決分注以殺子牙河奔放之勢永定河俗名渾河水濁泥多故道遂湮應自柳岔河引之稍北繞王慶坨之東北入淀兩河之濁流自不能爲患矣至各處隄防衝潰甚多如高陽河之紫泥口新河南界之古隄新安之雹河均應疏濬修築再請於京東之灤薊天津京南文霸任邱新雄等處各設營田專官經畫疆理召募老農斟道耕種民不能辦者動支正項錢糧代爲經理田熟議收十分之一以補庫帑頒而止營田一頃以上者分別獎賞有犯出資代貧老民則役雖官則賦議從之

雍正四年三月工部議准怡親王允祥等奏京東水利情形一河西數十里內止有鳳河一道即桑乾河之分流自廣渠河經南苑至鄴縣西南流入武清縣南河流本暢自武清之堠上村淤爲平陸偶遇水漲田野瀰漫應循故道疏濬仍於分流處各建閘一座以時啓閉一香河寶坻二邑沿河隄岸坍塌甚多應及時修築再於牛牧屯以上斜築長堤一道以障上流俾運河無東溢之患一通州迤以南之水匯於高頭分爲二支南流入運東流經香河之吳村達於寶坻吳村以下大半淤塞難於開濬應將南流一支疏通暢入運河其由香河入寶坻之溝頭河亦加疏濬導之自寶坻城南達於大河不令漫溢一寶坻與薊州接壤薊運河自三台營會諸水至寶坻之白龍港又南經玉田豐潤東水以達於海應先將築河隄再薊州下蒼頭以南建橋下閘整水注於兩崖以資灌溉一淀水出遷安之泉莊至崖兒口東決則渰豐潤西決則渰玉田應開直河二道與舊流分爲其近河隄堰更加高厚建閘開渠庶今窪漲之區皆爲膏壤一玉田之藍泉流入薊運河外諸水爲湖山水暴激河與湖平應將河身疏通築東以隄防湖之西北另開小河引山間諸河下流使湖不泛溢仍於薊沁蒲宗處儲爲水櫃以濟泉水不足其泉河一帶仍多方疏導以廣水利一豐潤之工家河汉河龍堂沙河四道或流入大泊或流入薊運河田疇不蒙

其利應除源疏流築堤建壩於東北引徒河為大渠橫貫四河之中廣開溝洫以備旱潦一永平所屬若盧龍之燕河營及營東五泉橐洲之別故河龍溪沂河勒家河黃拖河陷河龍堂芒牛河遷安之徐流營泉河三里河皆應隨地制宜開溝引流於水利營田大有裨益得旨依議速行五月工部衙門議准怡親王允祥疏稱西南水利一拒馬河為淶水之下流白溝河為拒馬河之歸宿馬頭芒牛諸水又皆為白溝之枝津水泉疏衍俱可灌田惟芒牛下無所歸多致泛溢請於高橋以下疏濬淤塞使流入淀則房涿之水利可興一房涿之間王家莊等處向係水田改為旱田甚屬可惜請於鐵鎖崖分流之處深濬側注使水之來者不窮復於白溝河之上隨宜建閘使水之去者有節則啟閉以時王家莊等處之水田可復一易水有三濡水名北易雹水名南易武水名中易自滿水與淶水合其流甚大請修石牖之舊基考閘渠之遺蹟沿流建閘以廣水利以徐水分為諸河而安州實九河下流有徐水為蓄洩之方則安州無泛溢之害請分減依城河以上諸水令雹水徐水徑趨東淀復疏引一畝方順潚水九龍等泉以資灌溉一唐河永逸水河滋沙二河明代於雹水村駕木為槽以過水號為騰槽溉田無算今請於唐水所經之處築岸崙渠復多設騰槽以防衝潰則節宣有方而灌溉無窮一沙河在唐河之南者其流為大請凡阜平唐新樂之水田有泉渠湮廢者盡行疏濬以資民利一滋水自行唐縣牛飲山白鹿谷而下洶湧澎湃於田沒稼請於靈壽之滋水七祖寨鉅頭錦繡大明川等處疏流積水以溉田疇復於深澤之龍泉堝沃仁橋等處疏濬河流鑿渠收利至豬龍一帶建閘築隄及時防護則患去而利可獨存一滹沱河性最悍急今治河而益大當開治河以殺滹沱之勢引汶河以導治河之歸請將治河入滹之處堅築大堤以遏[illegible]之引入汶河以適其性則寧晉東鹿之民得有寧宇而正定諸縣水利可以漸興一汶河為四水交流故名汶城舊曾築隄以備旱潦仍請建壩蓄水令農民易於戽汲又縱橫開溝令可通流斯為萬全之利一槐水午水沖水泥河泜水沙水李陽河七里河小馬河柳河等諸水故道久湮源流可考請酌量疏通令漫水有歸則腴田可復一聖水井白馬河牛尾河諸水皆可為田疇之利請將白馬入治故道疏濬通暢嚴禁愚民開閘專利復於牛尾河經行之處酌量建閘以時啟閉則任縣民田永賴一邢臺泉河無數故曰百泉舊有均利均濟均惠通濟通惠通利永頼惠民邵家新閘博濟永潤普潤諸閘引百泉水溉田請按閘座上下遞需水之時先閉下閘俟蓄水既盈乃閉上閘復蓄如前各以三日為期禁民無得擅專搀越並展拓河身一倍則南和任縣皆為澤國一野河引流凡七十二道會於沙河又有洛河與沙河合為

沙洺河常苦涸竭請引滏陽河入沙洺令永年雞澤南河等縣並得沾溉之利一滏陽合諸沁二水其流甚鉅向時建有八閘應修復以時啟閉一南北二泊為衆水所匯請於穆家口河道隘者廣之淺者深之令水勢得分復於邢家灣王南陂諸處橋之廢者葺之少者增之使水得暢旺不至梗塞再將滏河古隄增卑培薄使無泛決則任縣隆平之民俱獲利益一寧晉泊地窪水深遂為民害請於滾口營上村等處大加展寬再作小隄以拒外至之水作斗門以洩內出之水則汙萊悉成膏腴矣一滹沱為京西大川綿亘千餘里時決時徙深州東鹿尤被其害查南和縣有乾河為滹沱入滏舊路請自張岔閘挑六七里務令寬深直達決河改流自木邱至焦岡導滹河入滏水則衝決可免矣從之

乾隆永定河工奏議

乾隆六年大學士伯鄂爾泰永定河凌汛漫溢由引河淺隘不能容納旁流既多水緩沙停河身益高將近下口水僅數寸閘段淤塞致旁溢橫流河岸西南一帶地名南窪每歲河堤清水泛漲而北直逼窪內其引河不能容其下之勢亦於此溢出為多再河身地勢南高北下中有最窪下處更易旁行且難消退至下口由老堤頭以中亭玉帶兩河中亭為玉帶支流河身淺隘不能推刷渾沙其玉帶正河入口處則清渾並下至相離漾可納安順伏思舊河尾閭梗塞改由西引河令漸復故道實屬良圖督臣等於上年霜降後開堤放水試行於水小時故能循河暢達若伏秋汛河身不能容正溜下口必致淤墊且淺窄二汛水不出槽則附近民田亦可收一麥之利至伏秋大汛聽其漫散既可以緩溜其時水勢消長甚速不致停蓄為患是引河斷宜開空寬深令可容汛漲正溜直達玉帶清河應將新開堤口暫行堵閉漫水消涸始可另議施工據督臣孫嘉淦之意水由此行引河無庸挑空即治漫水亦不必堵堤臣等則以為及早閉塞俾無續至之水方可議及一切事宜再永定河去路以直達清河不穿入東西諸淀為要今新河下口南宜一帶既連柴大等淀將來伏秋大汛必使無穿淀之處始可為經久之計矣得旨所奏與悉議嘉淦奏公摺中稱暫堵堤口候引河挑空寬深再行開放臣實不敢扶同蓋開堤放水原因堤東泥沙淤河淤淀是以放令散入田中若又空使寬深毋論旋挑旋淤徒費帑項即使不淤而河槽日深全河之水不能溢出又將泥沙擁入玉帶為患忽復堵塞無論從開從塞有傷政體而百姓見堵決口必以為此事錯誤將來設欲再開難望信從若謂堵口使民種麥則目前水已消退不誤耕種之期若謂保護村莊則水來原未入村今水去儘可施工亦無容堵口得旨鄂爾泰固是但須會勘之後鄂等和衷詳酌為是不必固執己見也

乾隆六年高斌奏永定河機宜惟在使尾閭通暢自然安流循軌而下口之路必令直達大清河順溜急趨始可收通暢之效請於三角淀舊淤稍淺處空成引河上接鄭家樓水口下接大清河之老河頭共長十八里將鄭家樓水口堵閉挑北折之水乘建瓴之勢直注大清河水無緩散無停蓄即漲發出槽而正溜仍行地中可免遶淀穿運之患所挑之土即於北岸廠堤之南修安光一帶圈築坡堤以防北軼南岸之尾亦量為接築土埝以遏南溜此疏暢下流之道也至上游應籌分洩南岸金門閘石滾壩金門寬五十六丈因田身太高數年以來並未過水請將兩頭各除十八丈不動外中抽二十丈落下一尺五寸常

汛則從中減洩盛漲則普面漫水南岸長安城曹家務北岸求賢村半截河四處滾壩田身俱較石壩尺寸為高常汛俱不能過水請於南岸六工之雙營北岸三工之胡林店七工之外惠家莊三處各添建三合土滾壩一座田身俱較石壩減落尺寸稍低金門均寬十二丈又南岸鄭家務舊有草壩下接見成引河亦應照新添三滾壩一律修築如式以備滾洩出槽汛漲之水其長安城等四壩各仍其舊以備滾洩陡發盛漲之水應如所請辦理惟所請挑空引河深處止一丈四尺未足以行溜刷沙再三角淀之南去隔淀坦坡不過六七里清水盛則漸於渾水盛則遶淀今僅於王慶坨堤尾接築小埝恐仍不足以遏南溜應令該督再加詳度議辦從之

嘉慶永定河工奏議

嘉慶十一年正月裘行簡奏直隸舊有千里長隄自乾隆三十七年大加培築之後已閱三十餘載其新舊格淀隄自乾隆十年二十二年增築以來亦久未辦理見在隄工卑薄處所多被衝刷河水淤塞各水緩橫四注平野不可不亟講疏築請先撥帑銀四十萬兩趕緊興修仍於蘆商本年鹽價內每斤酌增制錢一文以贏餘所入之數補工程撥用之需得旨著即撥發正帑以資興築毋庸在鹽務中籌費

嘉慶十二年九月李鈞簡奏請挑修張家灣正河以復運道見因運河到處流沙不能建設閘座全賴河形灣曲蓄水濟運今康家溝水一直下注北高南下本年暫用濟運已多溜激坎阻等事請於十月內擇吉興工挑修張家灣正河堵築康家溝沙河以資經久得旨著估勘照議興工

道光永定河工奏議

道光二年七月蔣攸銛奏請員查紅花隄缺口直隸元城縣境衛河與山東館陶接壤向有紅花隄一道以禦漳衛二河北來之水嗣因漳河漫徙水無倒灌其隄段早已殘缺迨復經修建後上年豫省漳河漫水下流由大名元城直達紅花隄潰決隄埝由館陶注入衛河若將漫口堵築恐漲水無從疏洩元城縣北鄉村莊皆成澤國若不築復則館陶縣村莊又受其害事關兩省必須熟籌妥議以資經久得旨著戴均元馳往確勘會辦具奏九月戴均元顏檢奏率同該道府等逐加履勘有大缺口一處約長四十丈係上年漳河漫水中缺其餘歷年漫開大小缺口尚有六七處惟漳河上游從何處漫缺下注必須將來路究明方可疏治得旨著該員於馳抵河南安陽縣後會同程祖洛親歷上下確切查看應如何設法籌辦條貫奏明辦理十月復奏勘明衛河向係糧運公河下注因漳水挾洹水而來將衛河水頂阻旁決充村今

漳水業經北趨改由慶豐莊歸入正河其實公河上游止係洹水較前此漳洹合流衛情形迥異衛水匀亘村決口刷有河槽則漳衛分流輕減水患實爲可乘之機自應通籌全局開治新河惟衛刷處所間有淤淺兩岸亦恐旁溢應行挑空深通併添隄捍衛得旨著一併相機妥辦又奏會同程祖洛前往周歷履勘衛水由袁村迤東衝刷成河經百六十餘里至大名縣之岔河情形而後與漳合洹水復由原路獨行百餘里至楚旺而後與漳合見在漳河北徙雖無一定河槽業已分殺水勢自當爲因勢利導之計得旨著照所請

道光二年十二月程祖洛奏漳河盛漲安陽之馮宿村口門漫水直趨東北由內莊之慶豐莊入歸茲見查明慶豐莊以上衛水所經無漳水頂阻之患不至再由袁村旁洩可期前行濟運漳衛分流前此數次數挑之費公河暨漕運道不至再淤可省挑費被衛淹浸之安洛等縣地畝可以漸次涸復得旨漳河關繫直豫二省運道民田著戴均元馳往會同程祖洛妥議

道光四年四月御史陳澐奏永定河閘壩減河情形前閘河臣張文浩查辦直隸水利議於永定河南岸建設閘壩挑空減河見已興工於南岸修復金門閘挑空減河一道於壩上建灰壩一座挑空減河一道皆係分減盛漲洩入清河之用查金門閘久經堵閉乾隆年間孫家淦留於閘上開放南岸洩水入中亭河不能容納附近民田受害旋即趕緊堵築今新開減河放水灌入清河與孫嘉淦所爲無異況清河壅塞不能容納減水易滋漫溢得旨著程含章將彼結再加相度又奏查永定河綿長四百餘里兩岸皆沙不能如江南之土性堅實可以加高培厚自嘉慶六年全河漫溢北上汛土山衝刷殆盡此時救敝補偏惟有修復金門閘並於南上汛添建灰壩盛漲時出水不過二三尺歷時不過一半日與乾隆五年孫嘉淦奏准將永定全河入金門閘引河下注者迥不相同容親赴永定覆勘妥籌從長計議報聞

道光十年四月那彥成奏勘明渾水淤淀刷隄請動項估辦上埽永淀河渾水南徙東淀直偪千里長隄恐妨運河嗣又覆奏請疏挑永定河下口此時趕辦不及惟有將舊杜家道溝隄身大加幫培並多鑲埽段以資抵禦得旨著照所請

黔南叢書

別集

黔南叢書別集之一

河干問答

據獨山莫氏寫本校印

重刊河干問答序

余既感於安平陳定齋先生之風義爲刻塞外紀程一書復涉想及於河干問答顧黔中久經變亂圖籍灰圾幾經層累曲折始於江都莫君經農許得其先德郘亭先生手勘寫本繼於陳氏譜牒中見其孫若疇初刊序文知此書曾於道光八年刻於京師其後貴陽黃氏藏書佚出道光刻本居然具在適紫江朱桂辛丈自北平錄示其存素堂入藏圖書河渠之部目錄且曰河干問答在平狂求不得故鄉想可蹤跡余因以莫氏寫本影

鈔寄去已而復書至曰定齋所箸河干問答北方竟無傳本細讀一過此老於八十年前已論及河當北徙咸豐中遂有銅瓦廂之決改道利津今利津海口高仰又有屢決長垣之事貫台決口若竟不能堵河必北趨而灌津沽幸而獲堵恐又將逼之南徙重亂淮泗治水專家方汲汲於潘季馴束水攻沙之議定齋則力反其說可謂特識又定齋主變漕運爲海運均有先見後數十百年皆不出其所料自當力爲傳播以促治水專家之認識世之論者每以道學經師視定齋事功不顯未免

失之第二書又曰河干問答承補寄其孫若疇始刊序文屬爲印行己付梓人仿黔南叢書格式排印并將塞外紀程附入此間索鈔此書者不少愈堅我傳布之志原擬詳查河工諸書考陳家浦決口一案河督白鍾山獲罪之由與定齋自願同受譴責不自規避之義並就其籌河諸條所持先見作一索隱顧徧覓御史楊開鼎所參原摺及定齋呈部爲鍾山辨白書皆不可得吾黔陳松山給諫田爲定齋作傳至指爲書生之見而開鼎參摺則指鍾山出納慳吝任情滅駁致誤大工皆與定

齋所言參商元明以來河工痼習太深徙南河廢堤防改海運裁河官皆人所不敢言更中河員所深忌孫文定公嘉淦以其書進呈留中不發必有密授河臣計議之事陳家浦之決外爲河工人員逞刁計以苦河臣內而部中反對改制者又聳動言官以相攻詰也蛛絲馬跡大可尋索最可異者乾隆十年上諭云陳家浦未決以前工員四次禀請發帑河臣只給銀數千以致緩不濟急蓋河臣係河員出身工程熟練綜核太甚工員含怒俱有幸災樂禍之心此朕得諸訪聞者其言實中白

鍾山之病又諭鍾山曰禹之治水未聞備料建堤也古今時勢不同只得行其下策耳此而不勉責有攸歸矣高宗上諭隱隱針對定齋不宜築隄及河自西南淮自東各行故道之說定案亦極平恕不一年而鍾山起用定齋賜環荷戈之咏附入河干問答實屬切合本事而定齋不磨之議論與見解見諸百年之後者己有數端今之治水家所當引爲圭臬者也吾子於定齋塞外紀程前曾作序而於河干問答搜索傳寫大費氣力請即酌採前證作一序言弁之簡端第三書曰定齋全集友

人尹石公家庋有一部曾借校莫氏鈔本得訂正十數字又見猶存集中有論河工書牘數篇塞外與友人書亦在集中塞外紀程尊序引定齋牒部科之文猶存集無之未知出於何處幸示來歷月前曾以河干問答寄示黄河水利委員會長李儀祉請其就河工今昔情形對定齋主張作一評論吾知其必有合也云云惕安於治河之道素無心得然觀於定齋之説固已歷驗不爽矣近年河患之烈關係國計民生者至大中外學者方講求根本之大計若斯編者其足以資參考可斷言也

抑尤有可紀者定齋主改海運裁河官而不果至光緒季年始經漕督李苾園端棻陳奏得請苾園蓋亦吾黔之英也茲仰承桂辛丈之督飭因序次其三次來書以見重刊本書之始末旣以著桂辛丈之盛意𤍠忱亦以見愓安之空疏無似爲可愧也

中華民國二十四年八月貴陽後學凌愓安

始刊河干問答序

道光八年六月於官禮部友人處得閱邸抄知貴州撫臣奏安平縣詳請康熙癸巳進士原任已故大名道陳法入祀鄉賢祠即吾祖學者稱定齋先生者也內載吾祖箸有易箋採入欽定四庫全書又箸明辨錄河干問答醒心集行世易箋明辨錄醒心集久經刊刻布散人間惟河干問答未及梓行不絕如綫數十年前有知之者轉相傳寫故吾黔中丞得入奏章而陳氏子孫日久失傳竟有莫得見者兄子體正孝廉適以書來云曾祖

所箸河干問答在黔孫曾均欲索觀於是若疇梓行之舉從此始先生於乾隆初年歷任山東運河道護理東河總督調任淮揚道親視隄工熟爲籌度乃成此書甲子乙丑間孫文定公嘉淦嘗敬呈御覽留中乙丑秋調直隸大名道此書遂不果行於兹八十有五年矣整襟敬讀先論南徙與二瀆交流之害次論河不能分與分黄導淮之難並論河決之由補偏救弊不易縷列紙上如數掌紋人人知爲害有如是者害既明然後移而就利必樂從乃論河道變通其利二十有二運道變通其

說有二復以漕運調劑之宜諄諄言之終之以辨惑論以及開河不宜築隄經理東南之策確有可信而治河之道畢焉中間由漢至明司河務箸河論人名書名近不經見彙萃言之淵博詳明無一鑿空語夫事知之者固難行之者尤難即或知其實當如是而起而行之需大英豪當斯任無其人則事終不能行漢董仲舒所謂有治人無治法非無治法也而行斯法者數百年不一見孟子所謂徒法不能以自行也先生自言存吾說以俟後人一旦有慨然行之者而是書具存可取而用之

刊書之意其在斯乎第十孫男若疇謹序

道光八年孟秋中浣

安平陳定齋先生事狀節錄衎石齋記事續稿謝陳二先生事狀

嘉興　錢儀吉撰

陳先生法字世垂別字聖泉晚又號定齋上世江都人明初有以校尉從平普蠻授平壩衛左所百戶世襲遂爲黔之安平人先生康熙癸巳春舉於鄉是秋成進士選庶吉士授檢討丁酉戊戌與謝先生俱充同考官雍正初特旨舉翰林才堪部務者改刑部郎中久之以省親假歸八年特召來京授直隸順德府知府十一年所屬平鄉牛產子一角龍鱗而牛蹏人皆曰麟也縣令以

爲祥將上聞先生抑不許唐山令趙杲以毁宣嶅諸山寺觀爲義學被劾罷先生引疾歸

高宗登極孫文定公薦授山東登州府知府擢山東運河兵備署東河總督調江南廬鳳兵備淮揚兵備於是攷論河務爲一書曰河干問答略謂司馬遷言中國山川北流其維首在隴蜀尾沒於渤碣唐一行言山河之首尾與雲漢之升降相應而以河濟爲北紀江淮爲南紀河出於西極注之東北天之經也地之紀也不可得而易置之也前代河南河決入淮者漢元光宋太平興

國咸平天禧間皆未久即塞還復北流自近世爲漕運計遂迫之使南奪淮而淮乃瀦爲湖故洪澤郵名也前此未有湖也漢陳登築堰溉田今之䔖家圩塘梗是其遺迹非即今之高堰宋乃有洪澤湖之名至潘印川而有蓄清敵黃之說自是隄日加高河數變而湖亦日高湖底日淤伏秋盛漲淮揚下游日以災告或逆漾而上如甲子春雨淮水入壽州阜陽深至一丈五六尺是上游亦被其害振恤蠲緩不可勝計二瀆交流之害如是分河導淮昔固有議之者分河則必在迂曲之處所謂

河頭也今清口而上河流迅直無河頭可引則引之也難導淮則當別開一河以淮之故道還淮而分淮一支入河以通漕計其地淮當行三百餘里而達於海費鉅無益攷之前代河常北決至張秋自明至康熙季年皆然即宋時咸平間決鄆州浮鉅野天禧間決滑州歷濮鄆注梁山濼鉅野通梁山亦即在張秋東今自封邱以抵張秋若洪河沙河魏河漆河故道甚多謂宜於其中擇堅地因故渠引大河北行至張秋自張秋以東有大清河即濟漯之故瀆深至二丈餘寬數十丈歲惟戴邨

壩減下之水行之此天之所以待黃河也而大清適符
國號非河至今日必行此道邪若即大清河及鹽河開
浚之導河而北以達於海用財不過數百萬當兩河數
年之費而有無窮之利河歸於北而淮得獨行洪澤之
水盡浚入海湖涸爲田皆膏腴高寶諸湖亦皆爲沃壤
皖豫常無水患新河永不築隄其東南近山更無用隄
歲省兩河壩埽官役之費六七十萬河南山東淮徐之
民蘄料之役皆可免開封去河四十里水與女牆齊徐
州尤瀕河自後常無河患運河分淮流以入江不復爲

河淤諸牐洞亦可由民便時啓閉以灌田脫鉅害蘇民困省度支計無便於此者而運道當變通其說有二昔元由海運苦其漂失謀開膠萊明苦河淤運亦屢開之而俱不成蓋海道惟登州府今榮成縣之成山頭其山徙入海中舟至此多壞逾此則沿海濱而行名爲海袖皆有泊舟處與大洋絕異今商旅之由登萊至天津者風帆如織乾隆三年轉運登萊倉穀數十萬石至天津近事之可驗者若河復北流則漕舟由汶入河由河入海其達津門也一日夜耳是坐收膠萊之利也然人之

畏海望洋而驚無高論以駭俗夫衛之源大於汶汶可分則衛亦可分莫若於衛入漳之上關牐開渠斜入於河以下審其地勢更爲數牐節宣之由汶達河由河溯衛以入於漳不過迂漕舟一二日程可安行而北矣或猶以爲苦淺則於磁州臨漳間爲牐引滏以益運磁州溉田當用滏而漕常以四月過非田時或仿衛源分日之例可也孫公見其書善之以奏御留中久之某公入覲上語及之對曰是書生之見耳尋調直隸大名兵備時乾隆十年冬也是歲河決江南陳家浦時白莊恪公

爲河督塞決緩阜寧鹽城害尤劇被劾去官且以從前所辦多不應興之工有旨責令賠補先生念舊與白公同事不可使獨受譴牒部科自引咎且爲白公辨析略云陳家浦隄漫溢各處渡船分往水次接濟人民當時未據報有溺斃人口今既勘明接渡不及者自所應有是本道亦在失察若止將總河議處本道以調任幸免清夜難安伏乞一併議處至善後案內遙越隄工經大學士等議覆應行修築奉旨依議遵照辦理今勘隄尾離圍隄六百丈係無益之費著落白鍾山賠補黃河水

勢倏忽變遷此工在雲梯關五十里雲梯關即當日之淮河海口黃河徙淤出二百餘里上雖淤土底則海沙虛鬆頃刻深四五丈椿埽難施居民鮮少人夫難集或倉卒間越隄難禦不能無潰決之虞是遙隄之築實爲有備無患若河工陰貧保障而錢糧獨累賠補似非情理之平河工不過補偏救弊本無萬全之策總河職任危苦養廉不及督撫之半有失事則議處之罷斥之足矣重之以賠累則任事益難人非貪黷誰有餘貲非聖世所以勵臣節也大臣以聞下部議革職發軍臺效力

先生以四駱駝負書數萬卷赴第十六軍臺日箸書居二年成易箋八卷多取程朱傳義發明之而異者亦多自序不欲如前人株守師法黨同伐異之所爲也其駁來知德錯綜之說尤詳盡今錄入四庫全書又以王陸之學疑似亂眞辭而闢之爲明辨錄（原文見明辨錄序及學案小識故節去）書凡十篇辨論至明晳格致之說發明大學補傳之旨指示親切確有持循學者宜盡心焉故掇其大要箸於篇軍台無井居民取之百里外先生以夢得其地召衆掘之得泉甚甘至今號曰陳公井戊辰先生子慶升

成進士選庶吉士呈爲父贖罪上俞其請先生還京師陳文恭兩荐於上前先生無意仕進遂歸主講貴山書院束修之入爲擴學舍置學籍主講十有八年而卒慶升官至大理寺少卿大理之子若疇先生第十孫也乾隆甲寅舉人後官某學教諭嘗攜先生所箸書過予舍並示當時官牘數巨册爲言先生行事皆有徵若疇籍順天子孫今爲京師人而安平之族爲庠士者亦衆論曰自予入台始知謝先生因求其奏草多不傳獨得乞養陳情一疏至情感惻雖李令伯無以過夫臣子之

心一也吾以是知先生之不欺也陳先生治河事吏議不之及乃爲上官訟寃甘心自劾亦難能哉君臣朋友間若兩先生庶幾盡誠而無憾也乎河患自明以來日甚河淮交流爲害至今尤驗嘉慶中嘗北决至張秋大臣有言可順水之性還之北流者然終不果行亦以漕運故夫浮海之役時有利鈍且一舟壞輙失千百人故明故元法重民命也衛源弱不若汶之可分他旁近諸水多不可引昔人亦有議之者陳先生所言恐疏闊第箸之以俟後之任事者權其利害輕重焉

按謝先生名世濟字石霖廣西全州人康熙壬辰進士以翰林檢討轉御史雍正間以劾田文鏡下獄後發阿爾泰軍台効力著書若干卷即今所傳藏匧十書也高宗登極賜環仍授御史直言如故一日極諫失儀曾爲滿御史倉德所劾上不之罪嗣以母老陳情外補湖南糧道又以揭參州縣官浮徵案陳詞過激開罪巡撫許容授意藩臬等煽羣小搆陷之遂與大獄上命阿里袞至湖南會同總督孫嘉淦審訊而繼任糧道適爲倉德署理倉德在台曾劾謝先生者更揭其短並以孫文定批牘上之部臣以劾聞上以孫之狗庇不奏罷之阿里袞至平反其獄撫藩以次皆獲譴事乃大雪初謝先生在翰林時與孫文定黔陳先生法友善三人皆清直介立論事引議慷慨相得也及孫公治楚獄不直歸京師過陳先生謝不見遂絕交具在謝先生事狀中陳謝二先生文章氣節同時共鳴而折檻之諍強項之辨遭際又極相似故錢新梧合二先生事狀而論之宜也又定齋爲白尙書鍾山辨護揭帖亦載陳先生狀中與凌惕安自安平

陳氏家譜錄出者文字無少異且檢國史館本傳及陳松山所撰定齋小傳乃知昔取材於此不過史官載筆者各有趨重大都崇道學而遺事功錢氏立論獨見其全於定齋河工建議敘述特詳不啻爲河干問答作一提要也啟鈐既以河干問答刊入黔南叢書復增輯定齋河工書牘茲獲是篇爰以刊之卷首俾世之尙論陳先生者匪特於經義之外得明河工原委而風節行誼施於朋友者亦得有所互證焉民國二十四年十月鄉後學朱啟鈐識

河干問答目錄

河干問答

清安平陳　法定齋箸

論河南徙之害

客有問於余曰河之南也久矣亦氣運使然乎余曰非也鴻濛澒洞之初大塊融結水流山峙各有部分故曰天地定位山澤通氣如人五官百骸氣血流通不可得而倒置變易之也其或六氣七情感而成疾血氣有妄行之時則調劑之以復其故未有聽其妄行而且逆制之擾亂之而能生者也東海爲百谷之王江淮統西南

千支萬派之水趨之已爲澤國河出於西統崑崙積石而注之東北此天之經也地之紀也不可得而易置之也史記天官書中國山川東北流其維首在隴蜀尾設於渤碣唐一行言山河之首尾與雲漢之升降相應而以河濟爲北紀江淮爲南紀河之南與天文不相應矣河之入淮如漢之元光宋之太平興國咸平天禧熙寧皆由澶濮曹鄆以入淮泗然不久而即塞至金明昌五年河決陽武由濮范鄆城至張秋亦南北分流入海其後乃由蘭陽曹單歸德下蕭碭以入淮元明以運漕益

逼河而南故環北數千里無大川而區區淮揚乃爲河淮江漢並趨之處非天地之常也河之由濮鄆入淮以地勢之南高北下也自蘭儀而東地勢稍高故在豫東河之決而南者十之二三其決而北者十之八九自曹單至徐兩山夾峙徐州城外河僅寬六十餘丈又百餘里至睢寧之鯉魚山南岸即峰山龍虎山河寬百丈河底皆砂石河流爲之關束壅於下則決於上故明之中葉及其季年則自歸德而下徐州而上中間數州縣皆其蹂躪之區矣靳文襄公不得已而開毛城鋪又縱之

入微山湖然其淹沒民田亦不少矣其自徐州而下則往往爲淮揚之害邳宿桃淸在黃運兩河之間無歲不災沭沂之水自馬陵諸山建瓴而下每一漲發爲堤所束不得入淮則溢而爲沭陽海州之害動輒告災此皆河南徙之爲害也世世之人習見河之南流不以爲異而不知違其故常而爲害滋甚也

論二瀆交流之害

或曰後世何以河患之劇也曰江淮河濟四瀆分流入海此天之經也地之紀也自河溢而堙濟又南徙而奪

淮此後世之大變也而人習而安之毫不以爲怪亦未知其爲害之大也請試言之夫淮天下之大川也名爲納七十二道山河之水以河南通志考之蓋不下三百餘道南至光山桐柏西極陝洛北至中牟鄭州環數千里之水涓滴皆入於淮以入海自黃奪淮乃瀦而爲湖故洪澤村名也前此未有湖也漢陳登之築堰以灌田興水利即今茆家圩塘埂皆隴畝之遺跡也未必即今之堰宋乃有洪澤河之名元時運道由海口而上亦未有蓄清敵黃之說隆慶間王宗沐築堤只高七尺吳桂

芳疏云堤高七尺水深不過五尺萬曆七年潘印川築高一丈然由周橋而南二十五里皆無堤常三省猶揭之於朝其後水患日甚牛應元張企程夏之臣相繼言之遂開武家墩周家橋而潘公亦以此獲罪靳文襄公築翟家壩堤二十五里至二十二年而泗州城郭公私廬舍俱湮沒矣今堤日加高湖水瀦之日深泗州浮圖乃露其頂黃河日高黃強淮弱爛泥淺僅深五尺其泥浮鬆難去清口之所出無幾每西北風起黃流直灌至高堰而南既淤其東北朱家口之決二年乃塞又漸有

淤其西南而湖日高故湖水日益泛濫而淮水且阻抑而不得出故向之泛漲於伏秋者今冬月亦盈而不消向之深僅五尺者今何止丈餘向之去堤數里者今堤根皆深數尺向之阜陵泥墩尚可分別者今則渺茫一片每至伏秋霪雨河南全省之水奔注淮河淮河之水漲入洪湖而洪湖已不能容納又益以毛城鋪天然閘峰山四閘減下之水皆歸於湖其三壩減洩之水不過餘波迴溜若遇淮黄交漲風起浪湧高堰在在危險其地勢高運河一丈有奇一有潰裂則害不可勝言即三

滾水壩天然壩減下之水入高寶諸湖則淹近湖之田入下河則泰州興鹽界下之區難免淹沒此下河之受害也河南之水建瓴而下洪湖之水倒漾而上宿靈虹五泗盱各州縣一雨便成澤國水沉地畝不下數千百頃蠲賑無虛歲動糜帑金數百十萬地畝之荒蕪人民之流離井里之蕭條風俗之頹敗觸目傷心其臨鳳懷壽暨潁州各州邑去洪湖稍遠然淮水停蓄節節頂阻甲子三月五六寸之微雨而淮水已驟長五尺及勘河至壽州而城外皆水泛濫於兩涯之間麥田皆被淹沒

阜陽具報淮水漲入平地十餘里深至一丈五六尺不等發社倉以賑貧民伏秋汛則泛濫愈遠蓋沿河之地無歲不災此上游之受害也其旁近之處如清河桃源宿遷睢寧湖之浸沒又其常也不特此也河南之陳州歸德與潁州太和宿亳接壤其水皆由淝沙睢潁以入淮今下游之水反倒漾而上而河南之水亦阻而不得下故歸德陳州各州邑亦動輒告災地畝亦多板荒山左濟寧以西曹單以東各州邑之水皆無所洩南陽昭陽盡爲沮洳之區至若西風鼓浪行舟漂湧衝石堤而

立碎雖有救樁豈能恰遇其處此皆黃奪淮之爲害也蓋數百年於此而於今爲尤烈何世之習而不察也可怪也或曰淮之爲暴如潘公所引先春亭記亦自古而然曰當其時淮之爲暴或數十年而一見故紀之以志異未有歲歲如此者也或曰今天然壩既開下河既疏水患其亦息乎曰天然壩不過稍洩洪湖回溜之水以保高堰之石堤可耳今歲水尚未過三壩而洪湖已不免於倒漾沿淮之地麥秋皆被湮沒況當淮黃交漲之時又以敵黃爲慮不敢輕議開放則民田之受累已不

少矣下河之卑下亦地勢使然亦聊以補救云爾即疏浚海河一經霪雨各場河之水皆奔匯於海河又兼海潮上湧亦難宣洩且鹽河有閉閘之時而潮汐無停歇之日安在其久而不淤乎是以從前屢濬屢淤迄無成功豈非海口之高下有定位非可以人力爭乎或曰借清以刷黃淮亦不爲無功於河曰此最其說之難通也黃性湍急故能刷沙清水合之其性反緩其刷沙也無力是不惟不能助黃而反牽制之且沙見清水而沉是不惟不能刷之而反停淤之海口之不能日深未必不

受淮之累也不然自古黄獨流入海又何嘗籍淸水以刷沙乎

論河不能分

或曰二瀆交流之爲害酷也或于豫兗分河而導之以殺其勢不亦可乎而世之論者以爲河不宜分分則力弱不能刷沙禹何以疏九河王景何以十里爲水門後世之分河者亦不少也其果不可分乎曰非不宜分不能分也世之論者拘於束水攻沙之說夫沙隨水分分水者非止分水而不分沙也大水刷大沙小水亦刷小

沙計河之深不過二丈若如他水之散緩可疏之爲數
河深不過數尺不惟制之甚易且可資其灌溉之利前
之人何憚而不爲也無如黄水之性湍急如物之膠葛
糾戀而難分嘗於曹縣之芝蔴莊開一引河其水當岐
分處忽南忽北如是者旬日引河之勢既盛而正河遂
涸故曰河不兩行又豫兗土最疏惡若支河刷深則全
河盡歸支河若下游稍有未暢則仍歸正河且河之遷
徙不常或分之未久而正河之溜勢稍移則支流立涸
此其所以難也故河之分流久而必合徐武功之九堰

不久卽廢惟寧夏之河其地高而土堅河出青銅峽乃就峽口分之滎陽之汴渠所謂於鴻溝下引河爲漢唐之運道蓋地近成皋山脈其土旣堅故可立石門以分水賈讓所謂據堅地是也若平原曠野土性疏而不可爲矣若禹之疏九河非以一河分而爲九也蓋其時洪水泛濫禹就其地疏之使由地中行其後亦必漸自合并世謂齊桓公堙河以廣地亦非也王景之水門治汴渠非謂沿河每十里立一水門也河行千餘里至千乘海口不惟不勝其繁且更相迴注仍入於河又何爲多

事乃爾蓋其時滎口石門已壞乃在河中此分黄爲汴之要津水口寬則河流冲刷而易潰水口狹則分水無幾無以濟運故於滎陽一帶擇堅地十里爲一水門使相迴注下游共爲一汴河以利漕輓耳故史不書河渠成而書曰汴渠成則景於此用力爲多也然度其時亦不過爲三數斗水耳乃世不察遂謂沿河爲水門亦記事者未能别白言之之過也

論分黄導淮之難

或曰河既不能分若於淸口之上另闢一河以導黄入

海而以淮之故道還淮又分淮爲一渠以入河而通漕是不亦可乎即不能引全河亦可分河而殺其勢則淮水暢出清口不猶愈乎曰是誠中策也然反覆思之亦有甚難者凡分河必假河之力以衝刷之桃清一帶其土性甚堅清口而下節節埽上埽下水深至四丈餘則掣溜甚急河至此已有建瓴之勢今另闢一河至海三百餘里所費不貲必不能如故河之寬深恐虛糜帑金而無益耳分河又必於河流迂曲之處乘勢利導所謂河頭也今清口而上河流迅直無河頭可引是欲分之

勢亦有所甚難且河之決或在所分之上決於上則分於下者亦涸矣故吳桂芳之草灣楊一魁之黃家壩不久而亦廢陶莊引河究未能暢流是亦前事之可驗者也

論河決之由

或曰後世何以多河決之患也曰防之而後決也譬如羣虎放之深山曠野則游行自如若以千百人夾之使之或東或西其噬人也必矣古之治水者順水之性疏瀹之利導之而已未聞爲堤以障之也平當之奏開竇

之詔理到之言也曲防起於後世然齊趙以河爲界猶去河二十五里而爲堤亦未近水爲堤也自漢乃有金堤石𪣻至宋仁宗天聖七年高弁高繼密上黃河諸埽圖宋史河渠志記捲埽之法與今同其記臨河諸州各埽即今臨河埽工也其馬頭鋸牙上約下約等名目即今之挑水排樁雞嘴塡也木岸即木龍也世謂捲埽仿於賈魯非也元豐四年澶州小吳埽決李立之分立東西兩堤五十九埽定爲三等以向著河勢正著河身爲第一河勢順流堤下爲第二河離堤一里內爲第三是

宋之埽多臨河也故河之患爲尤烈而後世治河者猶篤守之何也夫河本有正道淺者亦不下丈餘河即善遷必無越出平地丈餘東西橫流之理河本濁流無堤則秋水時至雖泛濫於兩涯之間然其勢散漫不爲大害水去沙停地反肥饒臨河之地日高久之河流不溢出於岸而河身日深曩者河南河去堤最遠河偶啗堤又爲一堤環之謂之塌堤還堤蓋內外之地相平堤穿而河不徙也自臨河築縷堤河去堤近者至以丈計河形迂曲堤亦隨之堤有定形河多變遷遠者忽近直者

反曲近者則偪河曲則迎溜既夾河而爲堤以爲束水攻沙不知河之兩涯既狹河之溢出者歲歲塡淤故臨河之堤高四五尺而堤外高至丈餘河之泥沙爲堤所束不得散布其塡淤於堤根者十之五而仍歸於河身者亦十之五故堤高而河身亦高以水面較之堤外田廬高者至丈餘沿河至海皆然堤近而曲河一薄堤堤穿即建瓴下注小則淹浸大則奪河於是捲埽以護堤或禦之不時或力之不敵或埽朽而移河亦遂決河決而正流淤則河身愈高刷之愈難屢決則屢淤屢淤則

愈高愈高則愈決此非堤防之爲害乎今河南開封府之河水面高如女牆徐州之二洪昔在水面爲漕舟梗今皆在水底不可復識王家營減水壩建於康熙四十年原以減洩伏秋異漲之水今霜降水落時水面乃高於壩五尺餘每秋後開之以濟鹽運非河高之明驗乎古之善治水者曰不與水爭地今欲讓之而不能此積重之勢也淮揚之人有一旦爲魚之憂河身無可疏之理而恃堤埽以禦河此不勝之數而日敝之道也國家經費日煩而不測之變不可勝防亦奈何不知所變計

乎

論河工補偏救弊之難

或曰河既不可分世所謂治河只有補偏救弊之法無一勞永逸之策不信然乎曰世之所謂補偏救弊者曰堤埽曰減水壩曰引河曰放淤四者盡治河之能事矣夫增卑培薄捲埽下樁所謂防之而後決者非但下策也蓋非徒無益而又害之也減水壩以爲減洩異漲之水夫此減下之水將安歸乎非泛濫於南東其畝之間耶即一減水壩爲一引河亦水過而即淤耳靳文襄公

多開減水壩以或攻之則欲費百五十萬爲堤以夾引河而徵其費於民田夫即能保引河之水之不旁溢不能使不淤墊也即能使民田不受引河之害而洪湖之泛濫不能免其害於西南沂沭之漲流黄河之偶決不能免其害於東北是非引河之堤所能禦也堤遂足爲利乎且費數百萬之帑金以治河而又有無窮之費以治各處之引河是以必不可行之事難當宁也且河勢變遷則壩亦徒費引河以避險是矣然亦只可行之於兩堤稍寬之處未有於堤外開河者且河或不成費無

所銷故往往畏而不敢言又引河之尾所直之處河復近堤是避一險而又生一險也且數開引河則河流益直直則刷沙無力而河身益淤此隱患之難知者也至若放淤必其堤外地勢與堤內高低不甚相遠且係直溜或可行之若夫地勢過低溜勢稍曲恐難收束致生他患且新築之堤生土難恃既舍舊堤新淤之土一遇坐灣崩潰必速皆未爲計之得也嗚呼補偏救弊直所謂捧土塞河耳而世方守之而不變蓋亦計無復之已

論河道宜變通

或曰子之深有感於河之爲害而慨治之無其術也其亦有長策乎曰難言也非常之原黎民懼焉蓋一出口而世已目爲病狂爲怪誕也雖然鳳泗及濱海之民困極矣天心有悔禍之時則河道終當有改易之日吾存其說以俟後世不亦可乎夫河之徙而南也世之人不惟不以爲怪且習以爲固然反若利其如此者只知爲漕之便而未知其爲害之酷如前所陳也劉忠宣公疏云河南山東兩直隸地方西南高阜東北低下黃河大勢日漸東注究其下流俱妨運道萬侍郎治水筌蹄云

河南屬河上源地勢南高北下南岸多强北岸多弱夫水趨其所下而攻其所弱近有倡南堤之議者是逼河使北行也由是言之二公非不知地勢之南高北下非不知水性之就下而終强河使之南者以妨運也然雖强之南而河屢決而之北而其決又多自金龍口其北者多由濮范注張秋由大清河入海嘗試考之漢元光決瓠子注鉅野五代晉開運元年決滑州浸濮鄆環梁山合於汶水宋咸平三年決鄆州浮鉅野天禧三年決滑州歷濮鄆注梁山濼鉅野澤通連梁山濼即在張秋

東金章宗明昌五年決陽武由濮鄆至張秋沙灣入海
弘治二年決金龍口下曹濮衝張秋弘治五年復決金
龍口潰黄陵岡再犯張秋由東阿鹽河入海萬曆十五
年萬曆三十年皆決金龍口崇禎四年復決金龍口衝
張秋　世祖章皇帝順治五年河決封邱朱源寨築金
龍口堤朱源寨近金龍口也九年河決封邱大王廟口
水從長垣趨東昌壞安平堤北入海安平鎮即張秋大
王廟即金龍口之東　聖祖仁皇帝康熙六十年河決
武陟釘船帮馬營衝張秋入海六十一年復決武陟秦

家廠衝張秋夫河南各險工不數年而即變一有疎虞其決而之張秋必也今河之南徙既拂其就下之性而河身日高不可得而疏縷堤日近不可得而遠也淮黃交流其害日深不可得而補救之也河之行在在皆危導則何若去危就安因其勢而利導之乎今自東明而東皆有洪漆等河故道自張秋而下以至於海所謂大清河即濟漯之故瀆深至二丈餘寬至數十丈每年惟戴村壩減下之水行之此亦天之所以待黃流也而大清適符國號豈非河至今日必行此道耶是亦奇矣今

誠自張秋而西測量地勢因河所數行之處另闢大河
引之壑地其張秋以東即因鹽河大清河開浚之計所
費不過數百萬當兩河數年之費其利有不可殫述者
河既北流清口而下淮水獨流暢然沛然洪澤湖之水
盡洩而入海延袤數百里盡涸爲膏腴之田利一桃清
宿睢環湖之地尚有在水底而徵賦者今永無湮沒之
患宿邳之水有所洩不致爲黃運兩堤所束利二沂沭
二河原入於淮爲黃所格今河分洩入淮則安東海州
沭陽不致屢歲告災利三洪湖無減下之水高寶諸湖

復涸出數千百頃之田利四高郵各壩無減下之水下河諸邑永無淹沒之患利五淮水既消則鳳泗各州縣衛永無洪湖倒漾之患無蠲賑之費向之水沉地畝數千百頃皆可涸出而爲膏腴沮洳之鄉皆可耕種流亡盡復荒蕪盡闢國賦倍增利六懷遠壽州鳳陽臨淮阜陽霍邱各濱淮之地以淮水停蓄歲歲被災今皆隨時消落麥秋告稔利七潁亳太蒙各州邑渦肥沙茨諸水均入於淮以淮之倒漾而田多被淹今支流由淮而洩各溝渠之水又由支河而洩利八河南之水由各支河

入淮者向以淮河項阻未能疏浚即上游疏浚下游無路宣洩終屬無益今皆可漸次疏通利九毛城舖峰山四閘天然閘無減下之水以爲宿靈虹之患利十蘇家山八十里無堤之處無減下之水則銅沛不致受淹而微湖不淤旁湖之田涸出數千百頃利十一河南山東各濱湖州邑之水向爲堤所格今大河之故瀆既空皆可由之宣洩利十二新河永不復築堤其東南近山一帶更無需堤歲省兩河堤埽官役之費六七十萬利十三河南山東淮徐之民歲苦辦料今可永停利十四南

北舟行無洪湖之險利十五葦蕩營數百萬之葦柴推以與海濱窮民利十六運河分淮流以入江永無黃水淤墊之患利十七運河諸閘洞或欲閉以濟運或欲洩兩湖之水均不得由民便今可隨時啓閉以資灌溉利十八沿河柳園板荒地千百餘頃永爲民業利十九開封去河四十里水與女墻平河既改流永無不測之患利二十徐州濱河水漲灌入城內石堤瀕危今無河水嚙城之患利二十一河南各漕水次可改近黃河直下張秋免遠輦衛輝利二十二夫有此無窮之利而人不

敢爲非盡爲漕計也蹈常習故苟爲自全之計未有能不顧一身之利害而以國家之縻費爲可惜民生之昬墊爲可憫者是可歎也矣

論運道宜變通

或曰子之侈言改河之利也廣矣大矣其若運道何曰固籌之矣終明之世河每淤運故竭其力排河以遠漕開泇河以避河也然豫兗之河決而東運道中斷且排河以遠漕而河乃肆虐於農又阻淮而與之共肆其虐夫漕出於農農病則漕額虧截留賑濟又爲漕病而每

年治河之費又不貲是欲全漕而不知其所損實多夫既苦河爲漕害則當專治河而以漕附之以行乃排河以遠漕而實以虧漕又不能保其不害漕古今潰潰甚矣其愚也近若孫護孫嘗言改河矣乃曰黄水由張秋入大清河不過穿運河而東無冲擊之危余闕亦曰河東兩會通之漕不廢此不通之論也河東則汶與俱東矣顧剛中曰會通之河不廢則河不可得而東胡東樵曰會通有時而不用則河可以北此不知變通之術也夫使河東而廢漕則河斷不可東乃河東而漕愈速則

亦何憚而不爲乎是故其說有二昔元由海運苦其漂失謀開膠萊河而不能明苦河淤運亦屢開之而卒不成不時江陵當國爲練習世務何不畏海道之險而爲是乎蓋海道爲登州府今榮成縣之成山頭其山陡入海中舟至此多壞逾此則沿海濱而行名爲海袖皆有海口停泊與大洋絕異今海舟之由登萊至天津者風帆如織乾隆三年轉運登萊倉穀數十萬石至天津未失粡粒此又近事之可驗者今漕舟由汶入河由河入海其達津門也一日夜耳而又無一切築堤修閘挑淺

剝船之費是坐收膠萊之利也昔明之運道曰淸口溯黃河而入鎭口閘凡五百餘里後改泇口亦溯黃二百餘里本朝初年因之後逆流而上未嘗愆運況今順流而下乎此一說也夫人之畏河也如虎其於海也望洋而驚今驅漕舟入之必譁然以爲怪吾寧卑之不爲高論以駭俗今衛入漳之上闢開河以斜入於黃審其地勢以次爲數閘以節宣之由汶達河由河溯衛以入於漳是不過迂漕舟一二日之程可安行而北矣猶以爲未便乎河旣通海則舟行必多事諳於習而人情趨便

重運或由河海往而空船浮漳衛還均於天津張秋齊帮亦惟旗丁是聽此兩利之術也若夫沾沾爲漕計寧使國家受虧漕之弊東南之民歲被湮沒之災而斷不使漕舟迂一日之程受一浪之險此安得爲明於利害輕重之數者乎

論漕運宜調劑

或曰漕之浮於漳衛也常苦淺今分之是愈淺也曰向者滏合於漳自漳之南而滏乃別行今磁州臨漳漳滏相近之處不過十餘里若爲閘引之是分衛而益以滏

也磁州資溢以灌溉而漕之需溢常以三四月非民田需水之時也仿衛源分日之例可也五月則汛水至矣且河海之便利也不十年而旗丁將自易而爲海舟矣其未易也海道既通海船可抵張秋分載其米與貨則船輕而無慮水弱矣免沿途起剝之費亦旗丁之所樂從也且天下事緩急宜酌其中過緩則病上過急則病下今漕舟之往返也不已急乎太倉之粟陳陳相因非待哺也征糧常以十月又挽運而之水次甚需時日非果能冬兌冬開也速歸何爲其北上也驅之急則添縴

有費起剝有費棄其貨則賤售而困乏昔之回空常以八九月今常以六七月北方梨棗山柿晚松秋菽皆未及其時回空無所携則丁日貧貧則盜米虧額弊卒中於上今誠停巡漕之遣毋掣督漕者之手使得酌其緩急之宜度不致於誤漕而止漕之北也遇淤待濬遇旱待雨甚則分載而由河海亦無不達淺水起剝築壩牽挽而行十日水至則一日而至其遲速等也今稍停泊數日即官吏張皇事或上聞致干嚴譴於是築壩以束水而棄貨以輕舟乃朝築而水夕至矣貨不可復公私

皆病則奈何不稍需之也此司國計者不可不知也是故寬漕期一日之程則分衛之有餘而分滏之閘可不啓也或曰分滏則天津之舟不能至曲周非順廣之利曰今磁州邯鄲皆有閘而舟未嘗不通蓋此河所行皆小舟有底水尺餘兼有浸閘之水即可浮舟矣或曰分滏則磁之稻田必減泜河之水利微矣曰滏之灌溉自九十月以至二三月邯鄲以下可以澆麥田此漕不需水之時自三月以後皆磁專其利其餘利之及於永年者僅矣今仿衛源分水之法以兼利磁州之田即或其

利稍減而以數省之利害與一邑較孰大而孰小以國家之漕運與豪強之歲收較孰重而孰輕不待再計而決矣且不種稻亦可種麥非棄爲石田也況非水小之年淤原可不分乎

辯惑論

或曰子之言運道之變通也固也而世之不能無惑者費大而功難必也夫費而成功費雖大不惜也顧或者河改而運口淤河北而泛濫如故或北奪衛或東浸汶或下茌平以東奈何曰此當綜古今之河道而論之也

天地奠位而河行乎間洪水以前河之故道安在河自三門而下其勢東注爲山所束故循成皋廣武而北此禹未治河以前之故也禹之治水因而疏之未有改其經流者也太史公謂禹載之高地非也自河徙宿胥口已折而東又稍折而北然其勢常潰而之東漢之屯氏宋之北流堤埽之勢激之使然也王景自滎陽下引河蓋建始及王莽時決河之故道景修而用之遂貽千載之安是時河由濬滑澶淵故奪漯川之故道以入海自河徙而南汲胙之流已絕故自元明以來河北決皆衝

張秋無有北至大名奪衛入漳者蓋滎澤而下至荆隆口與張秋東西相直也康熙六十一年河屢決武陟在荆隆口之上泛濫三十里亦未至開州也夫其決而散漫於平地猶能直注張秋況開河以引之乎今荆隆口埽下之河深至五丈蓋地勢至此而北岸愈卑雖開引河而汛水至仍由故道分流前此亦曾開引河不數年而仍歸故道今之引河亦不數年而即淤耳若於此引之決五丈之河以下注所謂建瓴之勢也但由封邱以抵張秋如洪河沙河魏河漆河故道頗多宜擇堅地引

之可以持久河之南也以注梁山匯鉅野也今其地屢淤而高南旺反爲水脊斷無或南之理其注張秋也既有建瓴之勢亦斷不至岐山出於茌平元明以來決河之故道可考也凡水之入於黃河者濁泥之漲入無不處淤然旋淤旋通昔之鎮口泇口今之楊莊未嘗淤而阻運也糧船抵張秋尚非黃水盛漲之時若於汶衞入河之處爲閘以冲刷之淤可立通也兩河之費已省專力於運口事亦非難其荆隆口以上西至原武百餘里大概土堅而河寬防之亦甚易或竟從上游導之無不

可者或曰開河則必多壞廬墓曰遷之可也河之南也其勢常潰而之北而決在豫之北岸其所隳突廬墓得無恙乎且河之南其爲害之劇有如前所陳者亦安得不權其利害之輕重而爲婦人之仁乎或曰沿河之地必遭淹沒非山左之利其能已於怨咨乎曰是乃所以大利之也河自徐州而下堤近河自徐州而上堤稍寬河灘肥美麥收數倍故沿河之邑皆富饒今濮范壽一帶多沙鹵瘠薄河流經之淤爲膏腴此東人之所禱祝而求也

論開河不宜築堤

或曰開河已費又必爲兩堤夾之是愈費也曰堤毋庸築也使其有益雖費何傷無如非徒無益而又害之如前所陳防之而後決者是也俗亦有臨河不打堤之說是知堤之不能障水也故宋任伯雨寬立堤防約欄水勢之語古今奉爲格論然使堤去河十餘里水所不至則亦何需乎堤既已欄水是水所至也河勢變遷今已爲遠不數年而河逼矣昔築之爲恐不堅者今欲去之而不可得河之決也雖數里之遥堤無不立潰堤亦何

益乎明知其無益而築之不已且再三築之守賈讓之下策爲不易之良法蓋束水攻沙之說深中人心其流毒未有已也今奈何復踵其覆轍乎或曰河之防之而後決也故以堤爲害周定王時未有堤也河何以徙曰河有徙有決有溢穿堤而潰曰決移於平地曰徙泛濫於兩涯曰溢昌黎云引繩而絕之其絕必有處河亦未有無故而徙者周定王時河徙宿胥口入漯川也其自長壽津與漯别行東北入海亦必有當時九河之故瀆引之而行斷無平地自開一河者但去古既遠無所稽

考耳宋之北股行永濟也東流唐之馬頰也河之南也行汴渠奪泗合淮皆非於平地自開一河也今世所謂天開引河者亦必舊有河形適當土疏惡之處漸刷而深人未之防水驟漲則奪溜耳然亦絕無僅有之事又或人力導之以其成之速故神其說未可盡信蓋有堤則外高內卑河決以全力乘建瓴之勢故冲刷成河無堤則水勢散漫平衍何由而決即水大而河溢旁河之地反得填淤麥必倍收不爲患此事理之至明者也不然古無堤而河不煩治今堤防峻河何以多決也即今

陳家浦以下至海口百餘里兩岸皆無堤而河流不徙海口不移其明驗也今長清濟南一帶皆山麓固無須堤而自滎澤至張秋又皆有漢時故堤稍修之亦可爲大河一帶之遙堤其南即以太行堤爲遙堤是兩岸無堤而有堤也其舊有旁支河形之處爲平堰寨之循河上下橫塞數處如今所謂土格者高不過二三尺許兩端漸殺與地平水至即淤成平陸如是而河何由徙自古河徙者十之一河決者十之九則堤埽之爲害也然則古人束水攻沙之說非乎曰此其說深中人心篤信

而守之者數百年於此矣而河身日淤日高其決彌甚束水矣何嘗攻沙且水究何能束蓋無堤則水勢散漫而沙亦散布於兩涯束之則沙皆聚於中流無堤則水流迅疾沙反隨水去束之則水深深則流緩緩則沙愈停安能攻沙人但見偶淤之處束水奔逸以爲刷沙之明驗而不知長河停緩河身日淤之隱病且水有長落無堤則水消之時凡小河及瀝水皆可入河以消有堤以格之堤以內皆爲巨浸其爲民田之害大矣而人皆習而不察吾言其庸有豸乎

論經理東南之策

或曰河之南也歲費帑金數十萬然兵夫窮民亦得託以謀生今一旦已之將安歸乎曰聖人之治世也四民之族各予以養生之道未有爲無益之費以養之者且所養者有限而被害者無窮是有大費而并不得爲小惠也靳文襄公濬高郵之運河淸水潭深入二丈餘乃見古井古街磚石宛然淸水潭最低之處向爲民居乃知高寶諸湖皆民田也近折修淸江閘亦於二丈之下見民居街道是水之壅而日高淹沒民田不可數計今

河自北而淮自東淸水日刷淮流日深宿靈虹泗邳睢海沭洪澤高寶諸湖涸出之地亦不可勝計選實心爲民有幹濟之人分道淸理兵夫貧民計畝授田毋令豪右侵占倣明時軍衞之制立爲屯田雞犬桑麻皆爲樂土安在其失所乎惟是沈災方淡流亢新復宜留河工二載之費以爲牛種房屋開渠築圩之費變滄海而爲桑田此東南第一大利也至河之北也既無堤埽行所無事事簡則無須設官分隸其事於各道暨水利丞倅以時巡循豫東縣丞主簿之管河者仍之移調近河南

河河員送部以對品候補則亦無棄人矣或曰如是則前此水利不虚縻乎曰大患除則利可與今田畝無溝洫水無所洩農田之通患水利開濬之溝渠其爲利大矣尚苦其少故今議留河工二年之費以益之安得爲虚縻乎

河干問答

河干問答終

定盦河工書牘

定齋河工書牘目録

黔南叢書别集

定齋河工書牘

安平陳　法定齋箸

井利奏代勸農使

爲敬陳井利以資灌溉以裕民生事竊惟災祲偶見天時之不齊未雨綢繆人事之補救臣以庸劣三奉巡農之命夙夜兢兢愧無一得之愚仰贊高深于萬一欽惟

我皇上宵旰勤勞軫念民依畿輔偶有水旱之災即發帑賑濟截留平糶蠲租賜復有加無已異數隆恩曠古未有近因雨澤愆期竭誠祈禱瑞雪甘霖屢次降沛所

在有秋臣巡歷州縣所至循行村落與農夫野老宣播上諭無不歡欣鼓舞各勤本業惟是直隸旱地多而水泉少其有河水可引者已蒙皇上發給工本營治稻田其餘平原曠野俱屬旱地一遇雨少之歲農民束手無策雖膏腴之地亦如瘠薄至民間偶有鑿井澆灌者名爲園地即雨澤偶遲而人力可施禾苗青葱可愛詢之鄉農一畝之入雖瘠薄者較旱地亦爲倍收則是鑿井灌溉誠爲備旱之良法臣愚以爲宜令各州縣將一縣地畝細細清查除有河水澆無庸穿井幷沙地山崗不

能穿井外其餘俱令徧行鑿井臣查土井一口需銀五錢可灌地五畝一二日之工可成窮民有地十畝有井二口每歲兩季可收斛斗三十餘石用力少而成功多但富民田連阡陌廣種薄收既不暇穿井又不肯爲佃戶穿井宜飭地方官查明各富戶地畝若干勸令陸續穿井其本出之田主人力出之佃戶田租倍收于田主亦爲有益其雖非富戶而力可穿井者亦往往仰賴天時怠惰偷安不思自盡人力宜不時督察設法勸懲至窮民有地十畝力不能穿井者計兩井之費與井架轆

轆需銀一兩五錢若不少資以工本其力必不能穿井一遇旱乾即鬻田逃走深爲可憫請援照營田工本之例如有此等窮民力不能穿井者令州縣官查明取具鄉長地方甘結按井口多寡酌量借給每銀五錢秋收還穀一石其未經領運漕米之州縣將去年平糶穀價酌量借給在官可免買補之煩而民得穿井之費實爲兩便且即以其地之所出以完借項亦不致虧欠如此則窮民歸于勤苦人力可施即偶遇歉歲亦不致俯仰無資夫旱地廣種多而不精且旱潦無備若井利可興

將地無遺利且富戶亦不能多種勢必分佃貧民而人有地可耕不致流爲游惰正供亦無虞逋負至州縣官所借工本及收穀還倉之處皆令本官上司稽察每年所穿若干井亦于秋收後造册申報其有實力奉行穿井多者亦應分別議叙若州縣官不行嚴查有將舊井指爲新井冒領工本者本官上司查參如此則州縣官有所勸懲而小民均沾實惠矣臣爲農功起見謹據所歷地方情形敬抒末議仰祈睿鑒如果臣言不謬伏乞

勅部議覆施行

代都侍御奏安山湖情形

謹陳安山湖查丈情形以抑豪强以惠窮黎仰祈睿鑒事切臣於五年冬蒙恩簡命巡視南漕駐劄濟甯凡有關于國計民瘼無不留心訪察勉竭愚誠據實奏請以仰副我皇上愛民如子之盛心因查東平州安山湖地卑于河並無泉源且沙土疏漏涓滴不能收蓄較之蜀山馬踏等湖可以蓄水濟運者原逈不同因不揣冒昧奏請將湖地給沿湖貧民墾種奉硃批是汝即同白鍾山朱定元詳悉查明如若可行令彼二人具題可也隨

移咨河臣白撫臣朱會同查議河撫兩臣與臣意見相同亦以無礙蓄水有益小民題請給民墾種經部覆准在案惟是微臣愚昧之見原因沿湖窮民謀生無策不若聽其開墾每歲可收麥數萬石足以全活數千家以廢棄之湖使民收無窮之利實與失業貧民有益原未許豪强兼并以爲利詎意工部議覆河撫二臣會題案内于原奏之外特加以應查明原圈業戸令其具領承墾其無原業湖地准令附近居民具呈請領等語茲臣訪聞豪衿劣紳假復業之名紛紛具呈求領原圈地畝

多或數十頃少亦八九頃一與較論反以奉部承領爲詞肆行强佔是盡全湖之地尚不足供豪强之瓜分尚有何尺寸波及窮民伏思安山湖原係官地從前各戶墾種輸租并非祖宗相傳世買之業即間有愚民私相授受但已經封禁十餘年滄桑更變租經豁免地已歸官更有何原業之可復且當日多係豪强承墾陞科在今日俱爲原圈業戶并無原業之湖地今部議令查明原圈業戶令其承領其無原業湖地准令附近居民領墾是但有復原業之地并無給窮民之地也臣前此奏

請原爲窮民謀生計非爲豪强請復業也若奉行不善是皇上軫念窮黎之至意反遂豪强兼幷之奸謀臣愚以爲地既已屬官湖只論其是否窮民無論其有無原業如果係窮民即非原業亦當給地如係豪强即爲原圈業戶亦不得侵占尺寸伏乞勅下河東河臣山東撫臣委强幹之同知通判一員協同該州清查先將該州實在窮民查出造其戶口清册加具印結申送每戶分地不得過三四十畝如附近州縣有查送窮民亦造册加結關送倘有豪强指稱業戶肆行强占幷影射揑冒

等弊即行查參如此則豪强斂迹而貧民均沾實惠矣臣仰見我皇上宵旰憂勤視民如傷不使一夫之不獲而此湖實係沃壤若經理得宜可活窮民數千家實于民生有益但恐該部膠執前議仰懇皇上斷自宸衷俯賜恩允臣爲窮民請命故不避嫌怨據實陳奏是否有當伏乞睿鑒施行

覆裁總河摺稿 代白制府

爲瀝陳河工實在情形仰祈睿鑒事臣接閱邸抄見侍郎周學健奏請裁河道添設之員一摺奉硃批大學士

九卿議奏是河東總河暨廳汛人員之應留與否自應靜聽廷臣酌議奏請聖裁臣亦毋庸置喙惟是侍郎周學健未曾深悉豫東兩省河道今昔形勢之變更亦未于伏秋兩汛親履河干目擊水勢情形亦未知近來夫料辦理各緣由與河干向來章程定例而徒採聽風聞得之道路之口信一偏之詞遽瀆天聽故其所言與現在情形迥別均之未得其實也臣蒙恩簡畀總河八載于茲力小任重日夜冰兢迺年以來因臣舊有怔忡之症惟恐貽悞河工屢次具摺奏懇解任未蒙天恩俯允

是臣之毫無貪戀亦久在聖明洞鑒之中但河工定例首嚴浮議蓋以局外之人逞一偏之詞搖惑衆心不惟事多掣肘辦理維艱亦且衆力懈弛人懷畏避所係非輕故臣不得不據實縷陳仰祈聖鑒臣察黃河爲患自古而然聖祖仁皇帝臨御六十一年久享安瀾之慶世宗憲皇帝廑念河工添設總河其時以齊蘇勒之熟諳河務精敏强幹故大學士嵇曾筠之清慎明晰經畫得宜其才守勤勞視前此河臣不啻過之此皆兩朝倚任之老成乃昔日從容指揮坐享無事後乃竭蹶奔走添

設員弁而險工林立歲歲修防凡在河工人員揆今昔之異同皆不能解其何故此侍郎周學健所以有昔日安瀾順軌豈今日而其勢加猛其流加迅之說也然臣嘗博採輿論并細訊河干老吏乃知河身之淺深溜堤之遠近河灘地勢之高卑皆有今昔之不同故河工之平險治河之難易亦今昔懸殊未可一槩而論黃河本係濁流必河身深通然後沙隨水去數十年前安瀾既久則河身愈深伏秋大汛水勢消長不常惟驗之霜降水落之時從前中泓深至一丈五六尺不等今則除埽

底坐灣之處其餘深者八九尺淺者四五尺蓋緣康熙六十年河決武陟大溜北瀉直注壽張之沙灣由大清河歸海六十一年又決于秦家廠雍正元年復決于中牟縣十里鋪武陟縣之梁家營二年又決于蘭陽之板廠是時尚未添設總河也當其潰決之時大河故道褰裳可涉屢決之後雖經堵築而河身已節節淤高矣此昔深而今淺之故也從前瀕河原止設縷水隄去河或十數里只以約攔水勢其去河近者遇河勢遷徙偶爾坍塌而隄之外一律平衍隄雖塌而河不變復行補築

謂之埽隄還隄故豫東兩省幷無埽工自可毋庸集夫辦料今之臨河大抵從前原係攔水壩視險要之處添設以護縷水隄斷續不一康熙四五十年間因縷隄之外攔水壩之內村民漸稠貪種灘地其時河隄多係民築民修遂將各壩漸次接連以障水其去縷隄近者即屬之縷隄故其形勢迎水兜溜至今爲梗且逼臨大河遠或數里近止數十百丈然其初猶謂之民埝逐漸加高遂成隄形每歲伏秋大汛河水出槽漫灘水退沙停臨河灘地逐漸淤高隄外之地勢日高則隄內之地勢

日卑欲退守縷隄而不能於是不得不就昔日之民堰加高培厚以爲臨河大隄反指原設之縷隄爲二隄此隄之去河昔遠而今近地勢外高內卑之由也河身既已淤高大隄又復近河伏秋大汛上源諸水交發幷漲頃刻之間盈隄拍岸且大隄歲歲加帮而河灘亦歲歲淤高今隄外臨河一面地勢或高于隄內丈餘或七八尺不等一有疎虞則建瓴之勢奔騰直注必致奪河或坐灣近隄若不下埽搶護則潰決可以立待昔之治水者不與水爭地今欲退守尺寸而不能此皆河工積重

之勢臣所謂蒿目憂心而無可如何者也故河仍然一河而形勢之平險辨理之難易相去何啻霄壤周學健未能深悉其故只執數十年以前之情形論今日之河工亦無怪其爲此紛紛之説也此其言之未得其實者一也屢年築隄皆係加幫大隄其遙隄月隄乃四年歲收歉薄以工代賑之工地方官領帑承修河員并未經手至挑挖引河昔聖祖仁皇帝巡視河工屢諭河臣張鵬翮令將黄河曲處挑挖使直水流暢快則泥沙不淤在今日則直因河逼大隄故開河引之使避險工又非

但使其暢流刷沙已也此其工費較之下埽護隄尚爲
簡少又免年年加鑲之繁費惟是定例必河成始准開
銷一經淤塞則所用錢糧皆承挑之員賠償故尤不敢
輕舉且凡河工一切工程皆臣親身查勘實係隄身卑
薄地當險要然後加幫實係大溜逼隄情形危險然後
興修埽工若上游坐灣有吸川之勢或應開引河再三
相度再四籌畫皆不得已而然及其工竣報銷又復再
三駁減今周學健乃謂今日興一計以爲何處應添築
遙隄明日興一計以爲何處應添築月隄其他開引河

之工殆無虛日皆河員假以爲侵漁冒銷之端夫屬員之蒙蔽上司事亦時有惟是河干工程築隄開引河則有土方丈尺可量大工則有所用料物可查即欲侵漁冒銷亦無所施其伎倆臣雖至愚亦何至爲其蒙蔽聽其冒銷今兩河所築之隄工所修之埽壩所開之引河皆可一一履勘何處非關險要是否冒銷可一望而知自世宗憲皇帝臨御以來整綱飭紀釐剔蔽端我皇上明並日月無微不燭河干積習久已肅清周學健乃爲此影響無據之談是仍以數十年以前之情事論今日

之河工此其言之未得其實者二也黃河水勢驟漲隄工非平日增培豈能不日成工料物非平日運積險要之處豈能一時應手若不爲曲突徙薪之計雖焦頭爛額亦復何益至若興舉大工必係大溜直抵隄根然後下埽故名爲縷隄埽又謂之沉水埽若如周學健所言工尚未險溜尚未改豫爲張大其詞聳動河臣不得不爲上請興舉大工不知工尚未險溜尚未改是大溜尚未至隄未有于乾灘下埽之理即欲興舉大工而無由是周學健尚未知下埽情形亦未見大工興作徒依稀

恍惚爲臆度之詞且凡有大工皆臣親赴工次再三相度水勢情形臣亦曾經閱歷工之應修與否臣豈竟毫無主見若如周學健所言是臣閉目拱手一聽屬員虚詞聳動臣之不肖尚不至此此其言之未得其實者三也河工需用人夫或堵築決口工程浩大事須速竣故不得不派之附近州縣然其事不常有其大工搶險與開挖引河即係附近居民又皆按日給銀並非苦累至幇隄工係按方給價濱河貧民情願赴工力作每年賴此以餬口亦非州縣派撥周學健乃謂豫東兩省之民

疲于工役此其言之未得其實者四也河工收料臣惟恐河員重秤掯勒是以較定官秤給發各廠大張告示嚴查密訪復嚴飭各道就近稽查一有弊端即行揭參黃河各道皆兼管地方豈肯罔顧民瘼聽其任意勒索額外多收又豈肯代爲徇隱自蹈失察之愆從前料物河員與地方官分辦臣惟恐弊竇潛生飭令各道將料價委員賫交各府知府轉發各州縣河員不得染指旣不分辦周學健所言以其所餘遮掩自辦之不足者自可毋庸深辯此其言之未得其實者五也河工修築工

程皆于報銷册內將承修之員註明係河員承修者河員保固係地方官承修者地方官保固從未有河員承修之工令地方官分任追賠之事惟欽定例內黃河陡遇冲決所用錢糧准其開銷六分其餘四分府縣與道廳營汛分賠若在保固之內則係承修之員獨賠亦未嘗無分別也深惟定例之意蓋以河防民社原屬一體伏秋大汛一遇搶險安危界于呼吸運料集夫全在地方官同心協力若令其優游事外袖手旁觀勢必貽悞所關非細但此等分賠事不常有當今聖明在御河獄

效靈亦何得執間有之災異概平時一切之工程至水大之年伏秋平穩蒙恩議敘凡沿河地方官皆與在工人員一體開列上請皆有案可稽周學健乃謂河員領帑承修之工令地方分賠議敘則河員獨膺斯典此亦何殊夢囈此其言之未得其實者六也夫河工每歲修防皇上不惜多費帑金河員櫛風沐雨不辭勞瘁無非爲民田廬舍計安全至于用夫則給庸直用料則給料價歲歉則增值聖恩可謂至優至渥爲地方者誠能仰體皇上廑念河工奠安民生之至意且知黃河北隣運

道天庾攸關捐形迹化畛域不肯稍存歧視之念則紛紛之論何由而起臣受恩深重圖報維艱才具雖所難強心力不敢不竭何敢稍避嫌怨稍存欺罔區區愚誠惟祈聖主昭察臣謹具摺奏明伏乞聖鑒

畿輔溝洫議一

畿輔之被水患屢矣率二三年而災八年之水爲大而十一年復過之較之南方天雨未爲甚也而已爲大水大災矣其故何也昔者聖人疆理天下畫爲井田有溝洫誠以此爲民生衣食之源一日不盡力則湮況其無

乎自井田廢而水患烈又隄防之以失其性則潰決愈甚此天下之通患而畿輔爲甚蓋其地環太行之麓水之走下不啻建瓴又多沙淤當其無水稍有河形直等平地更無涓滴雨或一晝夜而乾河成洪流矣于是乎誰山之水諸河之流崩騰淜湃散漫橫溢又漲入諸河其諸河道河官防而不疏隄高身淤平時水已高出於地一經驟雨潰決四出其稍卑濕之處汪洋瀰漫烟波浩渺茫無津涯竟同澤國數萬頃之民膏民脂盡付波臣閭閻日益蕭索貧困哀鴻遍野朝廷蠲賑動以巨萬

計公私皆病其沙河則又移徙不常沙四散衝壓良田小民永失故業水退沙乾隨風飛捲又掩蓋近傍諸地其害不可殫述夫水置之平地而苦其泛溢而有憾於造化豈爲得其平哉今滇黔蜀粤多廣川深谷雨或連旬亦不爲災山右亦多深溝以納谿流故水災甚少今宜濬諸河之傍使之益深而即其土增高其隄或別開溝渠以殺其勢而達於蓄水之所如大陸澤甯晉泊東西淀諸處其入泊淀與海之口務深通廣闊至諸邑志皆有潭泊往往載其題咏有州水之觀今盡淤爲平田

宜於各邑卑下之地益濬之使水有所停蓄至諸泊淀之旁有隙地毋度爲圍田而與水爭地水小之年與水未至之時小民耕鑿其旁留其有餘以與民而毋以荒地徵科舊有河而今淤如古漳河古龍之類益疏道之以分諸河之流縣令每歲督民疏濬巡察使者視其治否列之考成務峻其法如是則水有所宣洩水害除而水利可與此畿輔萬世之利也或曰勞民棄地而迂遠難成夫聖王之世亦有公旬今農民冬春農隙之時不羣飲樗蒲則遠出焚香用其力以除其害不亦可乎成

大功者不規近利需之三五歲而成未晚也獨其地之糧不及一歲之賑窮民之無地者與之傭値費十數萬亦不爲多民足而君足直寄之外府耳若夫不盡人力以節宣而徒徼天幸未雨則怨旱既雨則苦潦亦難乎其爲蒼蒼之天矣又南方雨之日多而北方旱之日多蓋雨者陰氣之升感陽氣而降者也山澤通氣南方川澤多則陰氣易達雲霧蒸而爲雨北方土亢水少而風厲陰氣不升則亢陽易甚仲舒求雨法皆達陰氣也今溝渠既多則陰氣易達雨澤亦易且諸渠蓄水可以備

旱此亦理之所可通而事之兼及者也

畿輔溝洫議二

北方苦無溝洫稍霖雨即害稼議疏鑿之則勞費不貲人情樂於便安難與謀始事關隣封則尤爲牽制故多廢格不行無已則疏其積潦可乎夫水泛濫均受侵沒惟最卑之所水退而霪潦停積累月經年民甚苦之決而下之則以隣爲壑難免呼籲按山左輿圖東面環海北有運河沿隄皆有進水減水閘恩德聊博間有老黃河漯河而曹濮鉅嘉間多有黃河故道西南有南陽湖

水不患無所洩若令各州有積水之處繪圖貼説以聞遣官相度爲渠以達於經流宜深而不宜廣酌其地置閘閘内築土壩使下游之人掌其鑰官爲明立約束勒之石水盛則閉水退府遣員按視啓閘使停積之水由渠漸消冬春可布麥而下游亦無害此兩全之術也

河干偶答

客有問於余曰河工辦料諸邑騷然子知之乎曰知之官價之不敷也運脚之本無也遠邑之輓輸難也包納之價數倍也河官之重秤納戶之守候也胥役之滋擾

也凡此皆累也客曰然則子亦既知之矣曷爲不加價曰定例也曷爲不給運費曰定例也子不見豫撫之奏乎曷爲取之遠曰取之曹單者已多非協辦民將不堪曷爲不禁包納曰勢不能也民有料少而道遠以包納爲便今催料者必自封投櫃民反困也料猶是也然則河官之弊何不禁也曰固禁也秤由曹令較發有監收之丞監秤又增之地方之佐雜皆由府遴委往來督察視向者固已十去八九也然則曷爲有重秤守候幷數斤而完一斤之物議乎曰固有之也民以牛車運料遠

至百餘里人畜往返五六日雨雪又倍包料者爲計其所費而索市賣之値是以一斤而有數斤之費也而侈其事以恐愚民而索厚價於是乎重秤守候之說紛然然則胥役之滋擾何爲不幷禁之曰勢不能也河道不與地方事視之若贅疣然亦嘗大聲而疾呼矣聽我藐藐於例誤料有核承辦之不善郡守巡道察之然則曷爲此紛紛者以重爲民困日不得已也隄去河近者以丈計水至無料捲埽禦之隄穿而河決衆爲魚矣勞民以衞民曲突徙薪之計也然則河南江南亦若是乎何

未聞有議之者曰江南之葦蕩數百里料易得河南辦之久矣故安之山東自去歲河溢而險工愈多辦料浸廣而適値歉歲故人情驟以爲難然則河工必備埽乎曰此下策也請問上策曰難言也天下事惟河工不宜妄談非身歷之熟籌之不可也且言之徒令人驚心而咋舌耳請問中策曰開引河是也河南則引之北北則引之南惟是河性善淤偶有淤者開河之費惟河官是問此其所以難也制府亦曾請之而格於廷議是中策且不得行也然則子之爲河道人多謗之者何也曰固

也上官之檄曰料不集河決河道之罪邑令之文曰歲祲大索料不恤民河道之虐且子以爲河道之得爲所欲爲乎謗安敢辭客曰子毋爲辯言以洗謗而務盡其所得爲則幾矣余瞿然起曰有是哉敬聞命矣

總河白公壽序 代顧漕臺

今上御極之十年歲在乙丑遡聖朝定鼎迄今百有一年總河白公是歲花甲一周五月下浣其覽揆之辰江淮吏民蒙被恩澤羣謀所以爲公壽者公固謝遣之監司諸君進曰請無事筐篚之陳而乞漕使顧公文以侑

觴公欣然首肯曰顧公知我文吾當拜嘉雖然幸勿張之屛間以絹素錄之足矣諸君請於余曩余亦忝治河之任於畿輔公在山左治所毗連嗣余董漕北上公經畫運道漕度無愆及公之南來也與余官署相去一舍故凡公前後所設施惟余知之甚悉不敢以不文辭夫河之難治久矣其流横亘地紀而其氣上徹霄漢其治否得失之故與氣運爲升降惟夫世之治也聖君哲后不忘咨儆而天亦篤生英賢以贊襄治化明良一德輔相裁成儲和導祉協氣旁流故水土奠安川嶽效靈河

流順軌修六府而三事治撫五辰而庶績熙其時之人飲和食德咸躋春臺而登壽域事有必致理有固然自唐虞三代以來上下數千百年可考而知洪惟我國家誕膺天命奄有四海適明季河患方劇而一旦自復故道說者以爲受命之符聖祖仁皇帝翠華頻幸指授方略其時則有靳文襄公張文端公底定河流功垂竹帛世宗憲皇帝勵精圖治廟算無遺其時則有齊勤恪公稽文敏公懋昭猷訓績著旂常今上龍飛眷求舊德圖任老成公時已總制豫東上知公才優幹濟遂罷副節

而專委任公殫心宣力宏綱大用鉅細畢舉工堅帑實八載安瀾奏疏若干卷勒有成書壬戌冬移節南河公先嘗爲郡司馬及淮揚監司復貳嵇公于袁浦凡一切利弊皆夙所周知瞭如指掌故規畫全河動中機要鑑空衡平洞燭幽隱其裁決庶務指揮羣才即良之操御班之運斤庖丁之解牛未足以喻其得心應手之樂肆應咸宜之妙也然公才大而濟之以小心精思審處遠慮周備無一時之或懈無一事之或疎萑葦之儲峙於河干者連雲蔽日如茨如京兩隄鞏固婉若長虹其調

劑淮黃之强弱節宣湖河之機宜皆師古人之成法而相度原隰高下變通之以盡利故數年以來二瀆朝宗波恬浪靜年書大有民歌樂利蓋公於河事極推服靳文襄公張文端公而受知於齊公嵇公者獨深故規模錯注確有本源而治績之昭著亦與數公先後輝映聖天子策勳酬庸行將進秩宮保就拜使相如齊嵇二公故事是公繼極盛之後而媲美前修固其所樹立卓卓乃爾而明良遇合亦有非偶然者余嘗謂賢哲之生不獨佐命之勳如十人三傑麟閣淩烟所繪畫即重熙累

洽之時淳和清淑之氣盤礴鬱積賢人君子克生王國往往不少而天亦畀之壽考康寧俾之宣猷布化以壽世而誠民如書所稱商之六臣天壽平格以保乂有殷多歷年所周之三后以道光輔其君永膺多福而有無窮之聞者是也今公生於郅隆之世禀淳和之德精明强固荷艱巨之重任而智周於物力餘於事是皆天之所篤生以贊襄聖明覲光揚烈之盛其榮名駿業厚福遐齡固當與景運而俱長而江淮之人仰之若父母倚之若長城其謳歌愛戴欲致其無疆之頌者遍于遠邇

由前而言公之壽考康寧畀之自天固無庸余之祝由後而言民之所欲天必從之則余之不能已于頌禱之詞者又非徒侈祝嘏之虛文以諛其私交也諸君其以余言爲左券焉可也

上唐制軍

卑府蒙委會勘蘭陽涵洞於四月初三日辰刻抵長垣豫東兩省委員愆期不至業於回署文內報明在案蓋彼以會勘一日不定則決口一日不築築爲蘭陽之利故有意遷延此其狡獪之故智也卑府既蒙委到彼既

親至決口相度復循護黃月隄而東至紅船灣水驛一帶望月隄決口復沿沙河北至陶背河登太行隄其間情形亦有當據實稟明以資採擇者夫瀝水者無源之水所謂雨集溝澮皆盈者也陶背河者志不載其所始詢之土人云河決荊隆口衝刷成河後築隄截斷而河身猶在此爲近之志載長堤即太行隄之舊某太行之南爲護黃隄護黃隄之南爲堌陽隄志皆不載興築年月土人云先是河流近太行後徙而南則築護黃隄又徙而南則築堌陽隄此亦爲得之也太黃隄在太行護

黃隄之間緊接護黃隄稍北即折而西上而蘭陽之蕭家莊等村寨即界在護黃隄太黃隄之間瀝水自西而東下爲太黃隄所兜裹而不得洩受其淹沒故偷決隄而議設涵洞也在垣令爲垣民計則曰勿設之便在河官爲考成計則曰隄工可慮卑府平心論之恐未深究乎利害之歸而盡得乎事理之實也夫決口不築六七年於茲矣無論議論兩歧終非了局即指太行隄以爲論難之端彼或暫行補築而所偷決之太黃隄乃蘭儀主簿所轄一旦瀝水驟至仍行偷決在蘭邑袒護其民

故有陽禁之而陰縱之者若兩邑之民相爭必以死鬬即擒獲其民置之重典而田禾之湮沒者已無救矣是設立涵洞猶爲兩利而禁之不開是顯與之爭而陰受其害於無已也此所爲未究乎利害之歸也太行堤工關係匪輕允宜思患預防但卑府相視護黄隄決口乃在議開溝渠之上流其時未有堌陽隄也即云衝決自屬黄水若瀝水則霖淹匯積其勢平衍涵洞之設圍徑尺許潛消漸吐必無奔潰若其勢可衝隄數年來決口不築必湮沒田廬垣民之號呼望救豈能稍緩須臾此

所爲未盡得乎事理之實也且自決口至黃家集五里而近此從民地開渠亦不必深寬若自黃家集而東至紅船灣則現有舊河無庸挑濬其下流土人開溝道水以入沙河觀土人之自爲挑濬而水勢民情亦大可見矣沙河亦有河形垣志云疏河宜寬不宜深令水過可耕此又其土俗也蓋瀝水之涸可立而待沙河亦不過微加疏道而已陶背河受陳留封邱之瀝水寬或四五丈或二三丈不等至於沙河會合之處獨爲深闊大顯河身卑府詢之土人陶背河水發之時從無漲溢則益

以涵洞之水亦能容受白沙河口至紙坊集約五十餘里即曹縣界又五十餘里至汪家樓皆陶背河之故道也今涵洞之水既引入陶背河無容更議下流若以太行隄工爲慮或于沙河會入之處添築小月隄數丈令其迂迴斜入免致直沖激射亦爲甚易至婁家村一帶皆有積水此非蘭陽之水蓋築隄取土地勢低下故有積水若此渠開疏又可消積水不使浸漬隄根亦垣民之利而隄工之益也卑府非爲蘭民游説蓋以涵洞不設則決口不築即築而偷決反非垣民之利獨是民分

兩邑則痛癢無關地分兩省則事權不一目前挑濬日後疏淪垣民既不甘爲蘭役而紅船灣一帶又屬儀封亦難調度宜將蘭邑潘家寨蕭家莊並紅船灣一帶村莊太黃隄隄工俱劃歸長垣管轄此一說也或竟將長垣太行隄以南婁家寨黃家集胡家莊一帶村莊應挑渠之處並沙河入陶背河口一帶隄工俱劃歸蘭陽令其自爲籌畫此又一說也在皇上天下爲家兩省制撫公忠體國原無此疆彼界之殊近者山左五營彈丸黑子之地犬牙相錯猶允巡農御史之請清理畫一況今

兩邑利害相關者哉是在憲台咨明豫省以下情入告疆界既正然後涵洞溝渠不難以次勾當皋府恃在大人通德類情之公兼聽並觀之明故敢以芻蕘之言上瀆聰聽伏惟仁恩宥其狂瞽

復關中中丞陳榕門

已巳之秋蒙恩放歸田里自入塞垣即疾趨而南圖速歸鄉閭早得團聚不意未抵里門遽抱終天之憾罪大惡極罹此鞠凶既不能終其裹革之志又不獲遂其烏鳥之私負罪家國亦復何心人世徒以公私交迫均未

就緒是以強顏視息秋八月三弟自潁上歸來十月已襄大事祔于先原苫塊餘生精力愈覺消耗前此河壖奔走爲濕氣所侵每苦重腿之疾塞外苦寒風疾轉劇動履維艱蓋已爲聖世之廢物矣公項幸于限內清繳朋友佽助約千金兩弟亦爲設措千餘金餘皆鬻產補湊拜分清俸至今媿赧易道精深非淺薄所能窺其萬一猥辱薦剡獎借過當脩門之行尤非病軀所能堪有孤雅懷媿負何極程子易傳晚年方出拙著一得之愚謬誤不少荒山岑寂頗無人事之擾俟精力漸復再加

潛玩逐次修改若粗有成說即繕寫求正兒子慶升望時賜手書誨之俾有所遵循諸惟爲道自重不宣

與李象先

前在大名得書悉里居以詩遣興當必與儲王爭勝憾未得一捧讀也法量移簡僻可以藏拙適河干議論紛紛曩曾身與其事有應得之處分未便倖免乃復妄議河工情形狂瞽僭越罪在不赦聖恩高厚格外容貸遣守邊郵罪大罰薄感悚交并竊伏自念十餘年來忝列方面寸長未展如柳州所云徒費祿食而無所答下愧

農夫上慙王官追計往時咎過日夜反覆無一食而安于口平于心者今兹塞外之行未足稍贖其尸素之愆于萬一敢云仰報涓埃且自奔走風塵舊學荒落殆盡跧伏穹廬息心靜慮紬繹舊聞尚冀稍有警發風雨露雷何莫非天地生成之德昨于八月望前入都尚無臺缺約計明年春夏之間出塞亦去張家口不遠聞塞外牛羊雉兎肥于内地黄羊更美杜詩所謂黄羊飫不羶也可蓄雞豚有水泉者可種菜古塞荒涼種人淳朴如遊于無懷葛天之世矣歲繳養臺公費五百金束裝日

用之費如之家中歲杪或遣人來朋友中有力者或可
佽助勿念勿念老母去冬回黔近服人乳大健亦未敢
白以近事也三年期滿倘蒙天恩放歸田里又得菽水
承歡爲聖世之遺民足矣知關念故瑣及之

與陳榕門

前在濟寧得捧手書匆匆束裝未及裁復九月廿四日
抵鳳陽往謁制軍即由江寧買棹赴皖十月廿三舟次
蕪湖恰與老母官舫相遇停帆竟日屢述老弟台種種
關愛謙德摯誼有逾骨月瀕行過蒙厚貺雖我輩投台

非同泛泛自顧菲薄辱荷愛予之深既感且愧淮泗之濱地廣人稀荒土十之三四農事亦鹵莽滅裂若謂民俗惰窳今三楚閩廣之人尚往蜀中買地而耕北方之人至塞外黑龍江耕地謀生者不少楚人亦多在英霍山中墾地鳳泗之地賤者至數錢一畝何其舍近而圖遠舍平地而就高山蓋緣河南全省之水入淮達海黃既奪淮之道水無所洩故被水患者十常八九稍卑之地皆呼爲湖地之荒蕪人之流亡蓋數百年于此矣觀其流離載道之人風餐露宿爲傭不獲遂爲乞丐嗚呼

人孰無恥孰不求安樂其亦有不得已而然者乎是可憫也然在明時以泗州祖陵爲重故潘尚書之治河於黄河北岸多爲减水壩駱馬湖一帶不設遥隄水漲則入湖以披黄之勢築歸仁隄障睢水由白洋河入黄高堰雖築而自周橋二十五里無隄故淮亦有所洩如是而泗州之人猶大聲疾呼至爲公揭于朝以詬詈之本朝靳文襄乃于周橋築隄設閘于歸仁而睢水由虹入泗矣設天然閘毛城鋪滚水壩而黄河減洩之水由宿靈入泗矣水皆停蓄于洪澤湖而無所洩此鳳潁之間

水患頗仍泗州之城所以陸沉也然其時北岸尚多減
水壩分洩黄水高堰亦有六壩天然壩遇異漲即開今
則黄河北岸爲中河所截涓滴無所分六壩減而爲三
天然壩永閉不開此頻年水患之酷倍于往時費朝廷
數百萬之帑金而猶不免于流離轉死之患也夫黄之
獨行入海者久矣今乃美其名曰借清刷黄漢唐之時
黄河北流安瀾者數百載又誰爲刷之故淮黄合流以
來不獨鳳潁也即河南州邑稍霪雨罔不爲災天下之
勢如人之右臂偏枯常有濕氣流注而不能去即稍分

淮之異漲亦下策耳況幷此不得行乎今制軍斷斷爭此一着謂天然壩必不可閉可謂得其要領矣而廷議持之甚堅至今未有定局必得下游宣洩然後上游可以徐爲經理水患即除流亡自復荒蕪自闢不然病根未去無可爲者亦安能因循竊祿坐視斯民之困苦耶在山左時竟未知移調綸音至此始知其詳曩守邢州曾選立鄉長稽查所管村莊化導鄉民戶口册乃其中之一事當時曾有册式條約然事已隔十餘年不意上達天聽鳳泗積歉之餘民多窮困鄉長難得其人今亦

只就上諭所及者行之此間民俗頗悍遇賑則羣聚大噪查賑者爲所脅持戶口册亦救弊之術然亦焦頭爛額之功耳民之貧富鄉之人可以不必查而指數之天下都會之所自不得因噎而廢食農民以農業爲生市井多逐末荒歲鄉村宜賑城市宜平糶向時册中亦只分出極貧一項便于加賑先賑耳餘則有田數可稽鄉長得其人所報視常時鄉地爲得其實矣社倉莫善于罷戶部之捐監而照時價納粟于本地不知肉食者何故必欲收利權于京師而斤斤較量于價值之間此聖

人所以深惡乎聚斂之臣也鄉長社倉末議錄呈清覽
幸有以教之授時通考承賜併謝

塞外紀程

陳法傳

陳法貴州安平人康熙五十二年進士改翰林院庶吉士散館授檢討五十六年充順天府鄉試同考官五十九年充會試同考官雍正初特旨舉翰林才堪部務者改刑部郎中八年授直隸順德府知府所屬平鄉牛產子一角龍鱗而牛蹄知縣以爲麟將上之法抑不許尋引疾歸高宗登極以孫嘉淦薦授山東登州府知府擢運河道調江南廬鳳道復調淮陽道法考論河務著河干問答謂河濟爲北紀江淮爲南紀不可易置今河淮

二瀆交流爲害直導河自張秋以東入大清河循濟漯之故瀆以入於海嘉淦見其書善之乾隆十年調直隸大名道是歲河决江南陳家浦河督白鍾山被劾去責令賠補法念舊於鍾山同事不可使獨受譴牒部科自引咎且爲鍾山辯析奉旨下部議革職發軍台効力法以四駱駝負書數萬卷赴第十六台日著書自娛台舊無井法示其地掘之得泉而甘人號陳公井以子慶升呈懇爲父贖罪得旨放歸法居官爲政以教養爲先興利除弊力挽頽風公牘文告皆手治情詞懇欵既久人

猶感誦之生平潛心性理尤服膺朱子之學其伯父嘗棄諸生入深山中求道靜坐月餘云忽見此心光明洞澈與天地萬物爲一體法疑之後以憂歸里於山寺中徧觀楞嚴圓覺法華諸經乃知象山陽明之説實類禪宗因著明辨錄以闢其非謂象山心學即釋氏直指人心以頓悟爲道妙本集中於楊慈湖有雙明閣之悟於詹子南有下樓之悟於徐仲誠有槐堂鏡中觀花之悟此即廖子晦靜坐中見所謂充周而洞達者萬物在其中各各呈露朱子斥之以爲此思慮泯絶恍惚間暫見

心性影象與聖賢眞實知見不同者也陽明在龍場端居默坐一夕大悟汗出踴躍若狂即錢緒山蔣道林羅念庵凡學墮於禪者無不有此頓悟之機與子晦所見無二子晦得朱子就正乃悟所見之非象山獨學無師而於孟子所謂本心所謂求放心者有契合焉然其言求放心則遺學問言先立乎其大則廢思俱未暇深求其義而於其本心之明或靜中體究或因事感觸此知覺之知恍惚呈露蓋不難矣遂於此而謂此心本靈此理本明云收拾精神自作主宰當惻隱即惻隱當羞惡

即羞惡誰能欺得是此心已全乎仁義禮智發之無不當大舜之由仁義行更何俟四端之擴充豈孟子教人之旨乎夫聖賢所謂復其本心者復其皆備之心象山所謂復其本心者復其虛靈知覺之心則一心外無餘事故詆格致爲支離視集義爲外義本原既差功效自不能不異而儒釋遂以此分矣又謂良知之說本之孟子惟孟子本愛敬而言陽明離愛敬而言是假良知之名以文其靈覺之知也陽明既曰良知即理又曰良知所知之天理是已歧而二之矣既曰良知即性又曰佛

氏本來面目即儒門所謂良知佛氏本來面目果性耶天理耶其所謂致者一若不假推致之力純任自然無往非道孔子生安猶至七十而始不逾矩今欲人人不學不慮坐致於此其不致猖狂妄行者幾希此任心廢學之弊也其論格致謂程子以格訓至如祖考來格之格即書所謂格于上下之格羅整庵引呂成公通徹無間之義極爲得之夫子孫之精神即祖考之精神當其未格不能無幽明之異格則精神訢合而無間矣物之理即吾心之理當其未格不能無彼此之間格則理皆

渾合而無間矣而陽明以爲至物不可通此泥於訓詁之失也書凡十篇辨論至明皙居軍台時著易箋八卷取程朱傳義發明之大旨以人爲主而深闢來知錯綜之說桂林陳宏謀與法最契迎居蘇撫署中嘗應詔舉賢再疏薦法法無意仕進歸主貴山書院十有八年而卒又著有內心齋稿見國史儒林傳

塞外紀程序

塞外紀程者安平陳定齋先生謫戍軍台往還紀程之所作也當乾隆十一年丙寅春河工濱海穿防原不爲患河督白鍾山爲御史糾彈繫獄且令賠補先生聞之念舊與鍾山共事不宜獨令受禍因自引咎且辯其罔牒部科略曰陳家浦堤漫溢之時各處船隻分往水至之處接濟人民未據報有淹斃人口今查勘濟渡不及致斃者自屬應有難云未損一人是本道亦失查察若止將總河議處本道以調任幸免雖吏議可逃而清夜

難安伏乞一併議處至善後案內遙越堤工經大學士等議覆應行修築奉旨依議遵照辦理今勘尾堤離圍堤六百丈係無益之費着落白鍾山賠補本道查黃河水勢倏忽變遷此工在雲梯關五十里雲梯關即當日之淮河海口黃河南徙淤出二百餘里上雖淤土底則海沙虛鬆頃刻刷深四五丈樁埽難施居民鮮少人夫難集或水勢過大倉卒搶築之越堤難資捍禦不能無潰決之虞是遙堤之築實爲有備無患若河工陰資保障而錢糧獨累賠補似非情理之平河工不過補偏救

敝原無萬全之策總河職任危苦養廉不及督撫之半偶有意外之虞議處之罷斥之足矣重之以賠累則任事者愈難人非貪黷誰有餘財非聖世所以勵臣節也部臣以聞卒謫軍台乃於丁卯年十二月十三日從容就道以四駱駝載書自隨到台後築土屋以居日事著書慨然有終焉之志越明年以子慶升乞贖得請始環往還台站所經皆有紀述即斯編也先生以眞品實學爲清代有數名儒生平著作皆經梓行易箋一種四庫全書且搜採及之惟此編未刻原稿尚存先生故里白

雲山莊百八十年來歷刦不磨彌足矜異亦以見子孫護持之賢矣余既跡而得之念爲先生大節所系雖字墨無多其可珍視有在乎尋常文字之外者因付剞劂以廣流傳而資興感蓋其謀國之忠待人之恕赴義之勇律己之嚴胥於此行見之滔滔茲世安得尚有斯人哉觀其落落莫莫衝寒投荒曾無幾微見於顔面富貴利達得失榮辱皆能度外置之以視范文正所謂如四時寒暑之過乎吾前者甯多讓焉

民國二十二年三月貴陽後學淩惕安謹序

塞外紀程

安平陳　法定齋著

乾隆十二年丁卯十二月十三日出都三十里宿清河

十四日四十里至昌平州即僱肩輿而行二十五里至南口

十五日十二里至居庸關三里至延慶衛七里至上關八里至扒搭嶺七里至岔道口由南口至岔道口路在兩山中所謂官溝亂石塡塞車行傾側聲若轟雷征人苦之居庸關不甚高但有關名並無守兵延慶

衛城在山凹中不如抓搭嶺爲扼要由上關至岔道口皆兩山夾峙一逕迤邐曲折穿通嚴兵守之雖百萬衆不能過也懷宗信任中人使闖賊得踰安足惜哉

十六日由岔道口至懷來縣

十七日二十里至土木驛五十里至保安州

十八日二十里雞鳴驛十里上河沿過黃河十里下河沿十里响水鋪三十里宣化府

十九日三十里沙嶺三十里胡家屯皆砂路難行

二十日二十里夏家屯二十里舊懷安二十里新懷安是日屢通洋河蓋是河曲折於兩山之中不止三折如巴字也宣化一帶皆荒山地寒不種冬麥村落稀少畏旱不畏潦洋河收衆山之水入桑乾河此永定河之水所以驟漲也

二十一日三十里尤家店三十里宿天鎮縣是日過翟兒嶺一帶山岡崎嶇難行

二十二日三十里至三十里鋪又三十里至陽和縣縣臨邊途中見山嶺皆邊城西北一帶山橫亘縣城在

山下又三十里住王官屯

二十三日至巨鹿鎮三十里又三十里雲西又三十里宿大同府府城外玉河之水自北而南入洋河會桑乾係山水橋名興雲長約半里寬數丈兩端四鐵牛石欄竟橋刻人物花卉極工巧石柱上獅子向背各異態亦工於桑乾也城內喧填

二十四日四十里過洋河至雲岡一帶皆山路傍石壁就鑿爲大佛覆以琉璃瓦壁間寺額者儼然見天竺先生也又四十里宿高山堡就山爲堡故名

二十五日三十里雲西停車打鞴一人前逡巡叩拜問無恙詢之則舊日順德長隨劉美也今爲左雲縣丁守驛於此敬致酒餠之餽人生何處不相逢信哉三十里至左雲縣又二十里宿雲陽

二十六日四十里黃土坡又三十里朔平府右玉縣又三十里宿殺虎口

二十七日辰刻出口三里佛爺溝又三十里壩底宿

二十八日十八里烏蘇土魯又三十里至二十家子街市喧填滿兵五十副甲同知一員駐守煙戸約二百

餘其名二十家者記其始也又三十里一間房宿

二十九日三十里哈拉烏蘇又二十里黑河又二十里至歸化城歸化城在大青山下局市雄廠市井喧塡百貨皆集商賈輻輳地肥衍內地之民無田可耕者視爲樂郊五穀柴煤炭皆賤於內地食物美有黄羊山鹿雉兎黄河大魚是年魚賤十五文一斤耳

乾隆十三年戊辰正月初六日立春

十八日自歸化城行三十里宿焦贊墳此處有人戶然不歇店即宿穹廬中

十九日五十里過吳公壩宿四爾登是日穿大青山而過吳公壩即是山也高三四里下至山麓復行山夾中數里迂回曲折出夾即小山連亘四爾登尚有開舖人戶過此即無人矣

二十日四十里宿揷拉厄蘇皆平山連亘

二十一日三十里宿烏子兎

二十二日宿白羊薄落計程七十里

二十三日宿可里七十里

二十四日二十里過貝勒河又行四十里宿巴棱

二十五日三十五里宿西白課

二十六日四十五里宿場套

二十七日阻風未行

二十八日四十五里宿招索灘

二十九日六十里宿木歸圖

二月初一日五十五里至十四台

初二日五十里至十五台

初三日六十里至十六台

乾隆十四年八月十二日奉文回籍

十九日自十六台起程六十里至十五台宿

二十日五十里至十四台宿

二十一日四十里至十三台宿

二十二日五十五里至腰站宿地名阿石黑山舟

二十三日八里至十二台宿是日晤帥方伯贈以瀚海石十餘枚

二十四日六十里至十一台自十一台至此途中皆小石山路十一台之北十一里間偶有石似瀚海者但欠光潤耳

二十五日六十里至十台

二十六日六十里至九台是日晤程方伯至腰站又五十里至八台

二十七日過沙拉樸棱河

二十八日五十里至腰站又六十里至七台是日晤海南監司劉公諱庶素昧平生一見如故情意甚慇懃也

二十九日六十里至腰站台北五里許多佳石甚於瀚海中也

九月初一日六十里至六台
初二日四十里至腰站又五十里至五台
初三日四十里至腰站又六十里至四台是日晤沈太
守留小灰鼠皮襖與之
初四日過札哈蘇台河三十五里至腰站又六十里至
三台
初五日五十里至腰站又四十里至二台
初六日五十里至腰站又四十里至頭台是日晤周世
兄

初七日六十里至張家口

附詩

軍台土屋落成四首

投荒猶戴
主恩偏環堵居然受一廛絕域餘生霑覆載數椽
高枕靜烽煙遠山當戶還輸翠塞月窺簷也自圓
從此飄搖辭毳幕炎風朔雪總安眠
客至休嫌屋打頭拮据廣厦等綢繆材從雪窖枯
餘得土是龍堆刲後留豈有板升遺屬國何來蝸

角峙蠻陬窮荒野處由來慣瀚海應驚見蜃樓

鳥言鞮鞻往來頻似說荒原氣象新蕭索正宜銘

陋室羶氈却笑卜芳鄰爰居已自歌陶復靡室何

勞憶遠人乳酒數杯遊太古始知懷葛有遺民

景物還跨大漠奇休將欹側誚支離風吹雞塞塵

爲幕雪壓天山玉作籬列炬門前飛夜檄品官庭

內肅威儀台中張英百十庫筆帖式遇歲節皆參謁放衙却笑郵亭長

砂磧牛羊散曉曦

奉

聖旨回籍題壁五首

丹詔飛來特賜環秋風好逐雁臣還不因倚里歸
心切未許平山風月間

出塞丁年同屬國還鄉兩載
主恩殊讓他遺像懸麟閣輸我萊衣拜慶圖

靜裏躭思河洛文彖爻妙義晚方聞多因憂患知
消息不爲他年識子雲

苦水標名瀚海隈靈泉指點幻仙廻千年記取陳
公井也當燕然勒石回十六臺名木胡爾噶渞木胡爾山形圓也噶渞苦水

也予初至飲之腹中作腸鳴不能下咽以爲從此殆矣一夜忽夢老人扶杖而行以杖召予至畫地作井字形旣悟亟扶衣往視之沙中猶隱隱有字形遂以石志其地鑿之果得甘泉台人異之因名陳公井

到來已覺人情熟歸去翻憐惜別頻小大殷勤奉杯酒再來眞笑惠州人（東坡去惠州州人送之曰內翰何時再來）

由台次入張家口五首

恩綸捧到日星爛解網
皇仁天地寬紫塞望雲魂已斷白頭倚閭淚初乾首邱已畢殘年願裹革應慚報

國難此去團圞扶阿母瓣香稽首五雲端

瀚海

恩波起涸鱗騰騰馬首出風塵一肩家具隨駝背萬里秋風逐雁臣競說登仙誰得似便傳化鶴豈無因可憐揮手河梁日處處離觴別故人台中多舊識

鄉園翹首望天涯攬轡寧辭道路賒正及萱堂陳柏酒還看荊樹發春華腥羶漸覺離腸胃番語傳來棘齒牙曾乞天孫機畔石携瀚海石十餘枚而歸奚囊安穩下星槎

千峰萬壑聳烟鬟遙指邊城絕嶺間三晉靑山皆繞塞二東斜日獨臨關谷通秦塹聲靈壯天入遙峯紫氣環聖世享王周薄海晴雲飛鳥戍樓閒自十六台至二台山皆不甚高自二台行七八十里有大山橫亘名曰大壩上至山頂遙山千峰萬壑出沒雲端即宣化大同一帶諸山也下至望麓即頭台兩山夾送一水迤邐直通張家口邊城適當兩山交處眞天造地設也

邊城盡處是神州回首輕抛萬斛愁疲馬入關都踴躍秋風拂面也和柔食飫旅飯霜蔬美路近春明節使稠依舊中原風物好江山重展水雲眸

跋

余束髮受書從世父靜川公學嘗爲言

十四世祖定齋先生任直隸大名兵備道時因陳家浦

河堤決口爲河督白公鍾山辯冤致有塞外之行紀程

之作楷聞而敬之以不得讀爲憾民國三年甲寅春兒

子祖銘肄業貴陽由蓉屏祖叔處得到塞外紀程一

册浣誦再三見當日定祖於氷天雪地之中行荒漠

邊遠之地他人視爲難堪者吾祖獨處之泰然及到

十六台後飲食起居隨遇而安不嫌荒野不避腥羶觀

象玩占箋註不懈一若無謫戍之事者愛國思親之忱復時時流露於詩句間是誠中庸所謂素患難行乎患難素夷狄行乎夷狄無入而不自得者殆無忝於古之君子也今年春貴陽　凌君惕安專函訪求因舉全稿寄之夫富貴利達人情所羨窮困坎坷人世所畏吾祖獨不愛爵祿不辭艱苦毅然違衆議發正論爲國家建議爲良朋辯寃不因調任而萌倖免之心實有非尋常所能及者　凌君慨晚近士大夫之工於趨避巧於彌縫爵祿之念重國家之念輕一任是非之顚倒不肯

直言如江河之日下也特將吾　祖塞外紀程捐貲付梓廣爲流傳以磨世而礪俗其維持世道人心之苦衷昭然若揭楷自愧不能闡揚　祖烈而感　凌君之能發潛德幽光也爰跋數語以歸之

民國二十二年二月紹書陳楷識於白雲山莊

西照堂叢書次編

黃河考

青照堂叢書

汪氏黃河考

朝邑　劉學峻對峯彙梓　從孫維翰宗臣校錄
李元春時齋評閱　門人石金潤　參訂

共一篇

汪武曹名份長洲人康熙癸未進士官翰林院編修

大河自禹迹而後凡五大變而如西漢之河則其先已經改移未可謂爲禹時舊迹蓋自河渠書盛稱宣房之役塞瓠子決河復禹舊迹封禪書亦云讀者不復致疑及考其實乃與禹貢大伾以北河流殊不相合瓠子在今開州漢武塞其決口導河北行復歸當

時未決以前故道此其去今濬縣大伾山西之禹迹蓋百里而遙矣西漢時能心知其故而明言之者獨大司空掾王橫橫之言曰禹之行河本隨西山下東北去周譜云定王五年河徙則今所行非禹之所穿也宜更開空地使緣西山足乘高地東北入海橫言如此其識雖史遷弗如橫之前賈讓請決黎陽遮害亭放河使北入海西薄大山東薄金隄以遵古聖之法計讓固已知當時河自黎陽東去之非古法而曾不能如橫之明言河徙何也橫之後班固既載橫言

於溝洫志敘傳又稱惟河爲囏商竭周移其地理志魏郡鄴縣下注云故大河在東北入海又能實指出河隨西山下東北去之路在於鄴東其於鉅鹿下則注云禹貢大陸澤在北於元氏下則注云沮水東至堂陽入黄河於眞定國緜曼縣則注云斯洨水首受大白渠東至鄡入河又可就此尋求而知鄴東故大河下流在於鉅鹿在於堂陽在於鄡夫阜城以北西漢現有河流禹迹未改考驗可知而鄴東之有河鉅鹿之有河堂陽鄡之有河實由班志發之故禹迹久

湮而得不致終晦者王横班固二人力也黎陽者今濬縣也遮害亭在濬縣西南五十里鄴縣者今臨漳也堂陽者今新河也鄡在西漢爲縣今東鹿也蓋大河自華陰而東乃冀州南河之始其東過洛汭以後又東至黎陽西南歷遮害亭抵宿胥口斯冀州南河之極東矣大河至此則折而北行爲冀州東河之始東河者古冀域之東界也大伾山在河東岸所謂黎陽東山者也大伾一曰青壇其曰紫金鳳凰浮邱者皆其枝峯也同人白祀枉人三山在河西岸俗號上

陽三山則所謂西山者即其山也杜佑謂西山爲太行恒山非也太行在輝縣林縣西去濬縣二百里臨漳一百五十里恒山在曲陽縣西北距鉅鹿四百里至濬縣則八百里大河安得隨二山之足東北去也程大昌謂禹河自澶相以北皆行西山之麓又謂古河在貝冀皆穿西山踵趾以行亦非也言澶而不言濬唐澶州治爲今清豐縣宋澶州治爲今開州皆非禹河所經貝爲今清河縣亦非禹河所經貝冀界中求所謂西山踵趾無有也宿胥口在遮害亭東直西

山南蘇代謂決宿胥之口魏無虛頓邱而此口卒爲後世決河釁端所從發云河渠書謂禹導河至大伾廝爲二渠所謂二渠者其一爲漯川自大伾之南而東北流入海於千乘千乘者今高苑也其一爲太河經流則冀州東河之來自宿胥口者也酈道元謂之宿胥故瀆濬縣舊志故瀆在縣西十里亦曰西河李垂謂之西河故瀆則班志鄴東故大河之上流也蓋以其在冀州東而曰東河以其既有大伾山南改流東去之河而曰西河西河云者所以别於東徙之河

也賈讓謂淇水口金隄高一丈其東地稍下隄稍高至遮害亭高四五丈則遮害亭之地卑於淇水口遠甚而自遮害亭至於大伾以東又可知也洪水之時河從大伾山南東出或決而北或決而南如後世決河之氾濫於兗豫青徐揚之域河渠書所謂行平地數爲敗者也讓又謂河水盛時從遮害亭隄上望北河高出民屋百姓皆走上山因欲決其隄放河使北入海則遮害亭以北地形之卑下又可知矣蓋濬縣之地西則高於東也南則高於北也故禹厮河爲二

渠自大伾山北去者爲大河經流而自大伾山東去者爲支流漯川漯受水不多雖行平地不爲敗也鄴東故大河上流既折而北行凡行二百里西岸爲湯陰安陽臨漳東岸則內黃魏縣此之謂故大河之在鄴東者矣後漢郡國志亦云鄴有故大河蓋又祖述班志此說而鄴東故大河之名遂顯白於後史記索隱因謂河在鄴東故名鄴爲河內玉海因謂地志魏郡鄴縣有故大河在東北直達於海疑卽禹之故河故禹迹之不致終堙實由於此矣鄴東故大河其下

漳水即河水少知者

流自此北行西岸爲肥鄉曲周而漳水入之其東岸爲邱縣之平恩故城漳水者清濁二漳也濁漳出長子清漳出樂平至陟縣而二漳合流曰交漳口自交漳口歷臨漳成安肥鄉曲周而入大河說者謂降水卽濁漳也降亦作絳漳絳得通稱也是爲北過降水也自北過降水而漳水卽河水矣及禹河既徙而漳水循其道北行故水經所敘漳水自平恩以下皆禹河故道也鄴東故大河下流自此又北行其東岸則廣宗西岸則平鄉鉅鹿大陸澤在焉所謂至於大陸

者也按濬縣西南直汲縣北有古朝歌城本殷墟貨殖傳曰殷人都河内漢志曰河内本殷之舊都張守節曰河從龍門南至華陰東至衛州東北入海曲繞冀州故言河内而衛世家稱封康叔爲衛君居河淇間故商墟顔師古謂爲汲郡朝歌地衛之詩曰瞻彼淇澳曰河水洋洋北流活活曰在彼中河淇水逕殷墟之西河水逕殷墟之東命曰河淇之間是故王豹處於淇而河西善謳趙岐註曰衛地濱於淇水在北流河之西是則禹河在濬西汲東之明証矣自鄴東

故大河之說倡於班志後世宗之而通典鄴隸相州殷王河亶甲所居蓋其後因圮而遷河水所毀曰圮而西門豹之爲鄴令鄴人苦爲河伯娶婦水經注漳水北逕祭陌西俗巫爲河伯娶婦祭於此陌祭陌亦曰紫陌在故鄴城西北五里戰國時大河出清豐南樂元城之間去鄴百有餘里土人皆知異時漳水在鄴北入河故河雖東徙猶沿舊稱而呼漳水爲河因以河伯娶婦惑人凡西門豹傳所謂河者皆漳水也項羽鉅鹿之戰所謂渡河者亦漳水也是皆相沿土

人舊稱而不變也相州自鄴移治安陽今彰德府治也蓋彰德土人至今猶知其地舊有大河故有所謂黃河老身黃河老家者余幼時在彰德土人每指其地以相示初猶疑流傳之妄及讀班志乃知其良然此大河自濬汲間北流出於安陽臨漳東之明證也續漢書謂河水從列人北流通典謂漳水至肥鄉橫流入河肥鄉者漢列人也應劭謂彰水自斥章治北入河今曲周縣有斥章故城在列人北東漢初趙王子林說光武決列人河水灌赤眉是時河益東徙列

人安得有大河蓋亦相沿舊稱以漳水爲河水如鄴人也而殷本紀祖乙遷於邢皇極經世祖乙圮於耿遷於邢通典謂即唐邢州秦爲鉅鹿邯鄲二郡地明一統志祖乙遷邢即今順德府治也蓋其地瀕河故其後又因圮而遷而漢志旣謂禹貢大陸澤在鉅鹿北孫炎云大陸鉅鹿北廣河澤河所經蓋廣河云者謂其爲河水所滙也元和志謂邢州鉅鹿縣大陸澤一名鉅鹿澤在縣西北趙州昭慶縣廣阿澤在縣東二十五里乃大陸別名蓋一澤跨二縣之境而廣阿

者即廣河也則又河水出於肥鄉曲周鉅鹿之東之明證也鄴東故大河至鉅鹿其下流又東北行則經所謂又北播爲九河者是已蓋自大伾以北地形平衍大河勢猶居高屋瓴瓶水其下注大陸沮洳鍾水之區奔衝散漫交馳莫禦禹因而播之順其性之所便從其地之所近河遂分爲九派淮南子所謂禹剔河而道九歧賈誼新書所謂大禹鑿河而道之九牧者也而九派中有大河經流焉其名實曰徒駭云徒駭之與八支分而前驁也其西北岸則新河東鹿深

九河自禹始亦因而利導之

以徒駭爲河經流本孔說實本爾雅亦

有混

滹沱即河水亦須知

州獻縣青縣大城文安寶抵其東南岸則南宮冀州衡水武邑武强阜城交河滄州靜海天津及禹河既徙而漳河循徒駭故道北流于欽齊乘謂北流之漳安知非古徒駭河有以也今德平樂陵齊河濟陽慶雲海豐之有土河乃在九河南志以爲徒駭者妄也新河即堂陽東鹿即鄡班志所謂沮水斯洨水至此入河者也冀州者故信都也深州者故下博樂鄉也武邑有昌亭焉水經漳水至昌亭與滹沱河會水經所敘漳水自平恩以北皆禹河故道其曰漳水至昌亭與滹沱河會則禹時滹沱河在此入於大河而滹沱河即爲河水土人皆熟知之故漢志謂成平之滹沱河民曰徒駭河是也蔡傳祖程氏之說謂滹沱中高不與河通而詆班固之顯然謬誤非也武强故武隧也阜城故弓高也獻縣故樂成饒安也交河故城平也青縣故參戶也滄州故清池即浮陽也唐志清池縣西五十里有徒駭河西隄永徽三年築唐時大河不能北至清池蓋猶指清池之漳水爲徒駭河也靜海故章武平舒地也天津鎮亦章武地也大城亦

平舒地也實坻故泉州也夫徒駭爲大河之經流而爾雅釋水九河之名徒駭而外曰太史曰馬頰曰覆鬴曰胡蘇曰簡曰絜曰鉤盤曰鬲津孔穎達謂徒駭是河之本道東出分爲八支朱子亦主其說而蔡傳顧從曾攷謂別有一河爲經流而合簡絜爲一河非也其相沿謂絜爲潔亦非也西漢言九河者馮逡言今既滅難明平當言今皆寘滅王橫亦言爲海所漸獨許商謂古說九河之名有徒駭胡蘇鬲津今見在成平東光鬲縣界中自鬲以北至徒駭間相去二百

餘里今河雖數徙不離此域孔穎達又推明其說曰是知九河所在徒駭最北鬲津最南許商上言三河下言三縣則徒駭在成平胡蘇在東光鬲津在鬲縣其餘不復知也爾雅九河之次從北而南既知三河之處其餘六者太史馬頰覆釜在東光之北成平之南簡絜鉤盤在東光之南鬲縣之北也其河塡塞時有故道按今陵縣北有鬲縣故城鬲縣者故有鬲氏國也而漢志謂成平縣有滹沱河民曰徒駭河東光縣有胡蘇亭鬲縣平當以爲鬲津其說皆同許商而

當與地理今釋參看

三河之外顏師古謂平原般縣即九河鉤盤通典謂在樂陵東南亦與孔氏所推許商之說合他如張守節謂簡在貝州歷亭縣界歷亭爲今恩縣則在鬲津南通典謂馬頰覆釜在平原郡界又云安德縣有覆釜河按唐平原郡德州治安德鬲縣故城在其西北則通典馬頰覆釜二河亦在鬲津南皆與孔氏所推不合安德者今陵縣也輿地廣記謂簡潔在臨津元和志謂簡潔在南皮城外十餘步皆合簡潔爲一恐未可信臨津者今寧津也近志平原商河陽信界中

有馬頰河蓋即寰宇記所謂篤馬河即古馬頰河自是唐之馬頰在鬲津南與禹貢九河無與明一統志謂太史河在南皮識者尤斥爲臆說蓋九河已亡其八支而滅沒難明也由許商及孔穎達之言僅可髣髴得其梗概大抵自鉅鹿南宮而北今冀州束鹿以東海豐天津以西南北相距二百餘里間正禹播爲九河所在後世不名爲九河某某者如于欽所謂青滄二州間有古河隄岸數重與夫大連澱大河沙河無棣溝士傷河之屬未必非禹時某河某河遺迹固

不宜穿鑿附會祓新河以舊名而一一尺寸以求其合也至九河之亡其八支蓋在齊桓公之世鄭康成據春秋緯謂桓公塡淤八流以自廣朱子固以其說難憑而不之取齊乘曰河至大陸趨海勢大土平自播爲九禹因而疏之非禹鑿之爲九禹後歷商周至齊桓公時千五百餘年支流漸絶經流獨行其勢必然非桓公塞八流以自廣此言是也夫八流雖非齊桓所塞而其漸就閼淤實在斯時蓋其後數十年而大河遂東徙云鄴東故大河既播爲九派之後其下

流又自天津之東同爲逆河東逕故驪城縣至今昌黎縣東絫縣故城碣石山而入於海逆之爲言迎也鄭康成云下尾合名爲逆河言相迎受蓋九派合一以一迎八而入於海故命曰逆河漢人大抵謂逆河爲迎河其說當矣然誤在以渤海爲大海逆河遂無所容其地唐人亦不明逆河在何處而宋人之言逆河尤務爲新奇怪異而即以逆河爲九河蓋王安石謂逆河者逆設之河非並時分流也林之奇謂王氏意以同爲逆河句釋上文播爲九河之義羅泌曰聖

人於冀兖逆設爲河以防暴至之患未至則不妨民耕既至則不墮民舍程珌曰禹因地之形而逆設爲九河凡河之道則不建都邑不爲聚落不耕不牧故謂之逆河皆踵安石之謬以九河爲逆河而董鼎所採格言則云逆河是開渠通海以洩河之溢秋冬則涸春夏則洩夫謂八流爲開渠通海可也若如王羅程三家以逆設之河解逆河而以九河皆爲逆設之河解同爲逆河則夫所謂未至不妨民耕秋冬水涸之時彼大河滔滔之流將焉乎在耶王氏本欲謂九河非並時分流乃卒說成並大河經流亦爲逆設之河此以文義揆之而知其必不然也格言雖輯錄朱子之言然文集語類所無必多朱子未定之說而不欲存者朱子謂河至兖州分爲九復合爲一入海見東皐集傳董氏先載東皐此條而後及格言云云蓋亦以之兼備一說而非必以爲折衷之定論也且格言未嘗如三家以九河爲逆設之河安知非朱子本謂八流是開渠通海而記錄者誤以八流爲逆河耶夫三家之失失在以逆河爲九河而漢儒之誤誤在

明晰

以渤海爲大海蓋逆河卽是渤海至哉蘇子之論莫之能易矣而薛季宣程大昌黄度所云亦爲得之薛氏謂河入海處舊在平州石城縣東望碣石其後大風逆河皆漸於海程氏謂逆河世謂之渤海逆河之地比九河又特窪下故九水傾注焉黄氏謂逆河碣石皆淪於海夫誠知逆河卽渤海而漢時已淪於海則漢儒之誤可正而宋三家以九河爲逆河之失將不辨而自明彼漢人徒見海水所漸者之已成海也而遂名之爲渤海而遂卽以爲古之大海而不知漸

於海水者之乃逆河也河渠書曰同爲逆河入於渤海漢志曰同爲迎河入於渤海王莽改渤海郡爲迎河又改南皮縣爲迎河亭寰宇記謂迎河在清池縣西南胡三省謂之迎河故瀆蓋旣誤以渤海卽爲大海遂謂逆河在南皮浮陽而大河於章武入海不至碣石章武去碣石三百餘里殊乖經文夾右碣石入河之義通典謂爲子長孟堅之誤宜矣夫碣石之東爲大海而碣石之西爲逆河故絫縣故城南之碣石乃河海之限也而惜其已淪於海而莫可見也漢志

言碣石在右北平驪城縣蓋今灤州南境唐馬城縣地此在濡水之西也文穎謂碣石在遼西絫縣絫縣今罷入臨渝則在濡水之東也郭璞兩存其說而不偏主然古時渤海北岸之地水未吞食灤州南境去海尚遠玩禹貢夾右碣石入河之文惟絫縣海旁特立之石可以當之此文穎之說所以優於漢志歟秦始皇嘗刻碣石門漢武亦嘗登之曹操征烏丸有東臨碣石以觀滄海之詩而唐太宗好文主也親逾遼海次漢武臺刻石紀功而不刻諸碣石則意者其時

此山已苞海中不復可見歟若夫通典謂秦築長城起自碣石在今高麗舊界北齊文宣紀大破契丹於青山還登碣石則在營州柳城東皆非禹貢碣石不當引以爲說夫大河入海在於碣石而不在於章武是則鄴東故大河下流之所歸宿矣凡此者乃冀州之東河禹貢大伾山西折而北行之故道爲古冀域之東界而非西漢之大河故瀆也西漢之大河故瀆自宿胥口改流東去則王横所謂周定王五年所徙之河是也按史記周本紀年表皆不書河徙河渠封

禪書又謂宣房之役復禹舊迹旣以西漢所行之河爲禹河而不自知其誤至水經所謂大河故瀆者失與遷同酈道元注淇水謂淇水東流逕枋城南右合宿胥故瀆瀆受河於頓邱縣遮害亭東黎山西而不知其所受之河卽禹貢至於大伾之河也杜佑謂衡漳至肥鄉入河而不知其所入之河卽禹貢北過降水之河也其他謬誤叢生禹迹日晦如鄭康成讀降爲下江反聲轉爲共而謂共縣淇水東至黎陽入河此近降水也周時國於此地者惡言降故謂之共則

以淇水爲降水而謂北過降水在淇口漢志以信都絳水爲禹貢降水通典遂於信都下注云禹導河北過降水卽此夫信都縣北之漳水乃禹河故道漢時漳水嘗從縣北改流出於縣南其後復由北道而縣南之流絶因謂之枯絳枯絳者漢時漳水偶然之改流而漢志及通典誤以爲禹貢降水程大昌因之謂古降瀆貫穿信都北向入故河則謂北過降水在今冀州通典於深州陸澤注云禹貢大陸澤在此程大昌旣以枯絳爲禹迹謂地志鉅鹿大陸其地遠在枯

鄜檮從來

絳上流不與經應遂從通典以深州之陸澤爲大陸則謂至於大陸在深州漢人又謂九河播自沙邱堰至南皮浮陽仍歸大河爲逆河則謂播爲九河在元城縣而於滄州合爲逆河又如鄭氏以今河所從去大陸遠而謂館陶北屯氏河爲故道酈氏謂爲近是與夫程氏之以澶貝之流爲禹迹蓋大伾遺跡一差無往非謬又其甚者以杜氏預之博洽而其注齊之四履西至於河謂河自河東河内之南界東北經汲郡頓邱陽平平原樂陵之東南入海是又以東漢之

新河爲禹河其爲失也彌遠孔穎達謂杜所言據其當時之河禹貢導河大伾以上河道不改大伾以下即是汲郡以東河水東流秦漢以來始然古之河道自大伾而北過降水又云晉時河所經春秋之時河未必然此其規杜之失洵高出諸儒之表然卒謂大伾北過降水故迹不可復知則孔氏固亦付之無可如何已矣今既本諸王横班固之言而節取諸家之說互相參考以尋求禹貢大伾山西折而北行東河舊迹如上文所云云則又就水經大河故瀆以得禹

河初徙自晚周及西漢之河於是再徙而爲東漢以至於宋初之河三徙而爲宋決商胡北流東流之河四徙而爲金明昌以後南北分派之河五徙而爲元明以來由汴合泗挾淮入海之河此其始末之大凡固不可不考而知也

且夫河廼大禹所道功通神明萬世難改而宿胥之口不能不潰決於周定王之五年者何也夫獨不觀於漢張戎桓譚宋蘇轍之言乎戎之言曰水性就下行疾則自刮除成空而稍深河水重濁號爲一石水

而六斗泥今西方諸郡以至京師東行民皆引河渭山川水溉田春夏乾燥水少時也故使河流遲貯淤而稍淺雨多水暴至則溢決而國家數隄塞之稍益高於平地猶築垣而居水也可各順從其性毋復灌溉則百川流行水道自利無溢決之患矣譚之言曰民競引河溉田令河不通利至三月桃花水至則決以其噎不洩也可禁民勿復引河轍之言曰黃河之性急則通流緩則淤澱既無東西皆急之勢安有兩河並行之理凡此三者蓋皆言上流宜合而不宜分

也禹斷二渠又播九派者河至大伾其怒方甚潔川一道僅分經流一二以少洩之而九派之分亦水自分流非禹强鑿又賴逆河復合爲一踴躍奔騰入海碣石復當其衝是以内沙不停外沙不入逆河旣漸於海八支以勢分力弱不足攻沙遂至塡淤則夫河之上流宜合不宜分固可知矣而周之衰也則於滎陽下引河東南爲渠以與濟汝淮泗會云蓋始自今河陰縣之蒗蕩渠蒗蕩渠至漢末塹石爲門而曰石門渠渠水東過滎口會濟水又東流至浚儀北爲浚

儀渠浚儀者大梁也及王貢斷此渠引其水東南出以灌大梁謂之梁溝世遂目故渠爲陰溝而以梁溝爲蒗蕩渠陰溝亦名汳水北並大梁東去卽汴渠也汴渠至彭城入泗所謂汴泗交流者也蒗蕩渠自大梁城南而東南流爲鴻溝楚漢指此以中分天下者也鴻溝亦曰官渡水其水又分爲睢水爲渦水爲沙水睢水至睢寧入泗謂之睢口渦水至義城入淮謂之渦口沙水又分爲二派一至懷遠入淮謂之沙汭一合潁汝至潁上以入淮謂之潁口枝津交絡四達

宋鄭陳蔡曹衛之郊河水入東南渠瀆者既多經流遲緩不能刷沙而於是乎有宿胥口之決當是之時大河徙自宿胥口不由大伾山之西而於其南挾漯川以東流至長壽津乃與漯分漯川仍從故道至千乘入海凡自大河泛舟而渡者皆曰津長壽津在今滑縣東北六十餘里去宿胥口故道一百五十餘里水經河水又東北爲長壽津而注謂爲河之故瀆出焉者是也蓋漢武帝導河北行復歸未決以前故道在此而大河既東徙至於長壽津當時於其故道築

石隄迫阨之以防其泛濫黎陽以東百餘里間激河再西三東不得休息故賈讓以爲此非古法也而欲決之放河使北也滑縣者古豕韋氏國所謂滑臺城者也有津曰延津亦曰延壽津延壽之東曰黎陽津亦曰白馬津張儀蘇代皆謂決白馬之口張耳陳餘從白馬渡河袁紹遣顏良攻劉延於白馬蓋自古津濟之要而今則已成陸矣大河從滑縣東去初徙再徙其道皆然唐志田宏正及薛平引河注故道滑州遂無水患至晚唐河決滑州歷五代及宋初屢決不

已至天聖後禍乃稍紓云大河自長壽津又東北行其東岸爲開州之戚城西岸爲内黃縣之繁陽故城春秋趙鞅納蒯聵於戚宵迷陽虎曰右河而南必至焉杜曰是時河北流過元城戚在河外晉軍已渡河故欲出河右而南蓋戚在大河東岸大河以西爲河内故謂戚爲河外也繁陽者繁水之陽春秋之澶淵杜預曰在頓邱縣南也大河自此又東北行其東岸爲清豐縣西岸爲南樂縣清豐者頓邱也寰宇記云王莽河在頓邱北十里王莽河者漢時所行之河以

其至王莽時枯而遂名之爲王莽河也按元光三年五月始有瓠子之決其春河先決於頓邱東南而流入渤海史苐載瓠子決河始末而不及頓邱之塞蓋頓邱改流泛濫未定至夏復東決於瓠子及宣房功成導河北行復歸當時未決以前故道故頓邱決口不勞自塞而程大昌謂元光以後大河竟行頓邱東南者非也南樂者故昌樂也元和志王莽河去昌樂十六里大河自此又東北行出元城大名冠縣館陶之東按水經大河故瀆逕元城縣故城西北而史稱

王莽恐河決爲元城塚墓患及決東去元城不憂水遂不隄塞元和志王莽曾祖墓在元城縣東二百步若大河果在元城西北元城當東下之衝其決而東去元城必已圮王氏墓必已壞而史乃云元城以水東去不憂水則大河在元城王氏墓東明矣元和志王莽墓西去貴鄉縣三里通典魏州治貴鄉元城二縣大河既在貴鄉元城東而水經之誤可知也元和志貴鄉縣王莽河古隄今名愜山古隄蓋即所謂沙邱堰也王延世塞決河於此以其愜乎人情也而命

曰愜山唐官軍伐魏擊朱滔於愜山滔堰永濟渠入王莽故河絕官軍歸路唐仍東漢河道王莽河已枯故曰故河也大名縣故貴鄉元城地也冠縣故冠氏也元和志王莽河在館陶縣東四里北去冠氏縣十八里大河在館陶嘗因決而分爲屯氏河焉水經所謂自沙邱堰南分屯氏河出焉者是也大河自館陶又東北行其東岸爲堂邑縣西岸爲清平爲清河爲博平又爲平原之鄃縣故城堂邑有發干故城大河所經也寰宇記王莽河在堂邑縣北十里通考堂邑

漢縣有黃河（東昌之堂邑隋時始有漢之堂邑在江南六合蓋堂邑志已誤劉南泉始正之）清平縣有貝邱故城漢時河水北曲三折皆邪直貝邱郭昌所謂更穿直渠不令北曲者也寰宇記王莽河在清平縣南十八里清河有甘陵故城博平縣有艾亭城平晉城靈縣故城皆大河所經也而元帝時大河在靈縣又別出爲鳴犢河焉鄃者漢田蚡食邑河決瓠子東南注淮泗鄃居河北河決而南則鄃無水災蚡勸帝勿彊塞故久不復塞也大河自此折而北其東岸爲平原縣又爲陵縣之鬲縣故城爲吳橋

縣其西岸爲平原之繹幕故城爲今德州治爲景州通典云平原漢舊縣括地志云平原故城在平原縣東南十里元和志王莽枯河在縣南五里蓋水本在縣北縣徙而北而水出其南矣吳橋有安陵故城大河所經也今德州治故長河縣元和志王莽枯河在長河縣東五里州志云古黃河在州東南二十餘里今謂之黃河崖是也景州有修縣故城修一作蓨亦大河所經也大河又自此而北其東岸爲東光南皮西岸爲阜城而清河自西來至東光而入於大河大

明晰

河遂挾清河之水又自此而北其東岸爲滄州西岸爲交河其間有合口焉而復與漳水合則復歸禹河故道而東北至天津小直沽口入海矣史記田單轉戰逐燕北至河上盡復得齊城蓋齊地北在於無棣無棣爲滄州屬縣通典滄州戰國齊趙之境是戰國時大河尚在滄州之北明矣班志漳水東至阜城入大河滹水東至文安入大河則西漢時阜城文安境中之漳水猶爲大河亦可知矣小直沽者古沽水也小直沽受南北諸水東逕天津城北合大直沽而東

注於海大直沽者濊水也青縣志濊水東北流逕天津鎮東南十里爲大直沽地勢平衍羣流瀰溢茫無涯涘故得厥稱是也是時逆河已爲海所漸大河之流至天津遂止此禹河之初徙自周定王五年以後歷秦至西漢所行之道水經謂之大河故瀆一名北瀆俗所謂王莽河者也而其決口之作難實發於宿胥口蔡傳所謂河徙砱礫砱礫不知何在椄溝洫志賈讓奏有榮陽漕渠如淳曰今礫谿口是也礫谿谿名漢書謬本誤以今爲令又加石作砱遂有河徙砱

細心讀書人皎不悞

磔之説蔡氏仍其誤而以之釋經蔡傳謬誤大抵如此所謂清河者發源於淇水後世之永濟渠也當禹河自大伾而北淇水挾清水自西來注之其勢不得截河流而東出於內黃也其東出內黃南爲白溝又挾洹水東北過廣宗縣東爲清河至東光入河者當必在宿胥既徙之後蘇秦説趙謂東有清河説齊謂西有清河其時禹河固巳徙流而東也而禹河既徙之後漢武帝時河決瓠子東南注鉅野通於淮泗及宣房既塞其後河復北決分爲屯氏河東北逕魏郡

淸河信都勃海入海廣深與大河等屯氏又分爲屯氏別河屯氏別河至平原又分爲屯別北瀆屯別南瀆北瀆東至陽信故城北入海南瀆自平原首受大河故瀆水東出謂之篤馬河東北至陽信故城南入海而屯氏別河之逕信成縣則張甲河出焉張甲河截淸河於廣宗北出又分爲右瀆左瀆以入於淸河而鳴犢河又別出於靈縣鳴犢又與屯氏合而入乎淸河是時漳水之東大河之西既有淸河又有屯氏河屯氏別河張甲鳴犢之屬蓋三百里間枝渠交錯

莽如也而自宣房功成復歸初徙故道以後河嘗復決瓠子爲王延世所塞自是不復決而南而輒橫流有向東之勢成帝時河再決於平原濟南千乘王莽始建國三年河決魏郡泛淸河以東數郡所謂淸河以東數郡者即平原濟南千乘也莽幸河自元城祖墓東去不加隄塞而河水右溢汴渠左亂濟瀆明帝詔書謂汴渠水門故處皆在河中張汜謂河決積久侵毀濟渠蓋枝渠既已交錯紛糾於北經流又復縱橫四出泛溢於滎陽東汴濟之間而北瀆之道遂至

於空及東漢王景起而治之蓋誠懼夫北與莽如者近而不久易敗也而又因水性之既安於東也則於王莽時魏郡決口之南別開新道東注之海明帝下詔褒美謂河汴分流復其舊迹陶邱之北漸就壤墳事在永平十三年其河幾及千年乃廢是時長壽津以北故道既空大河自津南又挾漯東行其北岸爲開州之鐵邱爲觀城爲朝城其南岸爲開州之濮陽故城爲濮州爲范縣所謂開州者宋之澶州也鐵邱在開州西南衞蒯聵登鐵邱望見鄭師自投車下杜曰

在戚南戚居北而春秋時出河之外鐵居南而東漢後在河之內則是大河日益徙而南也唐澶州隸河北魏博鎮胡三省曰唐澶州治頓邱縣後唐於濮州北築德勝南北城晉天福三年懼契丹南牧遂移澶州及頓邱縣於德勝熙寧以來澶州治濮陽又非石晉所移之地按李存審於德勝南北築兩城而守之晉既移澶州於此故澶州有北城南城宋真宗幸澶州自南城渡河御北城門樓居人所謂南澶北澶者蓋指此也而熙寧之移治濮陽則金改爲開州而今

仍之者也濮陽者顓頊之墟故謂之帝邱其故城在開州西南二十里鐵邱之東也濮陽爲漢瓠子決口其津卽以濮陽爲名有宣房堰金堤在焉武帝所謂塞東南決口導河北行者也東郡太守王尊禱於河伯請以身塡金隄廬居隄上不去水爲之却卽此隄也水經注云王景治渠築隄防遏衝要瓠子之水絕而不通唯溝瀆存焉濮陽與鐵邱雖皆開州地然濮陽在河之南晉王與梁戰河南遂拔濮陽是也濮州唐號濮陽郡故或卽以濮陽爲濮州濮陽實自爲縣

而濮州治鄄城非卽濮陽也及宋以濮陽爲澶州治澶州葢南徙而濮陽並不屬濮州矣世號澶州爲澶淵而澶州凡三徙皆非春秋之澶淵也澶滑接壤爲晚唐及宋決河發難之始滑州自唐開成後凡十餘決澶州自後周廣順後亦十餘決中間滑禍東移於澶橫壠商胡六塔曹村決口皆在其地及北流入清河而澶禍始緩金明昌河徙而澶州之流乃至於絶云晉文公敗楚於城濮索隱曰城濮衛邑卽濮州也濮州有鄄城故城觀城者故衛國縣范縣有秦亭皆

大河所經也范縣有津曰倉亭程昱遣別騎絶倉亭津陳宮所以不得渡也朝城者東武陽也東武陽者武水之陽也武水者卽漯水也通考朝城有黃河通鑑晉王畋於朝城覘河冰已堅引兵渡河拔楊劉是也朝城在長壽津之東葢幾二百里大河至朝城始與漯分漯反北行而河乃在漯南也其西北岸爲莘縣爲聊城爲博平其東南岸爲陽穀爲東阿爲茌平縣之碻磝故城爲長清縣之臨邑故城爲高唐西南之楊墟莘衛邑漢陽平縣地杜預謂爲河流所經者

也梁劉鄩軍於莘自莘及河築甬道以通饋餉胡三省曰莘縣東距大河二十餘里渡河而東南即鄆濮之境聊城者故博州治今東昌府治焉通考聊城有黃河唐開元河決博州晉天福時河決博州皆聊城也聊城在堂邑東南禹河初徙堂邑聊城皆在河流之東茲則出其西矣元和志黃河在陽穀縣北十六里通考東阿有黃河東阿者此處有脫句是時大河之衝南漲則淹東平東溢則侵濟南東平者鄆州也唐李嗣源取鄆州守楊劉九域志云鄆州東阿縣有楊劉鎮

臨河津梁與唐相持於楊劉決河水注曹濮及鄆以限唐兵謂之護駕水決口其後益大爲濮鄆齊棣諸州患茌平有津曰碻磝其城西臨大河晉宋時圮於河乃移治河北博州界宋王元謨入河平碻磝守之是南北朝大河皆經此矣長清者故臨邑也縣有津曰四瀆自河入濟自濟入淮自淮達江水逕周通故有四瀆之名也楊墟有商河商河首受河水有漯水澤水所滙也許商所鑿故名商河大河自此則截漯川而北行其東岸爲今禹城之高唐故城齊西鄙也

盼子守之而趙人不敢漁於河者也其西岸爲平原爲陵縣袁譚初至青州其土自河而西不過平原是東漢平原在河之西也平原有津曰張公渡水經東漢時人作稱是時河水逕平原故城東大河故瀆逕平原故城西而元和志謂王莽枯河在平原縣南五里黄河在平原縣南五十里葢新舊兩河在此相去最近然自平原又北至陵縣新河不能如故瀆之趨而北首而兩河河道迥別矣故瀆亦曰北瀆云者葢所以别於東漢新河之不能北流入海也陵縣有津

曰鹿角陵縣故安德唐德州治也元和志黄河南去安德縣十八里大河至此則折而東其北岸爲樂陵爲武定爲蒲臺其南岸爲德平爲臨邑爲商河爲青城高苑博興大河又自此而東北行至利津縣之古千乘海口入於海葢大河至是時始入今濟南之境泰山直其南應劭漢官儀所謂黄河去泰山二百餘里望之如帶若在山趾是也武定故厭次也有津卽以厭次爲名元和志黄河在厭次縣南三里蒲臺故漯沃也有津亦卽以漯沃爲名元和志黄河西南去

縣七十三里商河武定蒲臺皆唐棣州屬縣也元和志黃河在商河縣南八十里利津金析唐渤海蒲臺二縣置蓋南與千乘縣共此海口渤海亦唐棣州縣也唐時棣州河凡三決蓋其時海口已淤云高苑有千乘故城博興有利縣故城皆大河所經也此禹河再徙東漢以後所行之道也而漯水自東武陽與河別而北行折而東至故高唐之西漯在北河在南自故高唐以東至千乘海口河截漯北行河又在北而漯在南蓋河已再徙而漯猶自若其故其後至元魏

時漯水雖云輟流然唐高宗謂濟與漯斷不相屬則漯行河北濟行河南漯水之流尚猶不變蓋自河決商胡朝城流絕而漯水舊迹之存焉者寡矣當大河自大伾北行時乃在彰德之東大名之西也及初徙而出大名之東東昌之西矣其再徙則出東昌之東濟南之西而橫截濟南北境入於海云彰德者唐相州古冀域晉地也大名唐魏州東昌唐博州古兗域大名亦晉地也東昌治聊城齊之西界所謂聊攝以東者也本非瀕河地也濟南唐齊州古青域齊地也

明晰皆用總束之筆

禹貢海岱惟青州不言河者河流不及於青域也爾雅兩河間曰冀州郭璞曰自東河至西河也王制曰自東河至於西河千里而近孔疏曰東河之西西河之東是冀州之境蓋東河爲古冀域東界自相而汲則在其東界之南也東河之東畔爲兖域孔疏所謂兖州自東河以東是也唐魏州之北貝州治清河縣又北冀州治信都縣與夫滄州治清池縣棣州治厭次縣皆古兖域在東河東畔爲河外通典誤以信都枯絳爲降水遂謂信都爲河内分入冀域非也禹河既徙而始自魏州北逮信都清河皆在新徙之東河東畔遠者至二三百里河流東侵兖域而出齊西界聊城之西東河去西河已千里而遥矣然尚猶未入於古青州之域而是時趙分晉信都清河地其境東至於新徙之河趙武靈王謂吾國東有河與齊共之賈讓謂齊與趙魏以河爲界是也及禹河再徙出齊地聊城之東壓青域濟南之境以趨於海平原陵縣以北河流不至冀域不復在兩河間而趙之故疆亦不能以河爲東界蓋禹河再徙其入海之口去古冀

域碣石入海處蓋六百餘里云而長壽津以北故瀆之水盡空至東光南皮則清河行漢北瀆故道自滄州交河而北則漳河合清河行禹東河故道故酈道元云清漳二瀆河之舊道也而滄州交河以北之道禹河初徙時河水至此復合漳水而行以入於海東河禹迹猶存此四百餘里間及河道再徙新河北行未半遽折而東流入海而大伾以北遺迹則盡忘矣然王景之治新河也鑿山開澗築隄自滎陽至千乘海口竭其才力爲一勞永逸之計故功施後代幾及

千年下逮宋仁宗慶曆八年河決商胡而其河始廢唐時猶仍景故道而清豐縣之西南有馬頰河者首受大河水東北流唐志所謂久視元年開新河者也馬頰河至安德縣南合篤馬河又東北至無棣入海此特與東漢時小異者獨入海之處至昭宗景福時自厭次縣界決而東北流逕濱州之渤海故城又東北至海豐縣之無棣故城逕馬谷小山東入海蓋究其入海所以改流實卽宋初屢決不已馴至商胡河徙之由按唐河患較前後獨少長壽二年河始決棣

治河全疏下流總不外禹法

州開元十二年又決博棣二州其後澶滑間漸被河患太和二年棣州河決至壞其城景福二年遂改流入海宋大中祥符三年大決棣州至徙州陽信界中而澶滑之間歲不得寧仁宗景祐元年河決橫隴在東漢故道之南歷濮州東平范縣陽穀東阿而至於長清因名其故道之淤者曰京東故道其自長清東北則仍行東漢故道改流不過三百里未大變遷然其勢已必不能久行故未幾而有商胡之決夫河雖泥沙得其所歸何由致淤下流先淤高壅滯乃決上

流低處歐陽子謂橫隴之水海口先淤凡一百四十餘里其後游金赤三河相繼又淤下流既梗乃決上流之商胡口故京東橫隴兩河故道皆下流淤塞河水已棄之高地理不可復由歐陽子之言推之乃知唐時棣州屢決禍及澶滑必藉臺以東海口日淤故景福乃至改流宋初景福改流海口又日就湮塞不知疏濬上流用是屢致奔衝潰決益浸不已俄而河果大決於商胡埽矣商胡既決初有北流繼有東流迭爲開閉後竟歸於北流此禹河之三變也商胡埽

在開州東三十里其北流自埽決而北逕清豐南樂縣西又北至元城縣東北而與永濟渠合焉永濟渠者卽前所謂清河在東光入河者也清河源發於淇水曹操自枋頭遏其水爲白溝一名白渠隋煬帝導爲永濟渠一名御河今稱衛河云北流既於元城東北合永濟渠遂由其水道而東北行至合口而與漳河合焉其東岸爲今冠縣館陶臨清夏津武城棗強德州吳橋東光南皮滄州西岸爲今廣宗威縣清河故城景州其東光南皮滄州之道卽西漢大河故道

也北流既挾永濟渠與漳河合遂東北流逕獨流口又東逕劈地口三义口入於海其西岸爲今青縣東岸爲今靜海南岸爲天津獨流口在靜海北二十里劈地口在縣東北三义口葢卽天津衛東北之三岔河此宋黃河北流之道也嘉祐五年北流復決爲二股河自大名之東歷冠縣館陶合馬頰河東北至德平合篤馬河又東北逕樂陵海豐入海此其所謂東流者也東流在東漢故瀆之西而北流在西漢故瀆之西漳河之東北流初行永濟渠後復從內黃曲周

平鄉廣宗鉅鹿清河南宮冀州衡水武強棗強樂壽阜城混入漳水按漳水自肥鄉以北皆禹東河故道其地形獨卑下故賈讓請放河使北入漳水中入海而清河行漳水之東西漢故瀆之西去東河禹迹最近宋之北流合清河以行至合口又合漳河入海海口深廣河流通快此誠千載一時是時自澶州至乾寧軍創隄千有餘里若能堅其隄防疏其壅積上之可漸變而盡復東河禹迹次之守而不變亦較之西漢故瀆爲近古此功一立雖至今可以無患非東漢

王景所敢望也而朝議紛紜必欲回河使東六塔既敗二股亦微禍偏於澶濮濟鄆神宗乃下詔東流塡淤難復將來更不修閉元祐時不主回河之議紹聖諸臣力閉北口借河事以伸其紹述本謀而不顧河勢之不欲復東蓋商河決後二十一年爲神宗熙寧二年導河東流而北流閉又十二年爲元豐四年河復北流哲宗紹聖初北流又閉後數年爲元符二年東流斷絶河竟北流下至建中靖國之初猶有建東流之議者而禍變旋興其地已爲金人所有宋史河

渠志蓋至歎息痛恨言之云而金人既得其地則遂以宋爲壑也又利河之南不欲其北大定四年范成大北使見濬州城西南僅有大河剩水計河離濬滑已在高宗之世由是河流日趨於南決勢已成大定十一年河決濮州之王村害及南京孟衛州界識者謂下流壅而倒灌上流也明年以水東南行勢大增築上流諸州縣隄岸至二十七年遂令沿河京府州縣長貳官結銜並帶河防卒亦無補不久竟有明昌之決當商胡既決以後明昌未決以前汲縣河流未

變於昔開封祥符直汲縣河流南一百五十里陳留杞縣睢州加遠至如寧陵宋城虞城曹單嘉祥金鄉鄆城豐蕭沛徐直汲縣河流東南遠者至七八百里近者猶二三百里而是時皆爲沿河之地則河流之必決而南固可知也夫滎陽引河而禹迹東徙枝渠交錯而北瀆遂空此上流之害及下流者也晚唐海口淤而景福改流宋初海口淤而橫隴商胡屢決與夫金之河不歸北下流倒灌而有明昌之決皆以下流而害及上流者也故大河之爲患非一端而已也

先是熙寧導河使東而北流斷絶大決於澶州曹村河道南徙東滙於梁山張澤濼分爲二派一合南清河入淮一合北清河入海踰年決口乃塞至是金章宗明昌五年爲宋光宗紹熙五年而大河徙於故道之南起自陽武縣北而東至於梁山濼其北岸爲新鄉胙城長垣濮州范縣南岸爲陽武延津封邱蘭陽東明曹州鄆城梁山濼在壽張縣東七十里大野澤之下流也河水滙此分爲二派如熙寧曹村決時其北派由北清河入海者今大清河自東平之西歷東

阿平陰長清齊河歷城濟陽齊東武定青城濱州蒲臺利津入海者也北清河者濟水故瀆也其南派由南清河入淮者今會通河自東平之西歷汶上嘉祥濟寧合泗水至清河縣入淮者是也南清河者泗水也南派入淮遂挾淮以入海兩派並行而其大半入於淮水葢南派較之北流爲盛云當禹河初徙再徙三徙皆出黎陽之東東河禹迹積漸盡改而明昌之決則在黎陽之西百里南河故道自此亦稍變更而汲縣胙城之間河流遂絶此禹河之四變也

夫兩河必無並行之理此旣盛而彼必衰物莫能兩大雖禹之九河其後卒亡其八支而并歸徒駭也明昌之決兩派分流而入淮者大半北流不能並南已具并力趨南之機焉元世祖至元中河果決而南又在明昌決口西起自陽武縣南由渦水至懷遠入淮泰定元年改從古汴渠入泗以入淮則今大河所行之道是也先是金明昌決後而河已由開滑胙城長垣之南矣至是由古汴渠之道則并陽武延津封邱東明及今山東地唐隸河南道者與夫江南之豐沛邳州宿遷淸河安東皆在大河之北葢較之金溫撒可喜所謂河南之地爲狹者而又加狹焉斯古今地勢不同之極致矣是時新鄉河流已絕大河出獲嘉南六十里負陽武而東歷祥符商邱至徐州而合泗水所謂古汴渠之道也古汴渠嘗改流從考城宿州虹縣至泗州直達於淮北宋東南漕道由之而堙於南渡之後葢改流之道堙而古渠故道復通泰定時大河旣由其道至徐州合泗水遂挾泗水東南至淸河縣南而合淮水又挾淮水歷山陽之北安東之南

治河故須兼治淮也

過雲梯關以入於海而全河之由淮入海遂相沿至今不變云且夫河過大伾以東決而東南注於淮其勢雖便然其時必駭爲非常鉅變未有任其逼行不塞者也漢元光三年瓠子之決東南入於淮田蚡雖勸勿强塞然踰二十年卒塞之宋太平興國八年河大決滑州東南至彭城入於淮亦不久卽塞咸平三年決鄆州浮鉅野而入於淮則又卽塞天禧三年決滑州至梁山濼合清水古汴渠而入於淮則又卽塞而熙寧曹村決口其入淮之南泒亦不久卽塞其視爲固然任其逼行者則自金明昌五年始其時南北二泒分流乃至元時改流出陽武之南蓋北泒遂并於南而南北故道俱湮云夫陽武改流不知在至元幾年已無可考而會通河自東平歷濟寧至徐州皆大河南泒之道度必南泒故道已湮轉輸不便而乃有會通之役按會通河經始於至元二十年成於二十六年蓋陽武改流當在二十年以前無疑元史載二十三年二十五年河決河南或十五州縣或二十二州縣其時或已由渦入淮而又決或汎濫於汴梁

州縣間而尚未能郎定皆未可知也元末賈魯挽河復入於淮顧其北流猶自不絕明初命大將軍徐達自曹州東引河至魚臺入泗以濟運永樂九年命尚書宋禮自曹疏河經濮州東北入會通河大抵別自南方引河北行以爲支流而非復曩時北派餘波也夫陽武爲南北分派之地若北派果尚有餘波永樂運道胡爲舟至陽武乃舍舟登陸耶蓋北派故道之湮久矣其後徐有貞分水之渠白昂興濟十二小河固皆其自鑿北流之道而已矣及太行長隄成全河

南下北流遂自此永絕云而當泰定時大河由古汴渠之道合泗以入淮其後二十年爲順帝至正四年河北決曹之白茅隄又決千金隄自兗州東昌灌會通河延及濟南河間也賈魯於是有挽河東歸徐州故道之役河成號曰賈魯河川瀆考引河防考謂大河舊道由新集歷丁家道口馬牧集韓家道口司家道口牛黃堌趙家圈蕭門集出小浮橋此賈魯所復故道嘉靖實錄按臣戴金謂大河入淮之道自開封經葛岡小壩丁家道口馬牧集鴛鴦口至小浮橋爲

汴河蓋賈魯河始自白茅隄雖與古汴渠異道然下流卒入於汴渠自新集丁家道口至小浮橋其所行者固即古汴渠之道焉耳矣新集丁家道口在商邱馬牧集在虞城韓司道口牛黃堌在碭山趙家圈蕭門集在蕭縣小浮橋在徐州明一統志謂徐州雲集橋在州城東北隅跨汴水比舟爲之俗名小浮橋是也自賈魯河成之後又四十七年爲明洪武二十四年河自原武黑洋山泆而東經祥符北又南至項城出潁州東至壽州正陽鎮以入於淮也而正道遂淤

其後二十年至永樂九年乃復疏入故道永樂實錄謂祥符中灤舊黃河岸與今河面平浚之可殺水勢又謂開浚訖工自是河循故道與會通河合所謂今河云者即壽州入淮之河也其曰水勢可殺蘭芳亦謂中灤分導河流則是故道之復特爲支流河臣王邋謂之小黃河而其正派正由壽州之道不塞也是時宋禮又有疏河經濮州東北入漕之役川瀆考謂金純從金龍口引河達魚臺塌場口經二洪入淮夫實錄明言河循故道若由濮州東北及魚臺塌場口

不得謂之循故道也潘希曾謂河由歸德至徐入漕者故道也永樂年間浚開封支河達魚臺入漕者以濟淺也胡世寧焦竑謂河分數道其中小浮橋魚臺陽穀各爲一道則濮州魚臺之又別爲支河明也楊一魁謂永樂時復南決由渦入淮未知果否自永樂九年河循故道後三十七年而河自新鄉八柳樹口出東昌衝張秋潰沙灣東隄奪濟汶入海又自滎澤孫家渡口出祥符南並流入淮王暹所謂正統十三年改流爲二者也實錄謂八柳樹河決不由金龍口故道東至徐濟運蓋古汴渠之道至是又湮而實錄不言南流出何道入淮川瀆考一說由渦又一說至壽雖指則主由渦之說又考戴時宗謂孫家渡出壽州胡世寧謂孫家渡至壽州一道蓋孫家渡者固由壽入淮之道也而明初大河分派並行則或兼由渦河亦未可知也張秋在東阿壽張陽穀之間運河所經也沙灣壽張隄名其後四年爲景泰三年沙灣復決都御史徐有貞開廣濟渠疏決河起張秋逾范暨濮抵開州凡數百里作九堰以捍橫流而使之北出

濟運又於東昌龍灣魏灣置八閘導古河入海實錄謂會黃河南流入淮有貞始克奏功而不言南流由何道入淮然祥符自是乃得復在河南矣其後十年爲天順六年有陽武西南之決則自獲嘉南入於原武而獲嘉之流絶矣又五年爲宏治二年河決原武衝張秋戶部侍郎白昂則築陽武長隄爲張秋之衛引中牟決河出滎澤陽橋下達於淮濬汴渠及睢水導河入焉以殺水勢又以河入淮非正道修魚臺德州吳橋古河隄而自東平北至興濟鑿小河十二道

引入大清河及古黃河入海然未及三年河復決於張秋其所規畫河道廢矣按昂所濬汴渠自宿州至泗州者乃北宋轉漕之道而昂疏稱決河北流由祥符合沁河出丁家道口下徐州宜爲長隄衛之未嘗言塞其流也丁家道口爲古汴渠道豈是時汴渠二道皆通耶當再考都御史劉忠宣大夏之治張秋決河則分爲四泒入淮以殺其勢又築太行長隄金龍口新隄而決口乃塞云蓋四泒中以出孫家渡者爲經流其支流自四府營至歸德分爲二一泒由宿州

符離橋出宿遷小河口一派由渦河而其自黃陵岡南出曹縣至徐州河者又爲一派黃克纘謂劉忠宣開賈魯河由丁家道口下徐蓋卽古汴渠之道也實錄所謂分流逕歸德宿遷徐州入運河者也時宏治七年也朱裳謂宏治以前四支分流一由孫家渡一由渦河口一由趙皮寨一由梁靖口梁靖口者古汴渠之道也而趙皮寨乃出宿州之道蓋朱裳四支分流之說卽大夏所分四派而謂爲宏治前巳如此則考之未詳矣而論者又有河分八道七道之說不知

的在何年胡世寧所謂南分二道者則渦潁二道是也所謂東南一道者則宿州之道是也所謂東分新舊五道者其一出儀封至小浮橋入漕小浮橋爲古汴渠之道上文固巳言之其餘有出長垣至暘榖入漕者有出曹州至魚臺入漕者有出沛之南從飛雲橋入漕者有出徐沛之中境山之北從溜溝入漕者此四道皆大夏時所未有鄭曉之說畧同焦竑所記獨少東南出宿州一道而周金又謂黃河入淮之道有三曰渦河曰汴河曰白河白河者宿州之道也較

之大夏所分四泒則少孫家渡經流焉蓋河流之在南方其南北又自遷徙不常而諸說紛耘不一固難盡合大抵明初大河分泒數道並行不廢其宿州一道在汴渠南渦又在宿州南潁又在渦之南如陽穀魚臺飛雲溜溝四道皆出汴渠北其後地道遞湮合并爲一而要其大體盡歸於徐州古汴渠之道焉而徐州古汴渠之道既爲宏治七年四泒分流之一蓋是時大河之出小浮橋而東注明矣正德實錄乃謂正德三年始北徙三百里至小浮橋入漕不知何故

當再考而正德三年河流之北入於小浮橋故道也明年自小浮橋北徙出飛雲橋而曹縣楊家口亦決南道日淤八年又出曹單之北而曹單遂爲河流首衝自是之後十餘年間渦潁諸道皆湮水勢無所殺於南遂北入運河塞魚臺穀橋以下諸牐嘉靖五年漕船至北假途昭陽湖以行也六年河忽自沛決而南一出小浮橋一出小河口一出渦河各入清河而由山陽灌裏河論者謂沛之患且并及淮安也然亦分一支北流逾漕河趨昭陽湖明年又北入昭陽而

運道大阻八年又自飛雲橋北徙魚臺之穀亭舟行牐面九年又北決魚臺塌場口衝穀亭水經三年不去蓋河自小浮橋而北出曹單豐沛者二十年議者患河趨於北則開趙皮寨支河南達白河以殺水勢十三年遂自趙皮寨決而東穀亭流絶自是南徙者蓋十餘年十六年南入於渦河二洪水微十九年決睢州野雞岡又南入於渦河其旁出孫繼口至徐者十之二而二洪水不盈尺二十四年河日南流至徙五河蒙城縣治避之俄忽復決而北自曹縣入穀亭而自是河流之趨北者蓋四十餘年云三十一年河下流入海者既壅遂自徐州房村決而北至邳州運道淤者五十里明年既浚水湧復淤三十七年河盆徙而北而新集口至小浮橋賈魯河故道二百五十餘里皆淤蓋新集至小浮橋之道號爲銅幫鐵底潘季馴所謂河身深廣自元及本朝嘉靖年間行之甚利者也其後別開一道出小河口以殺水勢水勢殺而河身日淺至是二百五十餘里皆淤河北出單縣析爲六有出大溜溝者有出小溜溝者有出秦溝者

有出濁河者有出胭脂溝者有出飛雲橋者既入運河至徐州洪又分流出碭山堅城集郭貫樓更析爲五凡散爲十一派勢弱易淤決溢滋甚是後一變爲溜溝再變爲濁河又變爲秦溝淤愈甚而變愈速其後歷四十七年李化龍曹時聘挑碭山朱旺口復小浮橋故道一百七十里而新集口丁家道口竟淤隔在南岸縷隄之外云四十四年海沙淤高至興山等上流益多河患河自趙家圈決而北抵曹縣分爲二入秦溝者曰南股入大小溜溝者曰北股而北股又

分流出飛雲橋散爲十三股北逾漕河又北入朝陽湖明年河又決沛縣北入運河而是時蕭縣城內外一望皆水水行陸地深或僅一二尺耳而河身高於故道至三丈有餘也朱衡於是開南陽新河爲運道以遠河患而修沛縣馬家橋隄遏飛雲橋之流盡南入秦溝運道暫通隆慶三年河北決沛縣西及曹單東抵徐州漕舟阻於邳州者二千明年河水暴至茶城於邳州亦決自靈璧至宿遷分爲十一派而運道之淤者一百八十里六年復決於邳州先是翁大立

謂邇來河患專在徐邳宜開泇河為運道俾徐邳間勿資河以漕則河患可避至是泇河之策竟格而不行而茶城南北長隄成矣噫此其所謂專事徐邳之道也萬歷元年河決徐州房村口二年決邳州而徐邳河身日高四年沛豐曹縣隄決災北被魚臺金鄉五年徐州河淤邳宿清源兩岸多決是冬河忽復南趨入小浮橋故道與濁河之流並行蓋自嘉靖末河出秦溝而茶城遂歲患填淤也至是小浮橋故道始復而新集口之道久塞故小浮橋以上河身猶淺潘

青照堂叢書 次編　黃河考　四八

季馴言復新集口故道有五利而不果行六年高堰既堅崔鎮亦固淮安水患暫息而徐邳亦得暫安七年八年以河工告成河臣疊受襃賞然下流通利上流河防漸弛十五年北決於金龍口長垣東明幾陷十七年河決祥符又決蘭陽李景高口南入睢陳又北決入夏鎮而南北之流靡定二十一年魚沛徐邳水漲邳州城陷又決單縣黃堌口北出舊運河達鎮口牐二十五年黃堌復決南溢夏邑永城逕符離橋出小河口分流北入舊運河而二洪涸是時徐邳之

間復見清流也楊一魁欲任河流南趨而濬小浮橋引河支流濟以汶泗之水爲徐州以下運渠而不克已又欲濬李吉口以挽黄流於徐邳而又不克李吉口在黄堌下淤墊益高北流幾絶二洪之間褰裳可涉二十九年黄堌垂塞復決於上流蒙牆寺入商邱南合淮灌洪澤湖爲泗州患曾如春乃開虞城王家口新河以回河濟涸而新河狹不能容三十年北決單縣蘇莊衝魚臺豐沛蓋河勢南趨者六年而又趨於北凡五年而始稍定云三十一年又決蘇莊潰沛縣太行隄入夏鎮横衝運道而泇河之工始不爲異議所尼三十三年自徐州決而北泛豐沛單縣魚臺抵濟寧而吕梁又塞三十四年曹時聘開朱旺口復小浮橋以東故道一百七十里而魚臺單濟金鄉之流悉歸小浮橋不復散漫於北矣自是之後三十九年決徐州狼矢溝明年決徐州三山南出白洋河小河口四十二年決靈璧之陳鋪四十四年決祥符陶家口張家灣南入渦河又決狼矢溝北入泇河天啓元年決雙溝南出小河口三年決徐州青田大龍口

河日南徙恐亦非不變之道

又決雙溝四年灌徐州城乃遷治於雲龍山至崇正六年自呂梁洪決而北入直河滙成洪流十五年開封朱家寨之決又南流自陳潁入淮蓋其大體雖歸於徐州古汴渠之道而倏南倏北終遷徙不常莫能悉數由是南北兩岸遂倚隄爲固南岸明初大河分派並行入淮故祥符至碭山至隆慶六年方有隄而北岸務築隄以璧河使南故其隄爲尤多南河考北岸縷水隄西接沁水詹家店隄東歷荆隆口銅瓦箱踰曹單至徐州茶城其在荆隆口銅瓦箱間者此必

劉大夏所築新隄曹單乃劉天和所築茶城爲朱衡所築其西起詹家店隄則萬歷十六年增築也縷隄之北有舊老隄白昜築陽武長隄以衛張秋朱裳謂自原武至曹縣築長隄以防東北入海正德七年接築曹縣位家灣北大隄百有十里其後劉天和接築曹單長隄皆此隄也舊老隄東北有長垣東明長隄西起陳橋集東至白茅村及河南徙長垣東明去河遠蓋此隄廢不修久矣而曹縣黃陵岡之西舊老隄之南縷隄之北其中有長隄焉東訖飛雲橋則所謂

太行隄者也舊老隄止於曹單間而單縣以東遂以太行隄爲在北遥隄云當今隄工多沿明舊而其實多有不同者焉今河南山東有所謂臨河隄者而明南河全考有縷水隄無臨河隄按今圖說舊時隨險築壩攔水以護縷水隄於内明季連爲長隄號攔水隄今更號其隄爲臨河而明南河考之無此隄者蓋其時攔水壩尚未聯爲長隄所謂縷水隄爲防河首重者也今河圖單縣有臨河隄其北有縷水隄又其北爲舊存太行隄於是號臨河隄爲三隄縷隄爲二

隄蓋以舊存太行隄爲頭隄也而曹縣之西惟封邱有縷隄五百五十丈河南七岸皆無縷隄蓋既倚臨河隄爲門戶縷隄止爲重門之障故多廢不修往往爲今月隄夾隄重隄備隄胚胎而今臨河隄亦有稱年遠老隄者碭山以東兩岸則亦如明制止有縷隄

又按今宿遷縷隄亦或稱臨黃縷隄臨黃云者臨河也蓋今江南即以縷隄爲臨河隄矣則今河南山東所謂臨河隄或間即明縷隄修築亦未可知也今按全河圖說合之明制錄河隄如左全河圖說謂兩岸

隄工皆自滎澤縣始其在北岸者曰滎澤縣臨河隄西起武涉東至原武八里七分滎澤縣治在南岸曰原武縣北岸臨河隄自滎澤東界至陽武西界四十里又有月隄三南河考有廟工口遙隄買家寨月隄曰陽武縣北岸臨河隄自原武東界至封邱西界三十八里有黑洋山月隄南河考有脾沙環垻有張茂樓垻脾沙岡者萬歷四十七年北決之口也陽武城故在南岸與新鄉汲縣分水蓋河出其南南河禹迹

愈變曰封邱縣北岸臨河隄自陽武東界至祥符西界三十四里中間于家店中灤城荆隆口最著明荆隆口即金龍口也有縷水隄一月隄五格隄二格隄者橫隄也南河考云荆隆口萬歷十五年之決築遙隄長二千九十丈又云陳橋集西抵荆隆口東連馬家口每歲加工修守川瀆考陳橋集在縣東南四十里與祥符接界封邱者古封父國也曰祥符北岸臨河隄自封邱東界至陳留西界五十里有月隄十夾隄一重隄二曰陳留縣北岸臨河隄自祥符東界至蘭陽西界一百十丈又有回回寨月隄祥符陳留蘭

陽及儀封縣治皆在河南岸曰蘭陽縣北岸臨河隄自陳留東界至長垣西界四十里四分中間銅瓦箱最著名銅瓦箱在陳留蘭陽間洪河入張秋之道也又有月隄三南河考有陳留寨銅瓦箱遙隄有馬坊營月隄有空泥河曰長垣縣月隄自蘭陽東界至儀封五百五十一丈曰儀封縣北岸臨河隄自長垣東界至曹縣西界共四千六百五十五丈又有月隄七南河考云煉城口每歲加護此今河南大河北岸之隄也曹單二縣俱在大河北岸曰曹縣臨河隄大河

自儀封歷考城界三十里過曹縣又一百四十里而至單縣西界考城縣治在河南岸其隄附曹縣修防故曹縣臨河隄共一百七十里臨河之外縷隄月隄遙月隄備隄裹河隄護隄戧隄小戧隄格隄甚夥而銅奶奶廟尤稱險要曰單縣臨河隄自曹縣東界至江南碭山西界六十里有月隄六格隄一有縷水隄五十四里又有太行隄六十九里太行隄舊長三百六十里今既有臨河隄又有諸隄爲外護故太行隄廢不修止存此六十九里在單縣云南河考正德七

年曹縣築北大隄自位家灣至雙堌集八十里又接築三十里此隄蓋西與舊老隄相接而黃陵岡之南有賈魯河又有芝麻莊陳隆口有劉滿莊月隄又有王家垻曹縣北有曹州雙魚決口川瀆考有楊孫焦家諸決口而梁靖口在曹縣東南近歸德府大河北岸是爲趨小浮橋之道所謂四支分流之一也嘉靖實錄十四年河臣劉天和於梁靖口東行岔河添築壓口縷水隄又於曹縣八里灣至單縣侯家林接築長隄此長隄當與位家灣雙堌大隄相接蓋山東大河北岸之隄如此而今河南大河南岸之隄曰滎澤縣南岸臨河隄西起舊城北東至鄭州長十二里南河考滎澤縣縷隄西起廣武山東至祥符而滎澤東南有孫家渡月隄曰鄭州臨河隄自滎澤東界至中牟西界四十五里南河考有黃煉集遙隄鄭州者鄭武公徙居此州東有華城史伯所謂前華者也曰中牟臨河隄自鄭州東界至祥符西界四十三里七分又中間錯以陽武隄四里七分南河考縷隄外有月隄曰祥符南岸臨河隄自中牟東界至陳留西界七

十七里其月隄甚夥府四面有護城隄南河考云隆慶六年築縷水隄自祥符東至碭山乃止又有劉獸醫遙隄有陶家店遙隄有張家灣時和驛遙隄有陶家大壩川瀆考府西三十里有蘇村府西二十里有杏花營府東二十里有陳橋及劉獸醫陶家店張家灣皆歷代決口祥符當正統既決之後復大決於天順五年周王以下至乘舟避水至崇正十五年城西北七十里朱家寨之決闔城被禍蔓延陳穎閒水退而城郭屋宇皆填淤在下遂即其上重加興造以成都會云祥符西南二十里有四府營舊河劉大夏嘗濬之祥符爲開封府治留見公羊傳後屬陳故曰陳留曰陳留縣南岸臨河隄自祥符東界至蘭陽西界十五里曰蘭陽縣南岸臨河隄自陳留東界至儀封西界隄二十五里有月隄南河考有趙皮寨李景高口遙隄二千三百五十九丈儀封者衛邑也曰儀封縣南岸臨河隄自蘭陽東界至考城西界四十七里有月隄一川瀆考由儀封至睢州乃及考城州去河七十里河隄非州所納也州有野雞岡及孫繼口曰

考城臨河隄自儀封東界至商邱西界五十里縣城有護城隄考城故戴國也曰商邱縣臨河隄自考城東界至虞城西界三十六里七分有月隄七舊隄二老垻臺一南河考云萬歷二十年河決蒙墻寺築王家大垻又載新集丁家道口賈魯河故道在縷隄之南商邱爲歸德府治古宋國去河遠少河患河曰南徙災始及焉元大順明正統兩在河北已而仍在河南商邱有入淮之道曰飲馬池曰虞城縣臨河隄自商邱東界至碭山西界八十三里三分中間有黃堌

垻又有月隄六川瀆考黃堌口下有李吉口虞城西北有曾如春所開王家口新河南河考虞城東爲夏邑爲永城今圖不載盡河隄非二縣所轄也商邱之北岸爲曹縣虞城之北岸爲單縣曹縣隋濟陰縣唐爲曹州治金大定河圮徙州治舊乘氏縣明初又徙州治盤石鎮而以治爲縣自太行長隄成則張秋之患息而曹單當衝是時河患以曹爲首而單次之與宋澶滑無以異大抵河由北道趨於海其途必由澶滑河由南道趨於海其途必自曹單兗州府志云兗

州地平土疎較河南尤卑下恐異日河水不由南行而俱東注釀成大患故山東治河莫先曹單乃知曹單河患當更危於宋澶滑也單縣故單父也大河北岸曰豐碭汛自單縣歷碭山北竟過豐縣至徐州西界李道華樓計程七十三里皆有縷水長隄南河考碭山縣北境有堅城集月隄斜垻有朱莊大垻有豐縣清水河月隄有邵家垻有秦溝上流故道秦溝在徐州北三十里有華山有沛縣飛雲亭舊運河在沛縣北昭陽湖又在舊運河北又回回墓支河有留城

口沛以河北徙遂近河萬歷三十四年小浮橋故道復沛仍與河遠如故今河隄非沛所縮故不載曰徐州大垻汛自李道華樓至邳州西界計程百九十八里而李道華樓東無隄者九十里中間有大穀山隄四百四十七丈有減水石垻有蘇家山天然牐蘇家山東乃有陡山至子房山縷隄千三百十五丈鎮口牐在焉今圖說謂徐州城南地窄難容漲水城北寬廣故不築隄水漲俾得展轉入運河按明朱衡築縷水隄自茶城秦溝而西茶城在徐州西北三十里蓋

徐州北岸無隄者三十里萬歷十七年潘季馴增築塔山長隄而鎮口牐以西遂皆有隄是時漕道去河近而爲隄以防黄流逸入此明隄今所無者也鎮口牐之南有濁河故道鎮口牐之東則大浮橋小浮橋也川瀆考徐州北五十里曰大溜溝又北十里曰小溜溝今河圖鎮口牐東至吕梁城中間有狠矢溝險工及月隄有長樊大壩險工南河考有長山遥隄在狠矢溝北吕梁城臨吕梁洪有上下二洪巽時激水巉巖嘉靖時巉削就平明時吕梁城以東即有縷隄又有遥隄而今河圖自吕梁之東歷羣山至董家山乃有遥隄百八十二丈盧家山有遥隄千四百八十二丈明時有隄者蓋今無之其又東曰邳州汎自邳州西界至東界直河口計程八十二里黄山郭巨山鳳凰山峻龍山之間皆無隄此亦明隄今所無者也自白馬山劉家寨以東乃有縷隄歷羊山寺塘池董家堂馬船幫宋家莊戚家堡青墩營中間月隄遥隄撑隄不一南河考徐州北岸縷隄遥隄至邳州直河口止遥隄在邳州舊城北又北有蛤蟃湖周柳湖又

北爲泇河大河南岸曰碭山縣汛自虞城東界至蕭縣西界縷隄八十里有毛城舖石牐大石壩南河考碭山縣有朱旺口近賈魯故河有蘇莊決口曰蕭縣汛自西界至徐州西界縷隄六十五里南河考有趙家圈有兩河口曰徐州郭工汛自西界至三山頭計程六十六里有王家山縷隄及天然石牐有韓家山隄及月隄明隆慶南岸縷隄止碭山西碭山之東至韓家山乃有石隄此今隄明所無者也韓家山之東有郭家觜險工東爲徐州城有雲龍山隄有護城石

岸下有洪奎山店隄遙隄南河考徐州城南有永堌湖姬村湖有青田壩曰徐州小店汛自三山頭至靈璧西界縷隄四十九里三分有楊橫莊曹橫莊楊家窪韓壩小店月隄有房村南河考有三山決口三山以東有縷隄有遙隄曰靈璧縣汛自西界至衛工頭縷隄三千九百四十八丈有臨河子隄有墨家口隄南河考靈璧縣有陳溝雙溝決口曰睢寧縣汛自衛工頭至峯山縷隄共千三百四十五丈有龍虎山峯山四牐四牐西抵毛城舖共減水牐九皆所以洩黃

水之怒也自四牐東歷武家營王家堂戴家樓至宿遷西界古隄頭縷隄共萬五千八百六十六丈八尺又有月隄子隄格隄南河考三山遙隄至睢寧縣東止此碭山豐縣蕭縣徐州靈璧睢寧邳州大河兩岸之隄也碭山曾在河北今仍在河南蕭縣者古蕭國也徐州者古彭城也自嘉靖八年至天啓四年河凡十餘決於徐州竟遷州治雲龍山焉邳州古下邳也大河北岸邳州汛之東曰宿遷阜河攔黄壩汛自直河口至張莊運口縷隄五千九百十六丈有阜河攔黄壩有支河口有舊中河口新中河口有駱馬湖竹絡壩曰宿桃中河通判管轄隄自張莊運口至矮隄頭縷隄二千七十四丈自矮隄頭至吳家墩則馬陵山坡也故無隄馬陵山在宿遷城北曰宿遷大古城汛自吳家墩至大古城縷隄八千一百五十八丈五尺南河考云自直河至古城因河外諸湖以蓄漲水河外高岡乃天然遙隄故不復議築此則今隄明所無者也所謂諸湖者駱馬湖黄墩湖侍邱湖也曰桃源九里岡汛自古城至河北鎮縷隄八千十二丈五

尺中閘崔鎮徐昇石垻今塞崔鎮在桃源西北三十里有滿家灣引河二有張家莊引河曰桃源縣雜背垻汛自河北鎮至清河西界駱家營縷隄六千八百二十九丈一尺中閘季太三義石垻有磯背垻今塞有黄家背有三岔險工南河考有遥隄自古城至黄家背止大河南岸睢寧汛之東曰宿遷縣蔡家樓汛曰宿遷縣陳家道口汛自古隄頭東至白洋河計程六十三里七分縷隄共萬一千四百六十七丈九尺有蔡家樓彭家堡徐家灣陳家道口險工有徐家灣

臨河隄又有月隄總月隄老隄有小河口有白洋河歸仁隄在宿遷西南南河考三山縷隄至宿遷城南止白洋河之東有白鹿湖邸家湖曰桃源縣烟墩汛曰桃源縣龍窩汛自白洋河至清河西界駱家營縷隄八十八里有烟墩險工有張莊談莊險工有月隄南河考桃源西南爲泗州烟墩以西今長隄皆明所無也烟墩以東明乃有長隄至張福王簡口此宿遷桃源大河南岸之隄也宿遷古鍾吾子國晉宿豫也大河北岸桃源縣雜背汛之東曰清河北岸汛自駱

家營至中河口西岸縷隄二千三百四十丈中河口在清河縣治西北自中河口西岸東至山陽西舖灘縷隄六千四百六十三丈一尺有陶莊引河有楊莊引河有王家大壩有王家營河防一覽鮑家營當王家營之上營家營之下南河考清河縣北有老黃河淤有長隄至草灣支河曰安東汛至四舖溝歷顏家河至安東縣東門縷隄九千百四十一丈八尺有新草灣有邢家河險工有時家馬頭險工南河考有草灣河有赤晏廟曰安東上河汛自東門至彭家灘縷

隄八千九百三十三丈有注莊二塘險工有磯觜有月隄有茆艮口曰安東下河汛自彭家灘至雲梯關縷隄八千七百十一丈五尺四寸有龍潭口險工有老隄頭佃湖磯觜曰安東北岸汛自雲梯關過

欽賜大通口至六套縷隄八千一百四十二丈五寸有薛套共十套川瀆考云黃淮並流勢盛流疾海潮若迎若還互相回旋謂之海套蓋皆湍激所成也南河考安東縣有伍港口所謂

欽賜大通口者我

皇上命河臣張鵬翮毁董安國所築攔黄壩而黄淮入海之路爲之大通故遂以是名之也大通口北有馬港口甚窄爲攔黄壩引河入海之口今淤清河山陽安東三縣大河北岸計程共二百四十餘里而南岸西起清河西界東訖海口計程共二百六十餘里桃源龍窩汛之東曰清河南岸汛自清河西界至張福口縷隄三千五百十丈有張福口横隄有挑水御壩有新築挑水順隄有清口西壩東壩清口之南有張福口引河有天然河有張家莊引河有裴家場

引河有帥家莊引河清河之東南爲高家堰清口者泗水入淮之口禹貢所謂東會於泗沂者也命曰泗口亦曰角城其曰鴨陳口曰馬頭口皆此口也泗水號爲南清口在縣西三汊口分大小清河大清河由三汊口逕縣東北合淮歷魚溝入海嘉靖初淤盡即所謂老黄河者也明人或謂爲東會泗沂故道非也雖指謂爲近世決河入海之道亦非也小清河則清口是也大河在清口入淮每苦濁流倒灌爛泥淺裴家場在明世號爲門限沙我

皇上深知河流之足以遏淮蹙淮使淮不得北出清口而無所歸也特

命築挑水

御埧捍黃水毋南下又於北岸開陶莊引河以引之而堅築高家堰以東淮水使北首又開張福口諸引河廣闢清口引淮與黃會而刷黃沙以入海於是清口通利而陶莊引河遂爲大河北岸經流云清口之東爲運河口運河口之東北有甘羅城隄有卞家汪工有天妃埧有惠濟祠工自此折而東入山陽界曰

山陽外河汛自季家淺至三岔縷隄萬一百九十五丈有王公隄石工清江浦直王公隄南有龍江牐如老埧口大小車路口朱家溝洪福莊皆險工有兩車路口月隄洪福之東爲草灣口而柴市湯董莊上張莊亦險工柴市直淮安城北曰山陽上河汛自三岔至桑家營縷隄八千八百九十七丈三尺而尹莊韓莊亦險工也有引河二道以分水勢而新港周家渡唐家堡小菱陵何莊大菱陵皆險工曰山陽下河汛自葉家營至安東界陳家社縷隄萬三千十二丈而

胡家莊董家營左家口皆險工曰安東南岸汛自陳家社至陸家社縷隄萬二百六十一丈五尺陳家莊西磡掌家港皆險工按今河圖自草灣至大菱陵縷隄外有重隄二層其最在南者曰汰黃隄自大菱陵之東至陸家社縷隄外有重隄一層而南河考則自廿羅城歷王公隄鉢池山方新二垻西橋禮垻過淮安新城范家口石隄劉伶臺柳浦灣高嶺戴百戶營羊寨廵司不過長隄一層鉢池山以東隄已去河遠在今隄之南此亦隄工之今昔異致也南岸重隄之南有廟灣海口淮安府城之東有澗河又東為射陽湖又東即廟灣海口也廟灣海口之南為鹽城海口為白馬草堰海口為車路口丁溪海口北岸雲梯關之北為灌口為潮河潮河亦曰鹽河中河所從入海者也潮河分為二曰南潮河北潮河北潮河之北為海州海口大河合淮水至雲梯關入海在古揚州域北距禹碣石古冀州之域東北境中間更歷兗域青域徐域葢千八百里云山陽為淮安府治地在射水之陽漢有射陂廣陵王相勝之奏奪王射陂葑田予

東上起下專瀏明以來治法以與今近也

貧民張晏所謂射水之陂也安東漢淮浦也今旣錄兩岸河隄於右方而明人之建隄築垻及其他補偏救弊惟是爲務用以暫安一時茍免一方乃班固所謂國之利害宜多聞而識之者謹撮其大凡如左所謂太行長隄金龍口新隄者劉大夏所築以衛張秋者也蓋黃陵岡居張秋上流金龍口又居黃陵岡上流大夏旣分河爲四泒南流以殺水勢遂於大河北岸黃陵岡左右因舊隄築太行長隄起胙城經滑縣長垣東明抵曹單盡徐州凡六百六十里又於金龍

口北岸築新隄一百六十里以遏河使南而永絶其北流其疏稱排障百川悉歸東南由淮入海蓋所謂以黃避運之法也張秋遂賜名安平鎭然張秋運道安而魚濟徐淮運道危矣蓋自古治河之變自是始故首及之所謂曹單長隄者自築太行長隄後六年河決曹單而患萃於二縣嘗北延及城武金鄉魚臺濟寧一望在洪濤巨浪中嘉靖十四年河臣劉天和自梁靖口東至岔河口築壓口縷水隄又自曹縣八里灣東至單縣侯家林築長隄蓋其患稍紓十餘里

而其後又時時見告至萬歷之世單之患又甚於曹而泇河之議起焉所謂茶城南北長隄者蓋盛應期謂大河自正德來汴南支流俱湮全河東下至徐沛入漕汴河自是無患而徐沛當衝隆慶四年翁大立謂邇來河患不在河南不在山東不在豐沛在徐邳而是時工曹之議亦曰自宏治時劉大夏治河而河南患息自嘉靖初築曹單長隄而山東患息自新河成而豐沛患息於是使朱衡萬恭綰河工以專事徐沛而此二人者顧舍泇河艮策而惟務築垣居水也

則於北岸築長隄西至茶城屬之曹單縷水舊隄東自茶城至於宿遷清河曰此所以防河之北入而運道淤也則又於南岸築長隄西自碭山至祥符東亦自茶城至宿遷清河曰此所以防河之南出而正河淤也時隆慶六年也其後潘季馴又於徐州東增築南北遥隄楊一魁所謂季馴創築遥隄以東全河是也此其捍黃流以全運道或者謂爲河流賴以得安然牛應元謂徐州河決當事無可如何旁河兩岸築長隄以束之名曰縷隄縷隄復決更於數里外築長

隄以防之名曰遥隄歲決歲補莫可詰何蓋季馴罷後而廷論如此夫自明初大河分道南流入淮北流亦尚未絶及太行長隄金龍口新隄成盡塞北流而獨分南流入淮之道爲四正德時漸并爲一嘉靖時河臣復建議分導如滎澤之孫家渡蘭陽之趙皮寨及祥符之董盆口寧陵之五里舖楊村舖睢州之地邱店界牌口野雞岡分流從亳壽諸州縣入淮南流仍未絶也其後二十年間南流之道又復漸淤及茶城是役盡塞支流之口季馴操之益亟北岸自曹縣

以下無入張秋之道南岸自虞城以下無入淮之路而大河洶洶焉盤束廹蹙於一道之中所謂欲北不得欲南不得者也由是混流下赴愈益壯猛難禦每遇水發隄上加隄水勢轉高徐州卒至遷治於雲龍山而其禍災之萃尤在揚淮間劉堯誨謂河至徐邳如大軍旣敗而潰雖有善將銛鋒勢難約束使之就伍今之築隄防河無異㘅木填海盡南山之木無益於海盡淮徐之土無益於徐邳每至伏秋白浪如山拔地數仞奔雷倒海不足爲喻丈隄尺土適以益其

怒而恣其暴痛乎徐邳之勢如此而下流之爲害所謂禍殃尤萃於淮揚間者蓋自嘉靖六年河至山陽入裏河而沛患始移於淮安漕臣王宗休謂嘉靖中年以來無歲不被水而其最甚莫如隆慶三年萬歷元年民至棲樹巢塚以救旦夕而是時郡人胡効謨亦謂頻年河自徐州下清口雷震憑怒恍惚神鬼橫截淮水倒灌洪澤湖以注山陽又南入白馬寶應諸湖山陽平地常停水三四尺雨集水深丈餘自是以後屢潰決不已至二十三年患稍弭而天啓元年又

大決於王公隄三年復決於磨盤莊而其禍且滋興而未知所終極也所謂南陽新河泇河者皆以運避黃之法也楊一魁謂明初全河出亳壽之交徐邳運道原不資河按洪武時東北一隅供億取給本地未嘗轉東南之粟以餉北平也永樂初海陸並運所謂徐邳運不資河者當在此時而九年河循故道與會通河合卽資之以濟運論者謂引河入漕始自景泰時其實不然蓋是時河分數泒並行其支流入漕者不過居清水之三命曰黃三清七故徐邳之間皆清

流也其後牐河水政廢弛占湖爲田泉流枯槁而河
流東注於漕者日盛因其勢以濟泗淸口以西歷邳
州至徐州遂假河流以漕朱衡所謂今徐邳漕河即
黄河是也漕者毎苦河流湍悍及於覆溺而徐州之
北漕黄既分運道南近大河尤多衝決之憂正德時
大河北徙支流盡塞獨存飛雲橋一道水大難容且
去運河益近恣其潰壞而運道遂塞至此假途昭陽
湖以行盛應期請於湖東滕沛鄒縣魚臺間别開新
道與河相避而以湖委河爲散漫之區其工垂成而

止嘉靖四十五年朱衡卒如應期指開南陽新河起
自徐州留城歷沛縣夏鎭至魚臺南陽牐自是徐州
以北運道去河稍遠翁大立謂新河實勝於舊河也
然運道暫通復阻大立於是請開泇河益與河相避
潘季馴萬恭尼之而止其後論者屢以泇河爲請至
萬歷三十二年李化龍決策開之而人果稱便焉泇
水有二東泇出沂州西北箕山南流分一支入芙蓉
湖灌稻田數千頃所謂瑯琊之稻是也西泇出嶧縣
抱犢山東南流與東泇合貫四湖漑田倍芙蓉又南

合武河入泗謂之泇口南流至邳州合沂水入河武河亦曰小沂其上流有故渠曰文河元人謂浚此渠通沛可避徐州二洪之險及翁大立倡議開之而其功卒成於李化龍蓋化龍之言曰黃河者運河之賊也用之一里則有一里之害於是決策開泇河以避之自邳州直河口至沛縣李家口屬於南陽新河之夏鎮凡二百六十里異時水程自留城至夏鎮三百六十里至是徑捷於舊百里自留城至邳州舊城北直河口自直河口以西至於徐州不假河流以漕而

二洪之險遂遠漕船向稱過洪茲稱過淮一時賴其利焉孫承宗曰漕如身然蘭陽而上爲肩單縣而下爲腹夏鎮而南爲股河決蘭陽經東長滋曹濮則橫決張秋而肩背潰決單縣則橫截穀亭沽頭入昭陽湖而胸腹潰決夏鎮之蘇莊則東西鎮口遂爲河奪而股脛潰劉公大夏治其上法在以河避運於是塞黃陵岡以保張秋朱公衡治其中法在以運避黃於是開南陽湖以安徐沛近開泇河稍倣南陽然南陽之役遏黃河之入沛者歸秦溝而疏支河殺薛沙水

之勢今欲全泇河則朱旺口之大挑何可緩也是時泇河既開遂挑朱旺口以復小浮橋故道而泇河竟安矣自泇河開後二十年河臣欲更避河險乃挑駱馬湖㞡三十里自董溝陳溝入湖以入泇已而駱馬湖淺澁難行則開皁河四十里以入於泇河然自清口入皁河口假河流以漕者尚二百里逆流挽舟公私猶以爲病也康熙二十七年河臣靳輔引駱馬湖水開中河建仲莊石牐於清口對岸使漕船由此牐進中河以入皁河避河險二百里四十六年有

詔東開楊莊引河放漕船順流以達於中河由是盡避逆流之險風濤無阻運道通利亘古莫及所謂會通河者元人轉漕於燕之道明人因其舊而修之者也元自伯顏建議海運歲至運米三百六十萬石至京師也終元世倚海運爲重然亦兼資會通以漕當至元二十年自濟寧開河至東平安民山一百五十里二十六年又自安民山開河至臨清二百五十里屬之御河以達於天津名曰會通而元河渠志會通河起須城安山西北至臨清長二百五十餘里建牐

三十有一須城者東平也安山者卽安民山也元志不言起濟寧至東平而下文所敘至臨清通濟三牐南至安山牐凡十四牐二百八十二里蓋所謂起安山至臨清者此也又自安山牐南至濟州又南至徐州凡六百里皆其建牐之地而都水分鑑稱會通河沛縣金溝沽頭諸處地形云云則自徐沛以北建牐之所元時皆通謂之會通河其止言起須城至臨清者史文之疎也明洪武初會通河猶存原武之決河漫安山湖而南其道始湮是時建都金陵西下江湖

之粟東輸兩浙之漕至便利矣五年以後時由海道運糧以餉遼東成祖居燕而海陸兼運海運歲八十萬石陸運歲四十五萬石陸運者漕船自淮河沙河至陳州入大河至陽武乃舍舟陸走以抵御河也沙河者汴水之支流東南至懷遠入淮者也沙河亦曰蔡河已而以海險陸費用潘正叔言命工部尚書宋禮等濬會通河十三年河成海陸之運皆罷而宋禮之濬會通河也大抵因元人之舊而元人引汶入洸又引泗沂二水入洸以出濟寧會源閘入於運渠猶

聽其分流東北入海故南旺之間水淺舟膠不任重載至是則築戴村壩遏汶水毋東流俾盡入南旺而水深廣利於轉漕戴村在東平州東二十里南旺在濟寧州北三十五里地形最高水至此南北分流運河之脊也自南旺北至臨清地降九十尺爲牐十有七而達於衛河自南旺南至沽頭地降百一十六尺爲牐二十一而達於徐州創造運船底平艙潤受載不深得水六拏而足六拏者三尺也汶水出萊蕪縣原山合牟汶北汶柴汶嬴汶小汶至安山入於濟至

戴村壩之築而安山入濟故道塞矣自汶別出者曰洸猶洛之有波也汶水既全入於南旺又引濟南兗州七十二泉以分入諸牐又以南旺安山馬場昭陽四湖爲水櫃漕河水漲則減水入湖涸則放水入河各建牐壩以時啓閉而會通之漕利矣會通河謂之泉河亦曰牐河所謂牐漕者也牐河至臨清與衛河接衛河濁而盛牐河清而弱建牐其間以防衛水之漲而灌入牐河又有三年二大挑之法焉漕河至衛河始無啓閉之阻安流以達天津所謂衛漕者也漕

治河即以治漕分出湖漕浙漕明晰

舟自天津又北至武清又北至通州太倉皆白河之流也曰通惠河亦曰大通河所謂白漕者也白漕之南曰衛漕衛漕之南曰牐漕牐漕之南曰河漕曰湖漕曰浙漕是曰六漕自徐州南至淮安爲河漕六漕中河漕最險自泇河及新舊中河成而河漕之險免矣自淮安南至於江都爲湖漕揚州以南爲浙漕所謂浙漕者胡三省所謂今浙西運河自杭州達鎮江府入大江是也今水經謂之南運河所謂湖漕者俗謂之裏河蓋浙西漕糧自瓜州垻達於揚州上江及

江西湖廣漕糧自儀徵達於揚州而自揚州歷高郵寶應至於淮安漕道凡三百有十里朱子所謂刋溝運河也其所資者陳公塘句城塘上下雷塘小新塘及邵伯甓社樊良新開氾光津湖白馬諸湖之水邵伯鎮有越河十八里萬歷二十八年開也高郵有康濟越河四十里宏治三年白昻開或曰洪武中舊道昻重闢之也界首鎮有越河十八里亦萬歷二十八年開也寶應有宏濟越河三十六里萬歷十三年因洪武時直渠而濬之也寶應又有北月河百三十丈

南月河百五十丈萬歷四十一年開也皆明人所鑿以避湖險要爲自昔轉運舊道雖小異不遠也所謂邗溝者南起江北逼射陽湖抵末口入淮吳夫差所掘也左傳哀九年吳城邗溝通江淮杜註謂之韓江韓江亦曰邗溟溝漢志江都渠水首受江北至射陽入湖水經注中瀆水首受江於江都縣逕山陽城西又東謂之山陽浦又東入淮所謂渠水所謂中瀆水者刋溝也其水固自江而北入於淮也晉永和中江都水斷乃於歐陽引江入埭六十里至廣陵城而陳

敏又穿樊渠下注津湖徑渡十二里達北口蓋自此始爲直逕興寧中復以津湖多風又緣湖東岸二十里穿瀆河避之其道則在刋溝故道之西矣蓋刋溝首受江處已改又變曲爲直而水之自南而北如故隋開皇七年開山陽瀆通漕運蓋卽其道也八年燕榮伐陳舟師乃不出淮而出東海則山陽瀆雖稍廣猶不勝戰艦至大業初大發淮南兵夫十餘萬開刋溝自山陽至揚子入江三百餘里水濶四十步可通龍舟蓋自是淮水乃自北而南流入江與曩時異朱

子所謂自高郵入江不得爲泝也末口亦曰北口山陽縣北五里之北神堰也煬帝既開廣刋溝又穿江南河自京口至餘杭八百里廣十餘丈京口者鎮江也後世大抵從此爲轉輸之道朱子謂刋溝運河皆築埭置牐儲閉潮汐以通漕運則其別鑿複河築長隄其旁以避湖險蓋自昔有之明時特祖述其遺制故曰雖小異不遠也而昔之爲隄者晉謝安鎮揚州築埭曰邵伯而隋渠之旁皆築御道樹以柳自長安達江都所謂隋隄者也高郵平津隄唐李吉甫所築

也宋熙寧五年用陳損之言自江都至淮陰三百六十里立隄堰爲瀦泄而津河中心之有隄亦自宋始明人蓋因前世之舊而修治之洪武九年修高郵寶應湖隄六十餘里其後謂之老隄又曰西隄宣德七年築高郵寶應汜光白馬諸湖長隄成化八年治揚州至淮安湖塘造牐礎引塘水濟運宏治時白昂築高郵中隄東隄萬歷四年修高郵西隄改挑康濟越河改築中隄舟行西隄中隄間廢東隄不用五年增築山陽運隄十三年修築高郵護城隄所謂高寶諸

湖周遭數百里西受天長七十餘河徒恃百里長隄者是也又於運河東岸建減水牐減水洞水勢七尺以下則蓄之卽踰七尺則自運隄減水牐洞下東方諸湖而入於海所謂湖漕弗隄與無漕同湖隄弗牐與無隄同是也自成化八年議濬運河身河臣已有河身高於湖面之奏故以淺夫淺船取河之淤厚湖之隄而爲之法曰但許深湖不許高隄蓋牐多則水易落而隄堅也浚勤則湖愈深而隄厚也其後畏修牐之勞每壞一隄卽湮一牐畏浚淺之苦每湖淺一

尺加隄一尺而淮南運道壞於是萬恭請復諸牐請復淺船淺夫其言曰諸牐欲密欲狹欲平水密則水疏無脹悶之患狹則勢緩無衝擊之患平水則湖溢水從上透湖涸牐底截住無啓閉之勞高寶興化諸州縣無潰隄昏墊之苦因而勿壞公私百世之利也然設隄置牐濬淺固爲運道要務要其本計尤視黃淮之治否以爲安危隆慶三年河決淮安方新二垻寶應隄壞四年河決崔鎮淮決高堰河躡淮後出黃浦下射陽湖而高寶隄壞黃浦在寶應北二十里萬

歷元年淮合黃水幾齧淮安西橋截漕河東出三年淮復決高堰黃躡淮後而高寶隄又壞十九年淮湖大漲決邵伯隄高郵中隄二十一年淮湖復漲高寶諸隄一日壞者百十所二十三年河淮決高郵隄復壞河臣楊一魁分導淮流以弭其患而卒不能大有益也界首北十里有子嬰溝寶應北三十里有涇河皆所以泄淮水而入於海者也江都東有芒稻湖則所以泄淮湖之水而注之江者也蓋河從北來河身比淮爲高而淮固有不能敵黃之勢矣淮從西來淮

身比淸江浦又高故淮易於齧運而黃又易於躡淮之後灌入浦口以齧運而運道危而山陽以南俱危而山陽西南之有高堰也以寶應較之則卑於堰之地一丈八尺有奇以高郵較之則卑於堰之地二丈二尺有奇而高寶隄東興化泰州田大抵卑於高寶隄丈許其卑於高堰之地則不啻三丈有奇黃水若倒灌淸口挾淮水以潰高堰而縱橫於高寶諸湖則運道又危而山陽以北皆危故曰運道尤視黃淮之治否以爲安危也所謂淸江浦者明平江伯陳瑄所

築也古者江淮本不相通蓋夫差邗溝之役左傳明言溝通江淮矣臨川吳氏澄曰江北淮南地高於水雖曰溝通江淮二水之間掘一橫溝兩端築隄壅水溝中自江拽舟入溝又自溝拽舟入淮江淮實未嘗通流與左氏不合通鑑胡注謂夫差溝通江淮而淮水低於溝水後人立北神堰以防其洩者近是蓋江淮之通始自夫差隋世復大開之唐睿宗時魏景倩引淮水自黃土岡通揚州黃土岡在今清江浦北而劉晏爲歇艎支江船二千艘每船受千斛自揚州遣

將部送至河陰上三門號上門塡闕船則唐時江淮之通流明矣周世宗伐南唐臨淮水是時唐運渠已湮戰艦阻北神堰不能渡江陳傅良氏謂六朝都建業運道不由京口南唐亦都建業唐時運河以不由京口而湮理所必致也宋雍熙中劉蟠議開沙河以避山陽灣之險其後喬維嶽卒開之河長六十里舟行便之即今清江浦運河是也元末復以兵起而湮明初自揚州舟行至山陽入淮有垻爲之關隔必以車盤過垻乃得泛乎淮流也瑄因喬維嶽故道引水

自管家湖之馬家嘴至鴨陳口入沙河築隄置牐以通漕舟謂之清江浦又恐黃水濁流灌入浦口以至淤塡乃設五牐迭相啓閉北曰新莊以次而南曰福興曰清江曰移風曰板牐新莊牐亦名天妃牐黃水卽發則閉天妃牐實土牐外築土垻禦之水定乃啓閉如常而令民船仍車盤如故萬恭所謂河雖善淤安所假道而犯及清江浦是也自陳瑄鑿浦建牐後垂二百年守其啓閉之節中間僅景泰時河灌新莊牐淸江浦淤淺阻漕一事餘歲未有聞爲久之遺規

青照堂叢書　次編　黃河考　仝

慶壞牐多濁流舟行阻滯乃改置牐浦南三里溝名曰通濟而異時新莊牐在河流南射西回北向回溜之地泥沙不停風浪不及及通濟牐之役建正當南射之衝其爲患也滋甚潘季馴移通濟牐於甘羅城東去新莊舊牐不及一里而嚴其啓閉之節如陳平江時復築高堰長隄修清江浦西長隄又用科臣尹瑾言清江浦河道照南旺例三年兩濬揚儀河道如有淺阻小則量濬大則加挑而漕得安時萬歷六年也所謂高家堰者後漢陳登築堰防淮故址也明初

陳瑄修治之潘季馴更加增廣北起武家墩南經大小澗其長至八十里季馴河防一覽云高堰南有越城周家橋翟垻地稍亢淮水大漲從此溢入白馬湖水消仍歸陸地蓋藉此以殺淮漲即黃河之減水垻也若一概築隄非惟高堰難守即鳳泗亦危矣按高家堰之西爲阜陵泥墩萬家洪澤湖諸湖之西爲淮水淮水奔流至泗州東激於龜山之横亘則盤折而北而諸湖環滙於東岸故淮水泛漲恒於斯歐陽子泗水先春亭記所謂暴莫大於淮者也宋發運使許

元自淮陰開新河屬之洪澤皮公弼又修洪澤湖皆所以避長淮之險其後蔣之奇謂上有清汴下有洪澤中間風波之險不過百里乃自龜山蛇浦至洪澤鑿左肋爲複河以避之是時大河自澶濮而北去淮流甚遠而漕船欲避長淮之險則道由洪澤是則淮水本不與諸湖合并爲一也洪澤湖東岸有洪澤鎮又東乃有高家堰湖水未嘗至堰下也明初河雖入淮而數派分流全河未嘗并力以趨清口當隆慶時而河淮之肆暴於淮安也亟矣然諸湖猶在淮水東

與淮分道而行至清口乃入於淮而湖之東岸有高地低地民田土城湖水尙未與堰相接也自黃流迫東於徐邳一道中其遏淮之勢益猛而淮遂挾諸湖之水溢於堰下季馴力持以隄束水借水攻沙之策爲以水治水良法遂增築此堰藉以束湖助淮而刷黃水之沙也而命之曰淮揚之門戶黃淮之關鍵焉然留越城以南爲淮水天然減水壩後人猶患其疎乃幷此築之而設塘埂減水六壩以洩淮水湖水之波於寶應高郵諸湖云所謂西長隄者淮安大河南岸之隄漕臣王宗沐因北神堰故址而築之也後人謂之王公隄隄自清江浦歷鉢池山至柳浦灣六十里宗沐淮安二隄記謂高家堰抗淮於西南長隄障河於西北其後潘季馴又增築長隄自柳浦灣以東歷高嶺至戴百戶營由是長隄起清江浦凡百三十里及河自西橋北徙而以草灣支河爲經流鉢池山以東之隄去河稍遠而俗遂徒號隄之在清江浦者爲王公隄云所謂歸仁隄者潘季馴所築以護高堰者也睢水之入河在小河口白洋河而小河口白洋

河之下有白鹿湖邸家湖湖之下爲淮水自黃河之身日高睢水地卑黃水反挾睢水湖水侵淮而高堰危而正河愈淤歸仁隄之築所以禦之使黃不倒灌而睢水得出於小河口白洋河也然小河口白洋河塞歸仁隄雖堅無益也睢故入泗大河旣挾泗會淮睢遂入河而明漕河圖志乃竟以黃河稱之云所謂草灣河帶家營黃家觜支河者皆所以分導黃流也大河掠淮安城北自西橋東北流嘉靖三十年河決自草灣口而正河遂淤草灣在西橋北未幾決口自

塞河歸故道萬歷四年開草灣支河以殺水勢其後牛應元又請疏草灣下流達安東五港灌口入海蓋自明末草灣之流旣通而西橋故道竟淤遂以草灣支流爲經流焉帶家營在淸河縣東北常居敬請於此開支河分引河流東入草灣河出赤晏廟復歸大河潘季馴阻之而止而帶家營之下有鮑家營河水於此自決爲支河入海季馴以謂此天然之帶家營也請留之以備分泄其後湮廢已久康熙四十二年詔開鮑家營引河以衛淮安四十五年工成淮人利

之事見後河臣疏中所謂黃家嘴者又在鮑家營之上萬歷二十四年楊一魁以黃淮漲溢力主分黃導淮之說因於桃源縣開黃垻新河起自黃家嘴達於五港口分洩黃流入海令毋得盡入淮既議分黃遂議導淮則於子嬰溝涇河牐芒稻河引淮流以達於江海云然而黃家嘴支河未久竟塞說者謂曩時堅築高堰爲其能束淮出口與河角勝以刷河沙也不圖河身淤墊久高猝難冲刷淮既不能敵黃則退入於湖而欲乘西風以遂潰高堰矣於是不得已爲分

導之計以救一時彼楊之所主與潘正相牴牾然知州俞汝爲乃并謂爲頑畫何也蓋潘所著書固自居於補偏救弊而楊之說亦未始不可拯險危於一時夫河不兩行此爲大河獨行入海言之也若既南入於淮而淮不能容則河非昔日之河也而河不兩行之說似難固執於斯時而不變也明初大河數派分流其後竟并爲一此誠所謂不兩行之明證也然明初水患雖迭興終不至若中晚之甚潘雖力主不兩行之說而卒留鮑家營以爲支河則分黃之可以紓

禍亦可見矣閣臣費宏所謂勢分雖決禍不甚大者也至淮分則淮弱淮弱則愈不能敵黄而爲黄所遏而不能北首入海故黄未始不可分也而淮則必不可分也以之苟救一時可也且全河自至元時南入於淮至今垂五百年其所以久於南而不可北入海者限於勢而無可如何也今夫金龍口正東則逕長垣東明出曹濮直趨大清河入海蓋較之東南出徐沛入海之道爲徑直矣而地勢又南高北下河之本性未嘗不欲北行也余闗所謂南方之地本高於北

河之南徙難而北徙易是也然自元及明河終東於南而不能北蓋自明人之遷都於燕則以其倚賴於會通河東南轉漕者重也乃始大畏河流之北以壞運道劉大夏謂地形西南高阜東北低下河勢日漸東注究其下流俱妨運道胡世寧謂決而東北而運道竭禍不可言朱裳謂自原武至曹縣長隄所以防河東北入海而安運道近者河過魚臺其流漸北有越濟寧趨安平東入於海之勢洪朝選謂河有北徙之勢運河必淤傅希摯謂決於蕭碭之上則牖河中

斷潘季馴謂徐邳以上地形南昂北下隄防一潰奔流北徙將爲牐河之梗觀此治河之臣所言而河之未嘗不欲北流而徙以其有害於運而竭力蹙之使南可知也夫旣蹙河使南河欲北不得其後南岸支流之口盡塞河又欲南不得則以全河乘高過淮於清口而安東之海口又獨平曠無山較之碣石天津利津海豐嶺表南北海口特異而又有沙漲易於淤塡故明世論者毎蹙蹙然患夫海口不利清口淤高黃躡淮後挾諸湖之水潰高堰灌高寶而南注於江

爲瀕江之地雖高莫能禦也此則禹河之五變也我

國家承大河五變之後明人補救無策之餘

神倉之粟取給東南勢難縱河北行以壞運道故治河別無復古奇策賴我

皇上神智天錫知古人之法與今河勢不同

指授方畧因時制宜拯民沉溺天下永寧康熙四十一年九月十五日兵部尙書兼都察院右都御史總督河道軍務臣張鵬翮河工告成疏曰河工一事毎屢

睿慮

親臨閱視洞悉原委

宸衷獨斷區畫精詳拆攔黃壩以通海口築挑水壩

開陶莊引河以導河北行培高堰築六壩以束淮敵

黃挑張福口裴家場張家莊等引河以暢淮流修歸

仁隄以節宣睢水塞時家馬頭以杜黃水旁溢開王

家營減水壩挑鹽河以洩黃淮漲水鑿戚字堡諸引

河逢灣取直以分水勢杜邵伯更樓諸口修運河兩

岸排樁濬深運河改修中河以利漕運疏人字芒稻

河涇澗諸河以洩運河漲水挑海溝蝦鬚等河以洩

下河積水建高郵南關車邏諸滾水壩以資蓄洩工

程次第修理完畢今歲伏汛黃淮並漲逾月不消水

勢大過三十五年而隄防保固海口通暢運道深通

民獲耕穫黃童白叟感戴

聖恩歡聲如雷洋溢原野此皆我

皇上睿慮

神謨潛與天通燭照於事前符驗於事後用能臻茲

地平天成萬世永賴之鴻休偉績又四十五年十一

月初三日臣鵬翮請遵
上諭開鮑家營引河疏曰萬里黃河滙聚百川至清
口與淮水會又至楊莊與中河諸水會并濟歸海水
勢滋大昔年桃源北岸建崔鎮徐昇季泰三義四壩
分洩黃河漲水前河臣靳輔患黃水出穿中河而廢
之黃水無從宣洩致有九里岡龍窩等前日之決而
去年伏汛水大清水因黃水遏於外而溢於古溝唐
埂清水溝黃水因清水助其勢而溢於韓家莊今年
伏秋二汛黃淮沂汶睢泗之水同時並漲宿遷之蔡

家樓桃源之九里岡高家灣山陽之韓家莊安東之
便益門南東門佃湖諸處危險至極仰賴
皇上福與天齊方畧精詳臣等遵奉搶護得保無虞
總由衆水并歸一河來源多而去路少一時宣洩不
及所以兩年水長危險如此其甚也臣率各河官往
來相度僉云去路一暢則來水可容向於康熙四十
二年三月初三日欽奉
上諭曰開挑鮑家營引河俾黃河暴漲之水藉此減
洩而黃河上下工程得以保固則黃淮之門戶無虞

洪湖暴漲之水藉此暢流而高家堰工程得以平穩
則淮揚之保障永固再於中河橫隄建草壩二座於
遙隄開鮑家營引河之處開中河草壩使淸水直下
鹽河黃水大則閉中河草壩開鮑家營草壩使黃水
暢出鮑家營如此則相機啟閉操縱由人且中河亦
不虞淤墊仰惟我
皇上至聖至明四年以前早
睿照及此臣知識短淺見彼時水勢稍平祗就現在
形勢而論題覆暫停遂致兩年水勢如此之大設若

早遵
聖訓開此鮑家營引河必無去年之漫溢今歲之告
險今折衷衆論益見
聖謨宏遠
睿慮周詳此河一開不特黃流遄行而淮水益得暢
出河道民生均有裨益誠永固河防之至計也史臣
汪份執筆立館下幸得仰觀
聖主平河方畧臣份竊謂河雖五變而我
皇上經營措注通於神明直與禹功並垂謹錄河臣

二疏明告天下使共知焉

大河自合淮入海五變之後東河既已盡亡南河亦復稍變洛汭以東禹迹蕩然無一存者而自孟津以西逆溯之爲底柱又逆溯之爲華陰又逆溯之爲龍門又逆溯之爲積石則禹迹具存其所經歷輿地固一一可攷而知也而禹貢稱導河始自積石未嘗遠及河源史記大宛列傳張騫使西域還始言于闐之水其東注鹽澤者潛行地下河源出於其南天子案古圖書名河所出山曰崑崙漢書西域傳又言河有

兩源一出葱嶺山一出于闐于闐河北流與葱嶺河合東注蒲昌海蒲昌海一名鹽澤其水渟居冬夏不增減皆以爲潛行地下南出於積石爲中國河云此河源之在西域者也至元都實得河源於土蕃朶甘思西鄙名曰星宿海朱思本謂其地直四川馬湖蠻部之正西三千餘里雲南麗江宣撫司之西北一千五百餘里自星宿海西北行約共十許日至九渡又二十日至崑崙又約行十六七日河水北行轉西過崑崙北乃東北流又約行半月至貴德州又四五日

至積石州又五日至河州安鄉關此河源之在吐蕃者也王文恪公鏊著辨謂不宜以一夫之目廢千古之論然都實得之身歷殆非妄談故論者多疑西域而信吐蕃吾姑別論次於後篇而兹則就禹貢之文

據禹貢言自確

論其導河始自積石者漢志金城郡河關縣下云積石山在西南羌中河水行塞外東北入塞內水經敘河水自積石山入塞東至河曲逕西海郡直敦煌酒泉張掖郡南酈注云重源發於西塞之外出於積石之山逕積石而爲中國河山在西羌之中燒當所居

而引司馬彪謂河水屈而東北流逕於析支之地是爲河曲又引應劭謂禹貢析支屬雍州在河關之西東去河關千餘里羌人所居謂之河曲羌蓋禹貢積石山遠在此地乃魏王泰李吉甫所謂大積石山者也漢段熲追燒當羌出塞至河首積石山唐侯君集等追吐谷渾王伏允至星宿川又達栢海北望積石山皆此山也敦煌爲河西五郡極西玉門陽關在其屬縣之龍勒明初敦煌不入版圖而遂以肅州衛之嘉峪關爲西界酒泉者今肅州衛也張掖者今甘州

衛也敦煌酒泉張掖本非大河所經漢時河關以西皆爲羌人地故聊假三郡之南以表之謂迻直其地之南也今以下文道里之數計之葢大積石山迻直酒泉之正南而於敦煌爲東南云大河自羌中大積石山東北行而至於小積石葢凡千餘里其北岸則歷西寧州而馬嶺而龍夷城而青海而臨羌而西平郡界而廓州而龍支其南岸則歷貴德州而大小榆谷而河關而澆河故城而積石軍而臨津城而枹罕所謂西寧州者在析支之東朱思本所云東北流過

西寧州貴德州馬嶺者也貴德州元隸吐蕃宣慰司龍夷城者王莽所置西海郡治也青海者塞外仙海鹽池即西海也趙充國所謂鮮水者也大榆小榆谷者土肥地美北阻大河唐之九曲也臨羌河關皆金城屬縣也西平郡治鄯州今西寧衛也澆河故城者南凉禿髮烏孤河南地廓州漢末爲西平郡地直今西寧衛南一百八十里積石軍在澆河故城東唐儀鳳中所置即都實自貴德州行四五日至此者也臨津者隋關名隋煬帝自將伐吐谷渾出臨津關渡黄

河至西平即此關也枹罕者亦金城屬縣今河州也龍支者金城郡允吾地也龍支枹罕之間有積石山焉酈注謂之唐述山魏王泰李吉甫所謂小積石者也通典於鄯州龍支下 引禹貢之導河積石誤指此小積石山爲禹貢積石佑蓋失之蔡氏承其誤以解禹貢曰地志積石在金城郡河關縣西南羌中今鄯州龍支縣也龍支在廓州東去河關西南羌中千餘里蔡氏欲合漢志通典之說爲一而不知夫河關西南羌中與龍支相去如此其遠也都實自貴德州四

五日至此亦誤以唐之積石軍爲禹貢積石皆不可不辨者也大河又自小積石山東北流逕蘭州之北命曰金城河後漢金城河水溢出二十餘里即此河也蘭州漢金城縣有金城關在焉其西岸爲允吾漢金城郡治金城郡之西北爲武威郡今凉州衛也又西北爲張掖酒泉敦煌所謂河西五郡者也有澆水者自東南至積石軍而入於大河有灘水者自西南至枹罕而入於大河有湟水者合浩亹水自西北至蘭州而入於大河有洮水者自西傾山西北至蘭州

而入於大河大河又自蘭州東北行歷金縣北靖遠衛北至靈州所北河西斗絕在其左挾凡行一千餘里盡大河自大積石山至於龍門華陰凡四大折此則其第一大折夫陝西志謂自積石暨潼關凡五大折而分蘭州爲第一折靈州爲第二折按大河自積石至靈州皆東北流其折而北也乃自靈州始故不如本程氏大昌說并爲一折之爲確云靖遠故鶉陰也榆中勇士祖厲眴卷在衛左右皆大河所經大河在祖厲爲祖厲河漢武帝嘗踰隴登崆峒西臨祖厲河而還云而靈州所者漢富平縣城在河渚上唐爲靈州靈武郡廻樂縣朔方節度治所大河至此始曲而北流故亦命曰河曲靖遠衛治唐會州會寧縣也靖遠之西岸爲寧夏中衛亦唐靈州地也大河自靈州所折而北逕寧夏衛東平羅所東出塞逕故豐州西盡幾千里漢人亦號爲西河衛青渡西河至高闕是也杜佑謂之西河之側者此第二折也自西河則折而東歷三受降城南凡千里在漢都直北漢人謂曰北河衛青絕梓嶺梁北河水經所謂屈而東流爲

北河者是也漢人之前秦人已謂之北河惠文王昭襄王皆嘗游之張守節所謂王游觀北河至靈夏州之黃河是也此其第三折也自北河乃折而南爲第四折之始逕故勝州東入塞沿河而下出孟門經壺口而至於龍門爲冀州西河蓋幾千八百里則禹貢所謂龍門西河者也杜佑所謂西河之側者蓋所以別於龍門西河也三受降城者唐朔方總管張仁愿所築先是朔方軍北以大河爲界仁愿乘突厥之虛渡河奪其地而城之以拂雲祠爲中城與東西兩城

相去各四百餘里所謂漢南地也高闕陽山馬陰山綠湖山皆在焉陽山亦曰陰山西城自高闕以東陽山以西命曰北假高闕北距大磧曰三百里中城東城之間漢有縣曰成宜宜梁五原臨沃稒陽者五原郡地也東城本漢定襄郡盛樂縣唐置振武軍焉韓子送韓重華序所謂東起振武轉而西過雲中界極於中受降城出入河山之際六百餘里者也此皆在北河之北岸者也而北河之南岸自豐州之西勝州之東三面皆憑依大河所謂河套者也周曰朔方秦

曰新秦漢爲朔方五原地隋唐爲豐勝夏州地明爲榆林衛北境中葉以後失之南岸西自窳渾而臨河而廣牧而九原而河目而朔方而渠搜而西安陽而河陰而沙南則在北河極東折而南下之地皆漢朔方郡五原郡雲中郡之縣也窳渾者出雞鹿塞之道也所謂豐州者卽朔方郡廣牧地在西河東岸而廣牧之南在西河東岸者曰沃野臨戎踰河而在其西岸者曰三封亦皆朔方郡之縣也三封之南則上文所謂平羅所寧夏衛也寧夏衛有賀蘭山亦漢富平

地趙元昊之所都也寧夏衛與靈州自古引河灌溉田多饒沃今漢渠唐渠猶在民賴其利云所謂勝州者漢榆谿塞雲中五原郡地也有榆林關焉雲中故城在其東北四十餘里所謂榆林衛者漢上郡之龜茲縣也勝州在冀州西河西岸其東岸爲平鹵衛漢雁門郡之武州縣也衛西北有東勝州故城漢雲中郡中楨陵地也唐嘗徙東受降城於此明初舍三受降城而設衛東勝倚偏隅以爲藩蔽已又撤東勝退守延綏則去北河已遠而河套亦竟棄而不有云東

勝爲冀州西河東岸之北隅其南則漢雲中郡之沙陵定襄郡之定襄桐過皆在平鹵西頻河東岸大河出定襄桐過二縣閒其津有君子之名焉桐過西南爲今河曲縣保德州興縣臨縣永寧州寧鄉石樓永和大寧吉州鄉寧河津其西岸勝州沙南以南爲皇甫川皇甫川之南爲府谷神木葭州吳堡綏德清澗延川延長宜川韓城所謂河曲縣者東北有偏頭關東接鴉角山西逼大河其地東仰西伏故曰偏頭山而自河曲之南至蒲津一千五百里皆隣陜西隔河

相望而於神木渡河尤近云府谷神木葭州唐麟銀二州地也綏德州者隋雕陰郡唐綏州治有無定河焉即奢延水也奢延水自夏州西南至此入於大河夏州在豐勝二州南赫連所都名曰統萬永寧故離石縣也石樓者故土軍縣也延長故膚施地其北有故高奴縣董翳所都也吉州故北屈晉夷吾所居也其南有津曰采桑孟門山在吉州西六十里酈氏謂之風山與宜川之孟門山參差相接俗名石槽今河中有山鑿中如槽禹之所鑿也吉州門之南則爲壺

口孟門夾河左右實爲龍門上口其河津縣壺口南支盡處後世亦謂之龍門西與韓城之龍門相對亦夾河左右謂之下口蓋上口至下口約一百餘里大事記周威烈十三年晉河岸傾壅龍門至於底柱春秋後河患見史傳始於此龍門山在同州韓城縣北唐同州治中雲得臣開渠自龍門引黃河溉田六千餘頃韓城古梁國謂之少梁自華州北至少梁所謂河西之地也秦本紀劃晉河西八城魏納河西地是也謂其在龍門河之西也秦更名少梁曰夏陽韓信

陳船欲渡臨晉而伏兵從夏陽以木罌缻渡軍襲安邑即此地也龍門南與梁山相接魏土地記所謂梁山北有龍門山大禹所鑿以通孟津河者也詩曰奕奕梁山惟禹甸之公羊傳曰梁山河上山穀梁傳曰梁山崩壅遏河三日不流皆此梁山也梁山亦曰呂梁山河陰古耿國也此禹貢導河積石至於龍門之所經也昔朱子不信人說禹貢始於壺口鑿龍門謂方河水洶湧迅激縱鑿就龍門而下流水未分殺必且潰決四出蓋禹先決九川使各通於海又濬畎澮

始壺口以冀未帝都龍門又河之要害也功有先後亦有並施

使各通於川只是先從低處下手必當始於碣石九河然禹貢首言既載壺口明是施功自壺口始朱子亦云載者始有事也是朱子未嘗不謂始有事於壺口也而包揚所錄更有先冀卽兗之說蔡傳云經始治之謂之載冀州帝都在所當先經始壺口以殺河勢故曰既載然禹貢治水施功之序則始自下流故次兗云云此卽朱子所謂先冀卽兗者固以此爲定論而宗之也蓋洪水之時大河上下流之患皆已亟矣朱子謂龍門未鑿正道不甚泄一派西滚入關陝

一派東滚入河東故此爲患最甚蓋呂氏春秋謂龍門未闢呂梁未鑿河出孟門之上大溢逆流無有丘陵高阜滅之名曰洪水朱子之說正與相合當其逆流東入河東帝都被災既甚禹受命治水孰更有急於此者馬明衡尚書疑義曰自下流始者治水之大勢然上流有壅遏之甚者則亦必先達之此治水之權宜也况冀州帝都所在呂梁河之所急安得不先治之斯言深得經意亦不悖於朱子所云先冀卽兗讀禹貢者不可不知也大河自河津韓城南流出郃

陽朝邑華陰之東滎河臨晉蒲州之西乃折而東行其南則潼關負河而立焉有水自東來至滎河八河曰汾又有水自東來至蒲州八河曰涑有水自西來至華陰八河曰渭而大河之折而東行亦命曰河曲秦穆公帥師送公子重耳涉自河曲其後秦晉戰於河曲皆此地也乃禹貢南至於華陰之所經自大積石山來第四大折也蓋大河包絡古雍域之三面回繞五六千里所謂秦中天險者也而禹貢雍州西北境貢道浮於積石至於龍門西河大抵西傾豬野以

西河西五郡湟水南北之地貢道皆浮於積石河而析支崑崙渠搜三國入貢者亦取道於此焉豬野者休屠澤也蓋雍州與析支接界其疆域之西境最遼遠矣自杜佑謂河湟之間自古羌戎所居非中國所有而雍域西界遂蹙地千里而遂皆由其誤以龍門積石為禹貢積石之故而已矣郃陽古有莘邑詩云在洽之陽是也滎河者漢汾陰也朝邑有臨晉關秦建武關函谷臨晉關以備山東諸侯而臨晉居其北焉蒲州有蒲坂故城舜所都也晉封畢萬於魏亦蒲

州地也其封域南㭬河曲詩云寘之河之干是也蒲
津關在州西與臨晉關夾河相對而史記正義謂臨
晉關卽蒲津關在臨晉縣索隱則謂臨晉縣名在河
之東岸對舊關是移河西臨晉之名以名河東之蒲
坂而指河西之關爲舊關也雷首山在蒲州南一名
首陽山唐風云采苓采苓首陽之巓馬融云首陽山
在蒲坂河曲之中或稱首山亦稱獨山又名襄山又
名薄山又名堯山又名中條山又名陑山隨地異名
也華陰者華山之陰也華山者西嶽也李白西嶽靈

臺歌所謂黄河萬里觸山動盤渦轂轉秦地雷三峯
却立如玉摧翠崖丹谷高掌開者也渭水入河之口
謂之渭口渭水昔在船司空入河漢船司空城在華
陰東北五十里其後在隋永豐倉入河永豐倉在華
陰東北三十五里蓋渭口已移而南非昔之渭口也
渭口亦名渭汭水北曰汭水曲流曰汭水相入曰汭
左傳洛汭漢汭滑汭夏汭羅汭豫章之汭沙汭淮汭
桐汭與渭汭皆謂之汭其義皆如是也大河之經孟
門壺口龍門梁山兩岸疊岫連峯相附相拱旣至潼

古船司空當在今三河之東南

潼立關當即在楊僕請移函關之後程大昌謂唐始立關悞甚

關循雷首之西折而東去華山者復橫亘於其南而岡巒盤固河山之勝甲於天下潼關者因潼水以名關兩崖壁立甬道天成所謂上躋高隅俯視洪流盤紆峻極實維天險其關不知創自何年至建安十六年曹操破馬超於潼關而其名始著通典所謂國之巨防史官闕載是也大河自潼關北折而東逕閿鄉靈寶陝州之北而至於底柱其北岸則芮城平陸也閿鄉者故湖縣其津曰郖津水側有黃巷坂酈注云涉此坂以升潼關所謂泝黃卷以濟潼關矣地理通

釋云即潼關路也秦函谷關在靈寶縣南十一里地理通釋謂自黃卷坂東出通謂之函谷關岸高道陿車不得方軌又云自潼關至函谷歷華陝二州之地俱謂之桃林塞芮城者古芮伯國也唐志謂陝洛負河而北而虢汝許負河而南陝古焦國周召分伯以此爲東西之别東城即虢都之上陽曰西虢亦曰南虢有虢山臨黃河魏文侯時虢山頹壅河索隱曰今臨河有岡阜似是頹山之餘也秦伯伐晉自茅津渡封殽尸而還茅津在陜州西北三里茅津亦曰陝津

衛固使兵絶陝津杜鐵至數月不得渡鐵詭道由郖津渡是也而平陸有大陽故城有虞城大陽者虢之下陽也謂之北虢虞城者虞公國也傅巖在其地傅說傭隱於虞虢之間卽此處也所謂底柱者俗名三門山孔傳云河水分流包山而過山見水中若柱然酈注云禹治洪水山陵當路者鑿之故破山以通河三穿既決水流疏分指狀表目亦謂之三門矣三門者或曰東爲金門中爲三堆西爲天柱也或曰中爲神門南爲鬼門北爲人門也底柱在大河之中河水

包山而過從此東西波濤千里乃自古都長安者轉漕之道也漢武帝時諸農各致粟山東歲益漕六百萬石大抵由河入渭賈誼所謂河渭漕輓天下西給京師者也而漕船從東來更底柱之險議者多獻計請底柱以東罷勿復漕卒不能行班固西都賦謂東郊則有通溝大漕潰渭洞河泛舟山東控引淮湖與海通波是時滎陽下已引河爲汴渠江淮漕船之來度必自汴入河而史文簡略未之言也隋文帝於衛州置黎陽倉陝州置常平倉華州置廣通倉轉相灌

注江南時猶未平所漕者關東及汾晉之粟以給京師其漕船蓋自衛州浮河而致之陝又自陝浮河以達於渭而史亦莫之言也煬帝開通濟渠自東京西苑引穀洛水以達於河復自板渚引水歷滎澤入汴又自大梁之東引汴水入泗達於淮又開邗溝自山陽至揚子入江則自江而淮而汴以入於河遂自河以達於渭通典謂自是天下便於轉輸而胡三省謂引河入汴汴入泗皆故道蓋滎陽下引河爲汴渠已久煬帝以其故道多堙而復開濬之非創造也唐初

江淮漕米至東都輸含嘉倉陸運至陝凡陸運三百里所謂南路陸運者也開元二十二年裴耀卿請罷陝陸運乃於汴水入河之口置河陰縣設河陰倉三門東設集津倉三門西設三門倉亦曰鹽倉鑿三門北山十八里陸運以避三門之險江船至河口輸米於河陰倉而去則以河船運至三門東貯集津倉而陸運以輸之西倉乃復以船漕自河達渭謂之北運省陸運傭錢三十萬緡北運不久竟廢而陝郡太守李齊物鑿底柱爲門以通漕開其山顛爲輓路棄石

入河激水益湍怒不可漕而止至劉晏領漕事遵耀卿之制使江船不入汴汴船不入河河船不入渭江南之運積揚州汴河之運積河陰河船之運積渭口渭船之運入太倉歲轉粟百一十萬石無升合溺者其後李泌益鑿集津倉山西逕爲運道屬於三門倉遂罷南路陸運如耀卿昔時所請云所謂河船不入於渭河船之運積渭口者皆此底柱以東至河陰底柱以西至渭口大河之流也底柱山之南有三崤山謂之三崤道昔晉人敗秦師於殽殽有二陵焉其南陵夏后皐之墓也其北陵文王之所避風雨也杜曰此道在二殽之間南谷中孔疏曰俗呼爲土殽石殽其阨道在兩殽之間杜旣指此爲二殽孔又引俗語明其一爲土崤一爲石崤地理通釋亦主是說而胡三省引水經注崤水出盤崤之山石崤水出石崤之山謂崤有二陵皆石崤山而別以盤崤爲一崤兩說未知孰是按此乃所謂西崤也古道由此曹操西征巴漢惡其險而更開此道則所謂東崤也東崤亦曰千崤之山山有水注於河酈注所謂河水翼岸夾山

巍峯峻舉者是也元和志自東崤至西崤長三十五里在秦關之東漢關之西而底柱以東至於五戸灘其間一百二十里亦禹所鑿其山雖闢而湍流怒溢舟行者自古患之河水東流貫底柱觸閼流酈注謂疑此卽所謂閼流者也大河自底柱山五戸灘而東其流稍爲寛衍於是逕澠池新安洛陽之北而至於孟津其北岸則垣曲濟源孟縣也漢函谷關在新安縣所謂楊僕移關三百里者也自漢武移關之後至董卓脅獻帝西幸長安出函谷關其關並在新安及

建安十六年潼關之名始見於史而漢武所移之關遂廢洛陽縣爲河南府治黃河去縣二十里繞北邙山之麓縣西有河南故城古郟鄏地周之王城其東門曰鼎門九鼎所從入也王城非天子時會諸侯則虛之縣東有洛陽故城周之下都保釐大臣所居治事之地也呂氏曰洛都雖有二城而成周則其總名杜孔皆以下都爲成周不然也濟源縣南距河七十里西與垣曲接壤大河自芮城閿鄉至此北有中條以接王屋南有崤函以接北邙夾河翼帶天然險固

雖底柱阨塞中流旁無潰決之患孟津在河陽縣南門外武王盟諸侯於此故曰盟津馮異爲盟津將軍統魏郡河內兵於河上以拒洛陽時孟津猶在河北至安帝時其名乃移於河南孟津亦曰富平津杜預造橋於富平津是也孟縣西有河陽故城春秋所謂天王狩於河陽者也又有平縣故城春秋所謂首戴也黃河在孟縣南二十里有南城北城中潬城命曰河陽三城中潬城者河中有洲築城其上而河流貫於三城之間舊稱毎秋泛溢中潬城獨屹然不動然

一壞於唐貞觀十一年再壞於宋乾德二年及嘉祐八年大水漂蕩而中潬竟沒於水矣大河至孟津雖山脉未盡兩岸既已平濶隋唐以來底柱關流爲患孟津河身淺於曩時南北亦多灘渚水漲難容宜遭水患幸地高土堅不至遠潰夫下流壅而倒灌孟津已見於金大定之時而孟津水怒不能盡泄其害亦必鍾於下流故底柱孟津之間亦非可姑置之度外也大河自華陰至此所謂東至於底柱又東至於孟津者也大河自孟津北又東逕鞏縣北而洛水入焉

其北岸則温縣而濟水入焉又東逕汜水滎陽之北其北岸則武陟縣而沁水入焉大河在鞏縣謂之鞏河其津曰五社朱鮪遣將從五社津渡攻温爲馮異所敗光武遣耿弇陳俊軍五社津備滎陽以東皆此津也洛水至鞏縣入河曰洛汭亦曰什谷口張儀所謂下兵三川塞什谷之口者也元和志洛水東經洛汭北對琅琊渚入河謂之洛口今洛水自鞏界東過汜水入河而洛口已移於東非古之什谷口也温周畿内司寇蘇忿生邑宋太平興國三年河決孟州之

温縣蓋大河既出險就平復南納洛川北并濟水勢欲馳波四出而南岸山脉未盡禹迹尚不至變遷云汜水者鄭之虎牢亦曰制即東號也漢置成皋縣成皋有九曲山亦曰大伾非禹貢大伾也汜水東有板渚隋自此渚引河入汴滎陽者漢京縣鄭大叔所居京有大索城小索城史記項羽與漢戰滎陽京索間是也明洪武十五年河決滎陽正統十三年復決滎陽經曹濮衝張秋奪汶濟入海久之始復故道武陟縣有黃沁口即沁水入河之口也熙寧時河嘗溢於

此大河自此又東逕河陰滎澤之北其北岸則獲嘉又東逕原武陽武延津胙城之北其北岸則新鄉汲縣又東北至濬縣西南淇水口而淇水入之又東逕遮害亭至宿胥口大伾山在焉其南岸則滑縣也今之河陰滎澤縣漢滎陽地也河陰所謂蒗蕩渠亦曰石門渠者在滎澤縣敖城西也滎澤縣有廣武山有敖山山臨河秦築城置倉曰敖倉唐開成後河屢決於滎澤縣濟水軼出爲澤曰滎澤軼出者自下湧出非有來處本不與河通也後人導滎澤東流以達於

陶邱復出之濟在周時已有之職方豫州之川曰滎穆天子傳浮於滎水乃奏廣樂是也水經謂之滎瀆滎瀆東流之始曰滎口謂夫導澤爲瀆從此口而出也秦告魏所謂決滎口魏無大梁者也其後秦王賁竟引河溝灌大梁而滅魏河溝者浚儀渠也滎口浚儀渠皆在大梁北可以灌城然二者猶非大河經流宋趙葵入汴元人決寸金淀灌其軍而明末汴城之禍則朱家寨決口爲之其所引者皆大河經流與王賁水異而地同痛乎水之可以亡人國也滎瀆者南

濟也後世濟水之經流也其枝津在北者曰北濟而河陰之蒗蕩渠東至滎口與滎瀆合自是而河與濟始亂滎澤至東漢塞爲平陸相傳滎澤縣即其地也滎口在敖山東有石門謂之滎口石門河陰石門渠至滎口與滎瀆合合流久之而復分分流在北曰滎瀆分流在南曰汴渠世或以其嘗合流也而遂即以滎口石門爲河陰石門渠非也一在敖西一在敖東不可混爲一也汴渠在春秋時已有之楚敗晉軍於邲邲即汴也故世謂汴爲禹迹然河渠書明言禹功

施乎三代自是之後滎陽亦引河爲渠則汴渠非禹所開明矣大河自孟津東至於河陰雖或時有潰決而禹迹未改其東爲滎澤則土始浮鬆而兩岸長隄遂自兹起矣王滎澤之東爲原武又東爲陽武乃始變禹迹而趨於南故曰南河禹迹之遞變陽武之屢決爲之也延津故在河南其酸棗故城漢文帝時決口也水經謂河水又東北逕謂之延津酈注謂石勒襲劉曜途出於此以河水泮爲神靈之助號是處爲靈昌津而元和志謂滑州靈昌縣有延津即靈昌津

在縣東北二十二里今滑縣西南有靈昌廢縣津在白馬津之西南滑縣在延津東北殆二百里菱水經迺謂之延津北河既南徙縣居河北而其故津遂廢矣胙城之津曰棘津亦曰南津晉文公侵曹假道於衛弗許還自南河濟杜謂從汲郡南渡出衛南而東酈注謂卽此棘津也胙城本隸開封府金河徙而縣在河北遂改隸衛州焉自獲嘉至新鄉胙城汲縣皆有漢古隄而汲縣城東南之杏園鎮乃河津戍守地也淇水口在濬縣西南七十餘里此大河東過洛汭

至於大伾之所經也大河至大伾之西則折而北行而過洚水而至大陸而播爲九河而同爲逆河至於碣石入海蓋大河自古雍域羌中大積石山東北至於古冀域遼西郡絫縣碣石凡行九千七百餘里而入於海云自帝堯八十載禹治河功成至周定王五年當魯宣公之七年凡一千六百六十餘年而大河東徙爲第一變自周定王五年至王莽始建國三年凡六百七十二年而北瀆遂空又五十九年爲漢明帝永平十三年王景治河功成爲第二變自永平十

五變之說當與九曲並傳然此後尚不知其幾變耳

三年至宋仁宗慶歷八年凡九百七十七年而河決商胡漢唐之河遂廢爲第三變自仁宗慶歷八年至金章宗明昌五年當宋光宗之紹興五年凡一百四十年而南北分流入海爲第四變自金明昌五年河水大半入淮至元世祖至元二十六年凡九十年會通河成北流遂微又二百五年爲明宏治七年築斷黃陵岡支渠北流永絶又七十八年爲隆慶六年茶城長隄成於是始以區區清口受萬里全河之水爲第五變蓋近者顧祖禹景范閻若璩百詩胡渭朏明皆精於地理而胡氏之書論河流尤爲明晰余於是採其言論融會貫通於一作爲是篇使讀者瞭然一睹而知萬里河流自禹功告成以後一變再變三變以至於四變五變與所以致變之由其始終曲折大凡如此云

天下郡國利病書卷一百十六

崑山顧炎武寧人輯
成都龍萬育燮堂訂

河套

雍人曰河套舊名析支渠搜又名新秦中又名朔方郡地其週迴六七千里其土肥饒可耕桑三面阻河敵難入寇而我易防守故自古帝王及前　明皆保有其地以內安外攘而執其要也百十年來乃失之北敵使巢穴其中簪之門庭之內容狐鼠焉如之何其不乘墉穴壁而耗所蓄也封疆大臣誠能昭我明德以懾服其心修我武備以掃除其衆則經綸之學可於此而驗行出是以紹卽墨之烈亦庶幾焉耳故詳圖其地於前備說其事於後末以管見附焉

河套地沿革畧

唐虞爲析支渠搜今考寧夏東北河水遇山析爲二枝古有析枝城水經曰河自朔方東轉經渠搜縣故城在北近朔方之地書曰織皮崑崙析枝渠搜西戎即敘是也

周爲朔方地詩云天子命我城彼朔方是也

春秋爲羌戎所居

秦爲縣四十四號新秦中始皇二十三年命蒙恬斥逐匈奴收河南地以陰山爲塞築四十四縣城徙臨河謫戍以充實之築邊因山險谷溪繕補起臨洮至遼東萬餘里恬嘗居上郡以統治之王恢曰壘石爲城樹榆爲塞匈奴不敢飲馬於河應劭曰新秦者始皇遣蒙恬得其河南造陽之北地千里甚好乃爲築城郭徙內郡貧民以充實之謂之新秦中後秦亂其地沒入匈奴

漢　爲朔方郡武帝元朔二年遣衛青取河南地主父偃言河南地肥饒外阻河請城之省轉輸廣中國滅胡之本也上用偃計立爲朔方郡募民徙者十萬口復繕蒙恬所築塞因河爲固頭縣十曰三封朔方修都臨河呼遒窳渾渠搜沃野廣牧臨戎是也其後霍去病擊敗匈奴休屠王殺昆邪王降漢自是隴西北地河西邊寇益少減北地以西戍卒半四年置南都尉治元狩元年山東大水徙其貧民於關西朔方新秦中七十餘萬口皆仰給縣官使者分護督以億計

東漢　亦因之領城六曰臨戎三封朔方沃野廣牧天城

晉　亦爲朔方郡後晉亂姚興以赫連勃勃爲安北將軍鎮朔方僭稱天王築城建都於此

後周　爲朔州周武帝自河曲[illegible]臬自蕃戎部落立朔州以統之

隋　置勝州榆林郡煬帝築長城東至紫河西距榆林東綏李榆林突厥啓民可汗來朝於此地臨疆域北至五原北境推至於河

唐　爲朔方軍總管軍太宗貞觀四年李靖破突厥於陰山張寶相擒之通典曰太宗納溫彥博議置餘種於河南朔方之地綱目云處突厥降衆東至幽州西至靈州皆絕亦被匈奴奪得河南之地因置州都以領之高宗調露元年以降突厥置魯州麗州含州塞州依州契州以唐人爲刺史謂之六胡州武后長安四年並爲匡長一州中宗神龍二年置蘭池都督府分六州爲縣元宗十一年復置魯州麗州塞州十年遷還人於河南及江淮間二十六年還所遷還戶置宥州宥州本漢三封縣地及延恩等縣天寶中改寧邊郡後寄理於經略軍憲宗元和十五年復置宥州於長澤縣隸夏綏銀節度使唐末拓拔思恭鎮是州討黃巢有功賜姓李有銀夏綏省靜五州之地

宋　太宗太平興國中李繼俸納國復爲王土後陷於趙德明眞宗時有唐龍鎮地居險峻東至黃河二十里河之東曰東蹕河之西曰西蹕兵所不能及蕃人有來義二族者持兩端事契丹及夏國後爲契丹所攻族來歸朝廷憫其窮而欲寒優容之仁宗景祐中爲夏所併今廢在河套

元減夏置州縣至元八年立西夏口興等尚書省以隸之

明洪武初授綏德衛千戶劉寵屯榆林莊北由河套直至黃河千有餘里正統中疑人河套援邊勅右府都督王禎鎮守始奏築榆林城及沿邊堡墩臺以控制之成化七年巡撫王銳奏置榆林衛八年巡撫余子俊奏築大邊城東自延綏黃甫川北距河西至寧夏紅山堡南至黃河四十里去治間總制秦紘築二邊城北為河套東自黃甫川南距河西過乾溝又西過徐斌水又西過青沙峴又西過靖邊衛又西北至花兒岔乃後大邊城西紅山橫城堡側賊數入總制楊一清再距河東接大邊築新城有四十餘里後人大邊城由清水至定邊營一帶賊復數入總制王瓊南距乾澗乾溝北過定邊又西過花馬池北又西過興武營北接新邊城築二百三十餘里後花馬定邊營所地綿城鼎欲復數人總制唐龍中改築城四十餘里後乾澗乾溝賊復數入總制劉天和北起乾溝南過乾澗接二邊築六十餘里總三百里計甃新大邊城總制楊守禮創修邊牆四十里以北皆為河套地

卷百十　河套　卅

河套地序略

按水經河水東經富平縣故城西富平即今寧夏又北逕薄骨律鎮城城在河渚上赫連果城也在靈州東北又經典農城東世謂之呂城又北經上河城東世謂之漢城薛瓚曰上河在富平縣西北馮參爲典農都尉治此以事農又東北經廉縣故城東王莽時爲西河亭又東北經渾懷障西地理志曰渾懷都尉治塞外者也大和後魏初曰齊平徙歷下民居此去北城三百里又東北歷石崖山西去北城五百里又北過朔方臨戎縣西又北有枝渠枝渠東注以溉田又北屈而為南河出焉河自靈州北行至此始析而東向矣又屈而東流為北河河分流析枝城在此東經高闕南史記趙武靈王襄邊自代並陰山下至高闕爲山下有長城其山中斷望若闕焉古今常置重捍以防塞道漢元朔四年衛青敗右賢王於高闕即此處也又

白臨河縣東經陽山南與南河合河南上承西河東經臨戎縣故城北又東經臨河縣南又東逕廣牧縣故城北又東逕都尉治逕流二百里許始相合矣漢書注曰陽山在河北史記曰秦使蒙恬擊邊渡河取高闕據陽山即此又南逕馬陰山西又東南逕朔方縣故城東北詩所謂城彼朔方是也漢元朔二年衛青取河南地爲朔方郡使校尉蘇建築朔方城即此又自朔方東轉逕渠搜縣故城北地理志曰朔方有渠搜縣中部都尉治王莽之渠搜亭也又東逕稒陽城南其城南面長河北背連山秦始皇逐匈奴並河上以東屬之陰山築亭障爲河上塞徐廣曰陰山在五原北又東過臨沃縣南王莽之振武也又東流石門水南注之枝津出石門本上承大河於臨沃縣東流北溉田南北二十五里又東逕塞泉城南又東過雲中楨陵縣南沙南縣北從縣東屈而南過沙陵縣西河由高闕東行至此始析而南流又屈

而南流白渠水注之水出塞外西注沙陵湖又行芒湖水南逕鍾山山即陰山東西千餘里單于之苑囿也自孝武出師襄之漠北匈奴失陰山過之無不哭又南過赤城東又南過定襄桐過縣西河水於二縣之間有君子濟漢桓帝幸榆中代地洛陽大賈賫金隨帝後夜行迷失道以金與津長津長封送之卒其子尋求父喪發塚舉尸資費一無所取寧金悉以與之津長亦不受事聞帝曰君子也即名其津爲濟在雲中城西南二百餘里又東過西河圁陽縣東西河漢武帝元朔四年置王莽改曰歸新圁水出上郡白土縣圁谷東逕其縣南地理志曰圁水出西河郡東入河又南諸次之水入焉水出上郡諸次山東逕榆林塞世又謂之榆林山即漢書所謂榆溪舊塞者也自此地南可入陝西葭州地矣

河套地廣袤略

河套東至山西偏頭關地界西至寧夏鎮地界東西二

千餘里南自邊牆北至黃河遠者八九百里六七百里近者二三百里惟黃甫川稍近川南焦家坪兩岸夾山氷先合後泮及娘娘灘羊圈子渡口交冬氷堅故濟入幸其衆或自坪或灘或渡口以入套元史河源附錄朱思本曰自洮水與河合又東北流過達旦地凡八百餘里過豐州西受降城折而東流過達旦地古天德軍中受降城東受降城凡七百餘里折而正南流過大同路又西南入陝西榆林衛境然河源東北流所歷皆西番地至蘭州凡四千五百餘里始入中國又東北自寧夏過達旦地凡二千五百餘里始入河東境內也

河套山川

牽元山在古城南東

牛心山在黃羊城東

海子山在石瑤山城東

駱駝山

麥垛山在省嵬城東北

刀兒海子在牛心山東北

紅鹽池在蓮花城東南

長鹽池在蓮花城西

北海子在白城子東

佛堂寺滿在鴛鴦城東

鴛鴦湖在佛堂寺西

哂把湖在駱駝山東

夘孩水在瓜三俱北入於河

紫河後世謂之紫河汊也

石崖山山交有藏馬之狀

陽山在河北

馬陰山在河東北

河套古蹟

富平故城在省嵬城西北

鄜懷障在忻都城東北

朔方臨戎縣故城在嘛湖北元

臨戎縣故城在高闕東

河目縣故城在河南

朔方郡城在河南

渠搜縣故城在渠搜縣東

河陰縣故城在西安縣東

西安縣故城在渠搜縣東

沙南縣故城在河陰縣東

唐龍鎮在勝州境東至黃河二十里

洪門鎮夏州地，唐朔寧節度使張獻甫築洪門城，置兵以防蕃寇。宋太宗雍熙中廢夏州，其地屬趙德明，號洪州。

乙堡鎮八延州西邊鎮寨，宋仁宗至道中陷於元昊，號龍州。

東方城在犂元山北

金窟城在犂元山西北

石脚樓在沙嶺兒東

連城在沙嶺兒西

東勝州在河心

武花城在沙壕西

剋留運城在武花城西北

紅城子在月兒海東南

黃羊城在牛心山西北

林州城在黃羊城西北

古城子在海子山東

石瑤川城在海子山西

蓮花城在紅鹽池西北

白城子在光海子西

交城子在白城子西

狄青牢在佛堂寺東

佛堂寺在鴛鴦湖

又罕臘兒城在駱駝山西

忭都城在又罕臘兒城西

舊花馬池在忭都城西北

峰兒城在舊花馬池西

省嵬城在麥垛山西北

鷄鹿塞在朔方窳渾縣西北

河套物產

鐵出麥垛山

鹽出上鹽池

紅鹽出紅鹽池

良馬出紫河隋時

酥油草牛馬食之肥壯

按河套之地大河外環此天地設險以界華夷之所虞夏敘貢未嘗外焉自是以來凡中國盛時咸有其地我　皇祖時亦然嘗設立將士阻河以守蓋因天地之險帝王之軌防外虞靖中夏也後委之俾敵人巢穴於內因而侵犯我鄙幾無寧歲失矣昔秦取其地募內郡貧民充實其中然政教不聞故卒沒入匈奴漢武時復取其地立朔方郡縣募民徙者十萬口及山東大水徙其貧民於中者又七十餘萬口自是

隴西北地河西邊寇益多然當其時皆仰給縣官使者分護費以億計其後政教未聞亦終沒入匈奴今內郡民十室九貧有無產有家之民有無家有身之民豐歲尚多缺食稍值饑饉則易於爲亂故白蓮赤眉之徒一唱輒和者如蟻往歲流賊橫行海內頃假賊屢蠢動山西皆此輩也保釐大臣誠請　旨招募并諸鑛洞壯士悉收蓄之稍加訓練皆精兵也夫然後授以妻室以漸自南而北按周官井出之法給以斯地凡爲邑爲爲　爲甸悉如周制但溝洫稍深廣之其廬舍爲堡人之食裕倣西戎雕房之式爲之可也其始授田給費半載若種黍時授田給以四月之費可也農暇則訓以孝弟忠信之道師律戰陣之法如是三年可使有勇知方十年則岐周之政可復邊人將喙息遁逃不暇又何侵犯之足虞哉然此特大畧而已若夫大綱小紀舉而張之以合時宜以不失先王之軌以盡經綸之道則右當路君子云

天下郡國利病書卷一百十六終

後記

我是從數學史學習中逐步瞭解治黄史的。漢代《許商算術》的作者許商，好天文術數之事的王景、李尋善，他們既是數學家，又以治理黄河而聞名。我國現存最早的河工著作《河防通議》，將中國古典數學天元術運用到治黄工程中，創造了中國古代工程數學的一個高峰。除了數學史之外，内蒙古師範大學科學技術史研究還以少數民族科技史和地方科技史見長。李迪先生曾指出地方科技史研究的重要内容是人與自然環境變遷、科技遺迹與自然環境以及環境與生産的關係，此類研究具有明顯的現實意義和重要價值。想要通過大科學史研究，弄清變遷的原因和未來的發展趨勢，産出對于地方各方面的開發有更大、更直接價值的成果，這類研究大多離不開文獻。之後，李迪先生更是直接指出科技史研究不僅是對過去的科技工作和科技成果的回顧與總結，而且要着眼于現代，讓古人的發明創造爲今人服務，繼續在現代發揮其應有的作用。我將先生大科學史的治學理念視爲座右銘，在科研工作中更加注重讓科研成果服務于國家戰略與區域發展需求。

二〇一九年九月，習近平總書記在黄河流域生態保護和高質量發展座談會上指出，黄河流域在我國經濟社會發展和生態安全方面具有十分重要的地位。黄河流域生態保護和高質量發展是重大國家戰略。同年十月，黨的十九届四中全會提出『加强邊疆治理，推進興邊富民』，首次把邊疆治理寫入黨的文件。内蒙古師範大學組織科研力量，積極申報研究闡釋黨的十九届四中全會精神的國家社科基金重大項目，其中『中國特色社會主義民族區域自治制度自信研究』項目獲批。我承擔其中的『鑄牢中華民族共同體意識下的民族自治地方文化自信研究』子課題，而黄河是首選文化要素。二〇二四年，該項目順利結項，我也對黄河文化所藴含的時代價值有了更深的體會。

有鑒于此，我帶領文化遺産智能應用服務中華民族共同體建設『英才興蒙』團隊，以黄河爲主題，開展了文獻、文物、傳統工藝等多模態資源庫建設和跨模態應用示範工作。這次與内蒙古人民出版社合作出版的《黄河國家治理文獻集成》，旨在梳理和總結文獻中所藴含的歷史經驗和文化信息，爲當代及未來的黄河治理和地方文旅産業發展提供參考與借鑒。

感謝内蒙古民族文化産業研究院、巴彦淖爾市圖書館等单位的傾力相助，感謝内蒙古自治區黨委宣傳部、内蒙古出版集團、内蒙古人民出版社對本項目的支持與幫助。

在此，也向致力于黄河治理和大河安瀾的歷代先賢與當代典範表達崇高的敬意：你們的不懈努力與無私奉獻，爲黄河的安寧與人民的福祉築起了堅實的防綫；你們的智慧與勇氣，將永遠銘刻在中華民族的歷史豐碑上，激勵後人不斷前行。

董杰

二〇二五年一月

北疆文化